中国
页岩气地质

"十三五"国家重点图书

中国能源新战略——页岩气出版工程

国家出版基金项目
NATIONAL PUBLICATION FOUNDATION

主　编：张金川

副主编：霍志鹏　唐　玄

　　　　刘　飏　韩双彪

U0395529

华东理工大学出版社
EAST CHINA UNIVERSITY OF SCIENCE AND TECHNOLOGY PRESS
·上海·

上海高校服务国家重大战略出版工程资助项目

图书在版编目(CIP)数据

中国页岩气地质/张金川主编. —上海：华东理
工大学出版社,2016.12
 (中国能源新战略：页岩气出版工程)
 ISBN 978 - 7 - 5628 - 4902 - 5

Ⅰ.①中…　Ⅱ.①张…　Ⅲ.①油页岩资源-资源分布
-中国　Ⅳ.①TE155

中国版本图书馆 CIP 数据核字(2016)第 320057 号

内容提要

　　全书共分为六章,第 1 章介绍中国页岩气地质基础,第 2 章对南方地区页岩气地质基础及特点进行了详细介绍,第 3 章是北方地区页岩气地质基础及特点,第 4 章为西北地区页岩气地质基础及特点,第 5 章介绍其他地区页岩气资源条件,第 6 章是中国页岩气地质评价。

　　本书可为从事页岩气勘探开发的专家、学者及业余爱好者提供参考,同时也可作为高等院校油气相关专业教师的教学参考书。

项目统筹 / 周永斌　马夫娇

责任编辑 / 马夫娇

书籍设计 / 刘晓翔工作室

出版发行 / 华东理工大学出版社有限公司

　　　　　　地　址：上海市梅陇路 130 号,200237

　　　　　　电　话：021 - 64250306

　　　　　　网　址：www.ecustpress.cn

　　　　　　邮　箱：zongbianban@ecustpress.cn

印　　刷 / 上海雅昌艺术印刷有限公司

开　　本 / 710 mm×1000 mm　1/16

印　　张 / 18.25

字　　数 / 290 千字

版　　次 / 2016 年 12 月第 1 版

印　　次 / 2016 年 12 月第 1 次

定　　价 / 88.00 元

总

序

一

能源矿产是人类赖以生存和发展的重要物质基础,攸关国计民生和国家安全。推动能源地质勘探和开发利用方式变革,调整优化能源结构,构建安全、稳定、经济、清洁的现代能源产业体系,对于保障我国经济社会可持续发展具有重要的战略意义。中共十八届五中全会提出,"十三五"发展将围绕"创新、协调、绿色、开放、共享的发展理念"展开,要"推动低碳循环发展,建设清洁低碳、安全高效的现代能源体系",这为我国能源产业发展指明了方向。

在当前能源生产和消费结构亟须调整的形势下,中国未来的能源需求缺口日益凸显。清洁、高效的能源将是石油产业发展的重点,而页岩气就是中国能源新战略的重要组成部分。页岩气属于非传统(非常规)地质矿产资源,具有明显的致矿地质异常特殊性,也是我国第172种矿产。页岩气成分以甲烷为主,是一种清洁、高效的能源资源和化工原料,主要用于居民燃气、城市供热、发电、汽车燃料等,用途非常广泛。页岩气的规模开采将进一步优化我国能源结构,同时也有望缓解我国油气资源对外依存度较高的被动局面。

页岩气作为国家能源安全的重要组成部分,是一项有望改变我国能源结构、改变我国南方省份缺油少气格局、"绿化"我国环境的重大领域。目前,页岩气的开发利用在世界范围内已经产生了重要影响,在此形势下,由华东理工大学出版社策划的这套页岩气丛书对国内页岩气的发展具有非常重要的意义。该丛书从页岩气地质、地球物理、开发工程、装备与经济技术评价以及政策环境等方面系统阐述了页岩气全产业链理论、方法与技术,并完善了页岩气地质、物探、开发等相关理论,集成了页岩气勘探开发与工程领域相关的先进技术,摸索了中国页岩气勘探开发相关的经济、环境与政策。丛书的出版有助于开拓页岩气产业新领域、探索新技术、寻求新的发展模式,以期对页岩气关键技术的广泛推广、科学技术创新能力的大力提升、学科建设条件的逐渐改进,以及生产实践效果的显著提高等,能产生积极的推动作用,为国家的能源政策制定提供积极的参考和决策依据。

我想,参与本套丛书策划与编写工作的专家、学者们都希望站在国家高度和学术前沿产出时代精品,为页岩气顺利开发与利用营造积极健康的舆论氛围。中国地质大学(北京)是我国最早涉足页岩气领域的学术机构,其中张金川教授是第376次香山科学会议(中国页岩气资源基础及勘探开发基础问题)、页岩气国际学术研讨会等会议的执行主席,他是中国最早开始引进并系统研究我国页岩气的学者,曾任贵州省页岩气勘查与评价和全国页岩气资源评价与有利选区项目技术首席,由他担任丛书主编我认为非常称职,希望该丛书能够成为页岩气出版领域中的标杆。

让我感到欣慰和感激的是,这套丛书的出版得到了国家出版基金的大力支持,我要向参与丛书编写工作的所有同仁和华东理工大学出版社表示感谢,正是有了你们在各自专业领域中的倾情奉献和互相配合,才使得这套高水准的学术专著能够顺利出版问世。

中国科学院院士

2016年5月于北京

总 序

二

　　进入21世纪，世情、国情继续发生深刻变化，世界政治经济形势更加复杂严峻，能源发展呈现新的阶段性特征，我国既面临由能源大国向能源强国转变的难得历史机遇，又面临诸多问题和挑战。从国际上看，二氧化碳排放与全球气候变化、国际金融危机与石油天然气价格波动、地缘政治与局部战争等因素对国际能源形势产生了重要影响，世界能源市场更加复杂多变，不稳定性和不确定性进一步增加。从国内看，虽然国民经济仍在持续中高速发展，但是城乡雾霾污染日趋严重，能源供给和消费结构严重不合理，可持续的长期发展战略与现实经济短期的利益冲突相互交织，能源规划与环境保护互相制约，绿色清洁能源亟待开发，页岩气资源开发和利用有待进一步推进。我国页岩气资源与环境的和谐发展面临重大机遇和挑战。

　　随着社会对清洁能源需求不断扩大，天然气价格不断上涨，人们对页岩气勘探开发技术的认识也在不断加深，从而在国内出现了一股页岩气热潮。为了加快页岩气的开发利用，国家发改委和国家能源局从2009年9月开始，研究制定了鼓励页岩气勘探与开发利用的相关政策。随着科研攻关力度和核心技术突破能力的不断提高，先后发现了以威远－长宁为代表的下古生界海相和以延长为代表的中生界陆相等页岩气田，特别是开发了特大型焦石坝海相页岩气，将我国页岩气工业推送到了一个特殊的历史新阶段。页岩气产业的发展既需要系统的理论认识和配套的方法技术,也需要合理的政策、有效的措施及配套的管理,我国的页岩气技术发展方兴未艾,页岩气资源有待进一步开发。

我很荣幸能在丛书策划之初就加入编委会大家庭,有机会和页岩气领域年轻的学者们共同探讨我国页岩气发展之路。我想,正是有了你们对页岩气理论研究与实践的攻关才有了这套书扎实的科学基础。放眼未来,中国的页岩气发展还有很多政策、科研和开发利用上的困难,但只要大家齐心协力,最终我们必将取得页岩气发展的良好成果,使科技发展的果实惠及千家万户。

这套丛书内容丰富,涉及领域广泛,从产业链角度对页岩气开发与利用的相关理论、技术、政策与环境等方面进行了系统全面、逻辑清晰地阐述,对当今页岩气专业理论、先进技术及管理模式等体系的最新进展进行了全产业链的知识集成。通过对这些内容的全面介绍,可以清晰地透视页岩气技术面貌,把握页岩气的来龙去脉,并展望未来的发展趋势。总之,这套丛书的出版将为我国能源战略提供新的、专业的决策依据与参考,以期推动页岩气产业发展,为我国能源生产与消费改革做出能源人的贡献。

中国页岩气勘探开发地质、地面及工程条件异常复杂,但我想说,打造世纪精品力作是我们的目标,然而在此过程中必定有着多样的困难,但只要我们以专业的科学精神去对待、解决这些问题,最终的美好成果是能够创造出来的,祖国的蓝天白云有我们曾经的努力!

中国工程院院士

2016年5月

总 序

三

页岩气属于新型的绿色能源资源，是一种典型的非常规天然气。近年来，页岩气的勘探开发异军突起，已成为全球油气工业中的新亮点，并逐步向全方位的变革演进。我国已将页岩气列为新型能源发展重点，纳入了国家能源发展规划。

页岩气开发的成功与技术成熟，极大地推动了油气工业的技术革命。与其他类型天然气相比，页岩气具有资源分布连片、技术集约程度高、生产周期长等开发特点。页岩气的经济性开发是一个全新的领域，它要求对页岩气地质概念的准确把握、开发工艺技术的恰当应用、开发效果的合理预测与评价。

美国现今比较成熟的页岩气开发技术，是在20世纪80年代初直井泡沫压裂技术的基础上逐步完善而发展起来的，先后经历了从直井到水平井、从泡沫和交联冻胶到清水压裂液、从简单压裂到重复压裂和同步压裂工艺的演进，页岩气的成功开发拉动了美国页岩气产业的快速发展。这其中，完善的基础设施、专业的技术服务、有效的监管体系为页岩气开发提供了重要的支持和保障作用，批量化生产的低成本开发技术是页岩气开发成功的关键。

我国页岩气的资源背景、工程条件、矿权模式、运行机制及市场环境等明显有别于美国，页岩气开发与发展任重道远。我国页岩气资源丰富、类型多样，但开发地质条件复杂，开发理论与技术相对滞后，加之开发区水资源有限、管网稀疏、人口稠密等不利因素,导致中国的页岩气发展不能完全照搬照抄美国的经验、技术、政策及法规,必须探索出一条适合于我国自身特色的页岩气开发技术与发展道路。

华东理工大学出版社策划出版的这套页岩气产业化系列丛书,首次从页岩气地质、地球物理、开发工程、装备与经济技术评价以及政策环境等方面对页岩气相关的理论、方法、技术及原则进行了系统阐述,集成了页岩气勘探开发理论与工程利用相关领域先进的技术系列,完成了页岩气全产业链的系统化理论构建,摸索出了与中国页岩气工业开发利用相关的经济模式以及环境与政策,探讨了中国自己的页岩气发展道路,为中国的页岩气发展指明了方向,是中国页岩气工作者不可多得的工作指南,是相关企业管理层制定页岩气投资决策的依据,也是政府部门制定相关法律法规的重要参考。

我非常荣幸能够成为这套丛书的编委会顾问成员,很高兴为丛书作序。我对华东理工大学出版社的独特创意、精美策划及辛苦工作感到由衷的赞赏和钦佩,对以张金川教授为代表的丛书主编和作者们良好的组织、辛苦的耕耘、无私的奉献表示非常赞赏,对全体工作者的辛勤劳动充满由衷的敬意。

这套丛书的问世,将会对我国的页岩气产业产生重要影响,我愿意向广大读者推荐这套丛书。

中国工程院院士

胡文瑞

2016 年 5 月

总

序

四

绿色低碳是中国能源发展的新战略之一。作为一种重要的清洁能源,天然气在中国一次能源消费中的比重到2020年时将提高到10%以上,页岩气的高效开发是实现这一战略目标的一种重要途径。

页岩气革命发生在美国,并在世界范围内引起了能源大变局和新一轮油价下降。在经过了漫长的偶遇发现(1821—1975年)和艰难探索(1976—2005年)之后,美国的页岩气于2006年进入快速发展期。2005年,美国的页岩气产量还只有1134亿立方米,仅占美国当年天然气总产量的4.8%;而到了2015年,页岩气在美国天然气年总产量中已接近半壁江山,产量增至4291亿立方米,年占比达到了46.1%。即使在目前气价持续走低的大背景下,美国页岩气产量仍基本保持稳定。美国页岩气产业的大发展,使美国逐步实现了天然气自给自足,并有向天然气出口国转变的趋势。2015年美国天然气净进口量在总消费量中的占比已降至9.25%,促进了美国经济的复苏、GDP的增长和政府收入的增加,提振了美国传统制造业并吸引其回归美国本土。更重要的是,美国页岩气引发了一场世界能源供给革命,促进了世界其他国家页岩气产业的发展。

中国含气页岩层系多,资源分布广。其中,陆相页岩发育于中、新生界,在中国六大含油气盆地均有分布;海陆过渡相页岩发育于上古生界和中生界,在中国华北、南方和西北广泛分布；海相页岩以下古生界为主，主要分布于扬子和塔里木盆地。中国页岩气勘探开发起步虽晚，但发展速度很快，已成为继美国和加拿大之后世界上第三个实现页岩气商业化开发的国家。这一切都要归功于政府的大力支持、学界的积极参与及业界的坚定信念与投入。经过全面细致的选区优化评价（2005—2009年）和钻探评价（2010—2012年），中国很快实现了涪陵（中国石化）和威远-长宁（中国石油）页岩气突破。2012年，中国石化成功地在涪陵地区发现了中国第一个大型海相气田。此后，涪陵页岩气勘探和产能建设快速推进，目前已提交探明地质储量3 805.98亿立方米，页岩气日产量（截至2016年6月）也达到了1 387万立方米。故大力发展页岩气，不仅有助于实现清洁低碳的能源发展战略，还有助于促进中国的经济发展。

然而，中国页岩气开发也面临着地下地质条件复杂、地表自然条件恶劣、管网等基础设施不完善、开发成本较高等诸多挑战。页岩气开发是一项系统工程，既要有丰富的地质理论为页岩气勘探提供指导，又要有先进配套的工程技术为页岩气开发提供支撑，还要有完善的监管政策为页岩气产业的健康发展提供保障。为了更好地发展中国的页岩气产业，亟须从页岩气地质理论、地球物理勘探技术、工程技术和装备、政策法规及环境保护等诸多方面开展系统的研究和总结，该套页岩气丛书的出版将填补这项空白。

该丛书涉及整个页岩气产业链，介绍了中国页岩气产业的发展现状，分析了未来的发展潜力，集成了勘探开发相关技术，总结了管理模式的创新。相信该套丛书的出版将会为我国页岩气产业链的快速成熟和健康发展带来积极的推动作用。

中国科学院院士

2016年5月

丛书前言

社会经济的不断增长提高了对能源需求的依赖程度，城市人口的增加提高了对清洁能源的需求，全球资源产业链重心后移导致了能源类型需求的转移，不合理的能源资源结构对环境和气候产生了严重的影响。页岩气是一种特殊的非常规天然气资源，她延伸了传统的油气地质与成藏理论，新的理念与逻辑改变了我们对油气赋存地质条件和富集规律的认识。页岩气的到来冲击了传统的油气地质理论、开发工艺技术以及环境与政策相关法规，将我国传统的"东中西"油气分布格局转置于"南中北"背景之下，提供了我国油气能源供给与消费结构改变的理论与物质基础。美国的页岩气革命、加拿大的页岩气开发、我国的页岩气突破，促进了全球能源结构的调整和改变，影响着世界能源生产与消费格局的深刻变化。

第一次看到页岩气（Shale gas）这个词还是在我的博士生时代，是我在图书馆研究深盆气（Deep basin gas）外文文献时的"意外"收获。但从那时起，我就注意上了页岩气，并逐渐为之痴迷。亲身经历了页岩气在中国的启动，充分体会到了页岩气产业发展的迅速，从开始只有为数不多的几个人进行页岩气研究，到现在我们已经有非常多优秀年轻人的拼搏努力，他们分布在页岩气产业链的各个角落并默默地做着他们认为有可能改变中国能源结构的事。

广袤的长江以南地区曾是我国老一辈地质工作者花费了数十年时间进行油

气勘探而"久攻不破"的难点地区，短短几年的页岩气勘探和实践已经使该地区呈现出了"星星之火可以燎原"之势。在油气探矿权空白区，渝页1、岑页1、酉科1、常页1、水页1、柳页1、秭地1、安页1、港地1等一批不同地区、不同层系的探井获得了良好的页岩气发现，特别是在探矿权区域内大型优质页岩气田（彭水、长宁－威远、焦石坝等）的成功开发，极大地提振了油气勘探与发现的勇气和决心。在长江以北，目前也已经在长期存在争议的地区有越来越多的探井揭示了新的含气层系，柳坪177、牟页1、鄂页1、尉参1、郑西页1等探井不断有新的发现和突破，形成了以延长、中牟、温县等为代表的陆相页岩气示范区和海陆过渡相页岩气试验区，打破了油气勘探发现和认识格局。中国近几年的页岩气勘探成就，使我们能够在几十年都不曾有油气发现的区域内再放希望之光，在许多勘探失利或原来不曾预期的地方点燃了燎原之火，在更广阔的地区重新拾起了油气发现的信心，在许多新的领域内带来了原来不曾预期的希望，在许多层系获得了原来不曾想象的意外惊喜，极大地拓展了油气勘探与发现的空间和视野。更重要的是，页岩气理论与技术的发展促进了油气物探技术的进一步完善和成熟，改进了油气开发生产工艺技术，启动了能源经济技术新的环境与政策思考，整体推高了油气工业的技术能力和水平，催生了页岩气产业链的快速发展。

该套页岩气丛书响应了国家《能源发展"十二五"规划》中关于大力开发非常规能源与调整能源消费结构的愿景，及时高效地回应了《大气污染防治行动计划》中对于清洁能源供应的急切需求以及《页岩气发展规划（2011—2015年）》的精神内涵与宏观战略要求，根据《国家应对气候变化规划（2014—2020）》和《能源发展战略行动计划（2014—2020）》的建议意见，充分考虑我国当前油气短缺的能源现状，以面向"十三五"能源健康发展为目标，对页岩气地质、物探、工程、政策等方面进行了系统讨论，试图突出新领域、新理论、新技术、新方法，为解决页岩气领域中所面临的新问题提供参考依据，对页岩气产业链相关理论与技术提供系统参考和基础。

承担国家出版基金项目《中国能源新战略——页岩气出版工程》（入选《"十三五"国家重点图书、音像、电子出版物出版规划》）的组织编写重任，心中不免惶恐，因为这是我第一次做分量如此之重的学术出版。当然，也是我第一次有机会系统地来梳理这些年我们团队所走过的页岩气之路。丛书的出版离不开广大作者的辛勤付出,他们以实际行动表达了对本职工作的热爱、对页岩气产业的追求以及对国家能源行业发展的希冀。特别是,丛书顾问在立意、构架、设计及编撰、出版等环节中也给予了精心指导和大力支持。正是有了众多同行专家的无私帮助和热情鼓励,我们的作者团队才义无反顾地接受了这一充满挑战的历史性艰巨任务。

该套丛书的作者们长期耕耘在教学、科研和生产第一线,他们未雨绸缪、身体力行、不断探索前进,将美国页岩气概念和技术成功引进中国;他们大胆创新实践,对全国范围内页岩气展开了有利区优选、潜力评价、趋势展望;他们尝试先行先试,将页岩气地质理论、开发技术、评价方法、实践原则等形成了完整体系;他们奋力摸索前行,以全国页岩气蓝图勾画、页岩气政策改革探讨、页岩气技术规划促产为己任,全面促进了页岩气产业链的健康发展。

我们的出版人非常关注国家的重大科技战略,他们希望能借用其宣传职能,为读者提供一套页岩气知识大餐,为国家的重大决策奉上可供参考的意见。该套丛书的组织工作任务极其烦琐,出版工作任务也非常繁重,但有华东理工大学出版社领导及其编辑、出版团队前瞻性地策划、周密求是地论证、精心细致地安排、无怨地辛苦奉献,积极有力地推动了全书的进展。

感谢我们的团队,一支非常有责任心并且专业的丛书编写与出版团队。

该套丛书共分为页岩气地质理论与勘探评价、页岩气地球物理勘探方法与技术、页岩气开发工程与技术、页岩气技术经济与环境政策等4卷,每卷又包括了按专业顺序而分的若干册,合计20本。丛书对页岩气产业链相关理论、方法及技术等进行了全面系统地梳理、阐述与讨论。同时,还配备出版了中英文版的页岩气原理与技术视频(电子出版物),丰富了页岩气展示内容。通过这套丛书,我们希望能为页岩气科研与生产人员提供一套完整的专业技术知识体系以促进页岩气理论与实践的进一步发展,为页岩气勘探开发理论研究、生产实践以及教学培训等提供参考资料,为进一步突破页岩气勘探开发及利用中的关键技术瓶颈提供支撑,为国家能源政策提供决策参考,为我国页岩气的大规模高质量开发利用提供助推燃料。

国际页岩气市场格局正在成型,我国页岩气产业正在快速发展,页岩气领域中的科技难题和壁垒正在被逐个攻破，页岩气产业发展方兴未艾，正需要以全新的理论为依据、以先进的技术为支撑、以高素质人才为依托，推动我国页岩气产业健康发展。该套丛书的出版将对我国能源结构的调整、生态环境的改善、美丽中国梦的实现产生积极的推动作用，对人才强国、科技兴国和创新驱动战略的实施具有重大的战略意义。

不断探索创新是我们的职责，不断完善提高是我们的追求，"路漫漫其修远兮，吾将上下而求索"，我们将努力打造出页岩气产业领域内最系统、最全面的精品学术著作系列。

丛书主编

2015年12月于中国地质大学（北京）

前

言

　　页岩气的勘探在思路上突破了常规油气地质的理论束缚,超越了传统油气藏概念的思维禁锢,开辟了油气勘探开发的新领域。视传统意义上的烃源岩为源储封一体化的储集层,将页岩中通常所认定的"超低孔渗、难以聚气"模式转变为非常规的"微孔微缝、多相富气"模式,页岩气理论突破了"烃源岩"中"无法规模性富集天然气"的地质认识,将"不可能"变为"可能、很可能",实现了直接将富有机质页岩作为油气勘探开发目标层系的根本性转变。通过使用多种技术凿开了油气勘探开发的一片新天地,页岩气在成藏理论与生产实践上实现了"不可逾越"的突破,将油气的勘探领域向前延伸了具有重大变革意义的一大步。页岩气的重大突破即发现了油气领域的"新大陆",开辟了一个全新的领域,使油气资源获得了普遍性的飙增,为油气工业的延续性长期发展指明了方向和目标,其意义和价值难以用"新领域""新天地"或"令人高兴""充满喜悦"等词语来形容。

　　先行的理论发展和成果认识为中国的页岩气勘探开发和生产实践提供了有力的支撑和铺垫。进入 21 世纪,页岩气概念被逐步引入中国,越来越多的研究者开始逐渐了解、接受并采纳页岩气勘探开发理论和技术,在国土资源部、国家能源局、高校科研院所及石油公司等多部门和单位的大力倡导、推动和实践下,中国页岩气得到了迅速发展。从 2009 年渝页 1 井首获页岩气发现、2010 年召开第 376 次香山科学会议(中国页岩气资源基础及勘探开发基础问题),到 2011 年页岩气被列为新矿种,2012 年完成全国页岩气资源评价,再到 2013 年涪陵页岩气田正式获批国家级页岩气产能建设示范区,在短短的 5 年时间内,中国页岩气实现了从理论研究到工业建产、从零产量到 2×10^8 m³/a 产量的飞跃,实现了快速起步和高效跨越。

中国陆上潜质页岩的分布超过了国土面积的三分之一,目前已在寒武、奥陶、志留、二叠等十余个页岩层系中发现了不同程度的页岩气显示或商业气流。中国富有机质页岩形成于主体由扬子、华北及塔里木板块所构成的复杂板块背景基础上。板块体积较小且稳定性较差,在地史演化过程中相互影响且逐渐拼合,尤其是后期受到了来自太平洋、印度及西伯利亚板块的碰撞和挤压。特殊的地质背景与地史演化孕育了极具特色的中国页岩气地质条件,以秦岭—大别山一线为界,中国页岩气地质条件在南北方向上呈现出显著的差异性。华南与华北板块主要页岩在沉积环境上的南海北陆、地层分布上的南老北新、有机质热演化程度上的南高北低、构造变动上的南强北弱等一系列页岩气地质差异,将中国传统油气地质意义上的"东部、中部及西部"三分油气地质分区格局改变为"南方和北方"两分格局。富有机质页岩的存在代表了页岩气的可能发育和分布,页岩气勘探开发对象和目标已经从传统意义上原生、完整且保存完好的盆地区转向了破坏、残缺或被叠置的盆地区,现今含油气盆地之间的隆升区被视为潜在的页岩气有利地区,盆地和坳陷内传统的"烃源岩"被视为页岩气有利区带,隆起区和凸起区则被视为有价值的潜在领域,这就极大地拓展了油气勘探和发现的物理空间。

因此,页岩沉积环境的时空变化较大,后期演化迥异,分区分布差异明显,各地质单元不同时期所形成的页岩呈现出多样性和复杂性特点。海相、陆相及海陆过渡相页岩发育了不同的页岩气资源类型,成熟、高熟及过熟的有机质热演化影响了页岩气的资源品质,沉积期、埋藏期及回返期构造格局又决定了页岩气的资源特点,与美国在相对稳定板块背景基础上形成的"U"字形页岩和页岩气资源分布特点迥然不同。

结合已有的勘探、认识及资料状况,本书试图从区域地质背景、页岩气发育地质条件、页岩气勘探开发前景展望等角度对中国页岩气展开系统讨论。全书共分为六章,其中第 1 章对中国页岩气形成的区域地质背景和页岩气地质复杂性进行了概述,第 2~5 章分别对中国南方、华北-东北、西北、青藏与近海海域页岩气地质条件和发育有利方向进行了阐述,第6章对中国页岩气地质规律、发育有利方向和资源前景进行了讨论,形成了对中国页岩气的全面说明。

中国地质大学(北京)是中国最早的页岩气思想发源地之一,其页岩气团队先后在页岩气理论、方法和技术等方面完成了一系列探索性工作。本书作者由页岩气专业爱好者所组成,他们是中国研究页岩气时间最早但又最年轻的页岩气团队成员,朝气蓬勃、思想活跃、积极进取、敢想敢干是时代所赋予他们的特点。

本书第1章由张金川、霍志鹏、杨超编写;第2章由杨超、韩双彪、刘飏、郎岳、马广鑫编写;第3章由唐玄、毛俊莉、刘萱、牛强强、陈皓禹编写;第4章由陈前、唐玄、魏晓亮、郭睿波、卢登芳编写;第5章由霍志鹏、党伟、李波文、茹意、刘子驿、赵盼旺、黄璜编写;第6章由赵倩茹、唐玄、姜生玲、林腊梅、丁江辉编写。全书由张金川、霍志鹏统稿。由于本书涉及页岩时空广泛、内容庞杂、素材多样,撰写书稿的大量资料基于前期的工作研究和项目支撑。聂海宽、边瑞康、龙鹏宇、刘丽芳、薛会、徐波、薛冰、张鹏、尉鹏飞、朱华、任珠琳、彭己君、马玉龙、卢亚亚、朱亮亮、任君、尹腾宇、李婉君、林拓、刘珠江、王中鹏、王鹏、杜晓瑞、张明强、唐颖等一大批年轻人先后承担了相应的研究任务并取得了一系列重要的研究成果,这些构成了编写本书的基本素材和基础支撑。龚雪、郑玉岩、洪剑、谢皇长对数据进行了整理和统计,李哲、王向华、刘通、刘恒山、雷越、陈世敬、陶佳、陈莉承担了部分图件清绘任务。

本书所使用材料部分来源于国家自然科学基金(41272167)、国土资源部专项、国家重大专项等资助项目的研究成果,在此向这些项目的参与者一并表示感谢。

本书撰写时间有限,但质量追求无限。第一次尝试组稿全国页岩气地质,难免存在不尽人意之处,还望读者不吝批评斧正。

2016 年 9 月

目

录

中国
页岩气地质

第1章

中国页岩气地质基础

1.1 中国页岩发育构造背景

1.1.1 大地构造演化

中国大地构造形成演化复杂,前人分别从不同角度进行了以地质单元为基础的背景讨论和特征研究(黄汲清等,1977;李春昱等,1980;王鸿祯,1981;武守诚,1988;任纪舜,1997、2003;万天丰,2003;潘桂棠等,2009;刘训等,2012、2015)。根据板块构造地质理论,塔里木、华南和华北三大板块是中国大地构造的核心。

在晚元古代末-早古生代初期,塔里木、华南和华北三个板块从泛大陆中分离出来,分布在赤道附近的泛大洋中,此时的三个板块规模较小、稳定性较差、独立及相互运动性较强;早古生代早期,三个板块在平面上表现为彼此之间的相对运动,在垂向上表现为持续时间和规模范围不等的海侵活动,整体上表现为从赤道附近不断地向北迁回运动,分别在三个板块内形成了广覆型海相、海陆过渡相克拉通和克拉通边缘盆地。由于三个板块与周边洋盆之间的盆山转换,主要盆地类型由震旦纪-早中奥陶世时期的被动大陆边缘,逐渐转换为中晚奥陶世-志留纪时期的前陆盆地;早古生代末至晚古生代,三个板块不断抬升,出露面积持续增加,稳定性不断增强,海侵规模、持续时间和影响范围逐渐缩小,总体表现为海水变浅。位于三个板块中间的结合地带仍然主要为海水覆盖,接受了较大规模的海相沉积,后期形成了一系列碰撞造山(褶皱)带,包括现今以近东西向延伸为特点的昆仑-秦岭-大别山山脉和天山-阴山-燕山山脉等。晚古生代结束,三个板块完成拼合,海水退出;中生代以来,中国陆域主体进入全新的板块演化阶段,先期盆地经历了大规模的改造,普遍遭受抬升剥蚀或破坏,广泛发育了一系列规模不等的陆相盆地,它们叠置在克拉通盆地或发育在古生代褶皱带之上,造就了中国盆地长期以来由南北对峙发展转变为东西分异演化,即从南方偏海相盆地、北方偏陆相盆地格局转变为中西部前陆盆地和东部断陷盆地的背景。

中国陆域除三大板块外,还包括准噶尔、松辽、羌塘、拉萨等小板块(地块)。根据李江海等(2014)的研究,准噶尔地块在寒武纪与其他地块碰撞拼合形成哈萨克斯坦板块；在泥盆纪，哈萨克斯坦和西伯利亚板块都拼接在劳伦大陆上；至三叠纪，哈萨克斯坦板块和塔里木板块已经均与西伯利亚板块紧密结合。松辽地块在二叠纪出现，三叠、侏罗纪分别拼接到华北板块和西伯利亚板块上。羌塘地块和拉萨地块在石炭纪开始从冈瓦纳古陆逐渐分离出来，随后不断向中国陆域主体区移动靠近，至白垩纪时期完成拼接，从而形成现今的中国陆域地质格局。需要说明的是，准噶尔和松辽地块由于和西伯利亚板块紧密结合，一些学者认为准噶尔和松辽地块属于西伯利亚板块的一部分（刘训等，2012）。

中国陆域在形成过程中，先后经历了西伯利亚板块、太平洋板块和印度板块的碰撞挤压，塔里木、华南和华北及其他板块进一步相互作用并形成一系列新的碰撞造山（褶皱）带，如阿尔泰山-阴山-大兴安岭-长白山山脉、喜马拉雅山脉等，青藏高原整体抬升，逐渐形成现今格局。

板块的漂移和碰撞拼接决定了大地构造演化特征，对地形高低造成重大影响，从宏观上控制了区域沉积环境。受元古代以来构造运动的影响，中国南北和东西方向上的地形高低逐渐发生倒转（跷跷板运动），尤其南北方向上的地形高低倒转对不同时期页岩的发育产生了重大影响。中国在震旦纪就存在南偏低北偏高、南偏海北偏陆的地形特点；受古生代加里东和海西运动影响，南北海陆发生变迁，但整体地形仍然为南偏低北偏高；早中三叠世的印支运动引起南方大规模海退，普遍上升为陆，基本结束了南海北陆格局，中国整体进入陆相演化阶段；燕山运动早期，中国北方沉降，南方进一步抬升；到晚侏罗世，地形发生倒转，由"南低北高"转变为"南高北低"；新生代受印度板块和太平洋板块碰撞影响，东部地区发生大型断陷，南方地区整体隆升，使"南高北低"特征更加明朗。地形高低的南北倒转控制了中国页岩形成的宏观沉积环境，也决定了页岩及页岩气发育特征的南北差异。

中国大地构造演化研究表明，塔里木、华北和华南三个板块在元古代-古生代时期相互靠近、影响、拼接，又在中新生代遭受了围缘其他板块的影响，控制了三个板块以及更小规模地块之间的碰撞拼接，分别在板块内部、板块边缘以及板块之间的碰撞造山（褶皱）带中形成了不同基底类型、发育条件和属性特征的多类型盆地，为不同时期多类型富有机质页岩的沉积发育奠定了良好的基础。

1.1.2　构造特征

　　大地构造演化造就了中国目前的基本构造特征,包括构造单元、造山带(褶皱带)、断裂带、沉积盆地和隆升剥蚀区等,它们共同构成了中国页岩和页岩气发育的大地构造背景。

　　大量学者对中国构造单元划分进行了研究(黄汲清,1954、1977;王鸿祯,1981;任纪舜,1997、2003;潘桂棠等,2009)。刘训等(2012)将中国分为塔里木、华北(柴达木)、华南(羌塘、扬子)、西伯利亚、冈瓦纳、太平洋、菲律宾海等七个板块(图1-1)。其中,华北板块包括了柴达木、鄂尔多斯、渤海湾盆地等次一级构造单元,华南板块可分为羌塘、滇黔桂、上扬子、中扬子、下扬子、江南、华夏等次一级构造单元,西伯利亚板块的中国部分包括了准噶尔和松辽地块,冈瓦纳板块的中国部分主要是拉萨地块,太平洋和

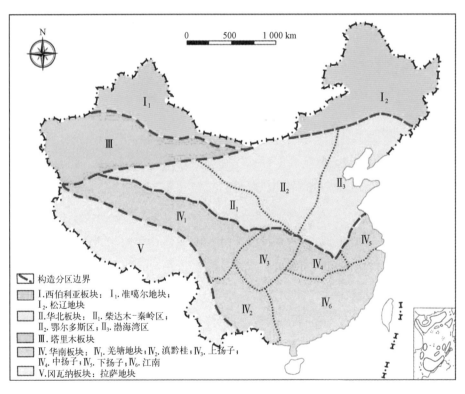

图1-1
中国构造分
区及盆地分
布

菲律宾板块均主要涉及海域部分。

不同板块之间的碰撞挤压在形成造山(褶皱)带、断裂带的同时,也形成了各种类型的沉积盆地,发育了不同特点的富有机质页岩。中国沉积盆地类型多样、差异巨大。在中西部地区,塔里木、鄂尔多斯和四川等大中型盆地主要为海相克拉通特点,其上叠置发育了后期沉积的陆相盆地,并在盆地边缘形成了诸如库车、川西、准西等许多前陆坳陷。这些盆地一般沉积时间早,经历构造运动期次多,抬升剥蚀强烈,褶皱和断裂发育,这些改造破坏对页岩气的形成和保存都产生了重要影响;在东部地区,松辽、渤海湾等大中型盆地主要为断陷结构,一般均经历了断陷和坳陷期两个演化阶段,在断陷期沉积了多层中、新生代页岩。此外,中国也发育了一些中小型盆地群,在贺西、新疆北部松辽盆地周缘、中南等地区比较集中,其页岩气形成条件和资源潜力值得重视和研究。

需要强调的是,原型盆地遭受抬升剥蚀之后的隆升剥蚀区仍然是页岩气勘探的主要对象。在南方地区,普遍可见二叠、石炭、泥盆、志留、奥陶、寒武及震旦系富有机质页岩分布,目前已有大量勘探研究,甚至已获得了工业开发;在北方地区,目前已在多处发现了二叠、石炭、青白口、蓟县、长城系等页岩地层,部分见油气显示。在诸如渤海湾等盆地内部,目前油气勘探主力层系的下部还存在二叠和石炭系页岩地层,但目前的页岩气相关研究非常薄弱,是中国页岩气勘探的未来方向之一。

1.2   中国页岩发育沉积背景

区域性构造变动不仅影响了板块的升降运动,而且还控制了海陆变迁和沉积格局。在中国,加里东构造运动形成了大致以秦岭为界的"南海北陆"格局,印支期完成了华北与华南板块的对接拼合,大地构造格局长期以来的由南北向差异转变为东西向差异,控制了不同地质时期内的沉降-沉积中心变迁。

1.2.1　沉积演化

塔里木、华南和华北三大板块的构造演化和海侵海退共同决定了中国整体的海陆变迁和沉积演化。在晚元古代至第四纪地质历史发展中,海陆变迁和沉积演化总体上受控于吕梁、扬子(晋宁、雪峰运动)、加里东、海西、印支、燕山、喜马拉雅7个构造运动。

1. 华北板块

华北板块在震旦-奥陶纪时期经历了最广泛的海侵,海水由南东方向不断侵入,发育了陆表海条件下的碳酸盐岩沉积,仅在西部的平凉一带有中奥陶世的笔石相沉积,至中奥陶世达到顶峰,残留了围缘地区的东胜、阿拉善、伏牛等古陆未被淹没。晚奥陶世则整体抬升,海水迅速由西部退出而进入抬升剥蚀阶段;晚古生代时期,由于板块间拼合作用的影响,华北板块整体沉降并开始接受沉积,中泥盆世开始在板块西部边缘出现局部小规模的陆相粗碎屑沉积,早石炭世发生海侵形成祁连浅海,晚石炭世时期沉积主体转移至华北板块的中部和东部;二叠纪时期,同样受控于板块间拼合作用,华北板块整体沉降并逐渐转移为以海陆过渡相为主的沉积环境,主要经历了由滨浅海到陆相湖盆的中心式沉降和沉积,海陆过渡相页岩、煤系及砂岩规模性发育;进入中生代,印度板块强烈向北漂移,以华北板块的中西部地区为中心形成了面积广阔但不断向西迁移的三叠纪地层;在侏罗-白垩纪时期,主要的沉积区集中在现今的鄂尔多斯盆地及其以西地区,尽管向东也有分布,但较为零星。该时期发育了大面积分布的陆相页岩;进入晚白垩世,太平洋板块开始向北西方向俯冲,鄂尔多斯盆地抬升,在现今的渤海湾盆地区开始出现北东-南西向裂陷,古近纪时期形成渤海湾盆地页岩沉积主体。在板块内部就形成了一系列时代变化快、分布范围广、连续厚度大、沉积相变复杂的优质陆相页岩。

2. 塔里木板块

早震旦世以来开始了广泛的海侵,海水由北向南侵入,并在中寒武世-晚奥陶世达到最强,在板块中北部区域发育了大范围浅海相碳酸盐岩、砂泥岩及页岩的沉积组合,其中尤以板块北半部早志留世的浅海相砂泥碎屑沉积为代表;而实际上,从早志留世开始,板块已经开始了由南及北的隆升,至中晚志留世时整体浮出水面,仅在板块边缘发育了砂泥碎屑及碳酸盐岩沉积,这一沉积格局一直保持至晚石炭世末;二叠纪时期,板块再次隆升,围缘海从东西两侧退出,形成了完全的陆相沉积,特别是在板块西部的巴楚-和田地区形成了大面积分布的陆相页岩;进入中生代,板块整体处于剥蚀状态。初期仅在北缘的库车地区出现小规模陆屑沉积;晚白垩世,海水由西部入侵并沉积潟湖相页岩;古近纪时期,在板块东部形成大范围页岩沉积。

3. 华南板块

夹杂着板块中部广泛发育的冰川石碛,震旦纪时期海水由南东向北西方向侵入,在华南板块发育了大范围的滨浅海相和边缘海相灰岩、砂岩和页岩沉积。在早震旦纪时期,沉积格局总体表现为北西古陆、中部浅海、东南部半深海的特点;晚震旦世时期发生整体沉降,扬子古陆被浅海淹没,东南部的半深海面积扩大,在板块的广大区域内形成了海相页岩沉积,这一特点一直持续至中奥陶世。期间,围绕上扬子周缘已经开始出现更多面积小但数量多的岛群(小型古陆);在晚奥陶-中志留世时期,滇黔桂古陆和华夏高地依次出现,至晚志留世时期完成了沉降-沉积中心由华夏区域向上扬子区域方向的转移。此时,大部分海水由东西两侧退出,华南板块主体进入剥蚀状态;早泥盆世,华南板块再次发生海侵,但海水从广西由南向北侵入并在二叠纪时期达到鼎盛。其间,形成了不规则的页岩发育和分布,其中尤以晚二叠世时期的海陆过渡相页岩发育最为特色;早三叠世时期,华夏高地开始凸显并不断强化;中侏罗世时期,华南板块已经全部进入了陆相沉积阶段,开始在滇黔川一带形成陆相页岩沉积;晚侏罗世以后,华南板块发生整体抬升,主要在板块围缘形成一系列中小型陆相页岩盆地。

总体而言,晚元古代长城-青白口纪为泛洋盆期,中国境内绝大部分均为海洋。晚元古代的扬子运动使震旦纪时期的中国发生了由海陆对峙向陆地的转变;早古生代的加里东运动期以海侵为主导,是中国地质历史上最广泛的海侵之一;晚古生代的海西运动期海洋向陆地转变,早期以海退为主,中期有明显的海侵,晚期再次发生海退。中国北部由于天山-兴安岭地槽在古生代末褶皱升起,海水大幅度退却,早三叠世塔里木-华北板块与西伯利亚板块连为一体,成为陆相沉积区;南部仍广泛发育海相沉积,构成了"南海北陆"格局;中晚三叠世的印支运动引起了中国南方的大规模海退,至三叠纪末,中国除西藏、青海南部、华南部分地区及东部沿海个别地区外,普遍上升为陆地,基本结束了南海北陆的格局,进入了陆相中新生代地质发展新时期;始新世晚期开始的喜马拉雅运动导致中国古地理面貌发生重大改变,喜马拉雅山北坡开始升起,大陆内部的海侵从此结束,除台湾、塔里木西南缘及喜马拉雅地区为海相外,其余均为陆相。从元古代到新生代，中国形成了从海相、海陆过渡相到陆相等多种沉积环境，对应的时代主要为元古代-早古生代、晚古生代和中新生代。

1.2.2　沉降-沉积中心的迁移

自震旦纪以来，华北、塔里木和华南三大中国核心板块均在其地质演变历史中经历了四次时间大致相同的沉降-沉积中心转移（表1-1），表明了三个板块之间的运动演变具有一定的相似性和一致性。早古生代（含震旦纪）以海相为主，各自发生了主体由东向西或具由东向西趋势的沉降-沉积中心转移，导致现今的中国古生代海相页岩以分布于中部地区或新疆西部为特点；晚古生代是一个地质变动强烈的时代，塔里木、华北和华南三个板块各自进行看似无明显规律而实则具有轻微相互背离特点的沉降-沉积中心迁移，即西部的塔里木板块向西、北方的华北板块向东、南方的华南板块向南方向的沉降-沉积中心转移，导致页岩的分布面积较大但宏观规律性不强。各板块隆升、沉积环境由海变陆的趋势和特点相同，在该时期内同时形成了海相与陆相共存、海陆过渡相特色明显的页岩沉积；中生代时期，三个板块再次发生总体由东向西趋势的

表1-1　中国板块沉降-沉积中心转移

板　块	塔 里 木	华　北	华　南	趋 势 和 特 点
新生代	$K_2{\to}N$：由西向东变迁，陆相	$K_2{\to}N$：由西向东迁移，陆相	$J_2{\to}N$：由西向东转移，陆相	由于印度板块碰撞和太平洋板块俯冲，沉降-沉积中心均由西向东转移，主要陆相
中生代	$T_1{\to}K_1$：由北部转向板块围缘，陆相	$T_1{\to}K_1$：由东向西退缩式迁移，陆相	$T_1{\to}J_1$：由南东向北西，由海、海陆交互向陆相转变	由于太平洋板块推挤，沉降-沉积中心均由东向西转移，主要陆相和海陆过渡相
晚古生代	$S_2{\to}P_2$：由板块围缘向西部转移，由海相向陆相转变	$D_2{\to}C_3$：由西向东悄然迁移，由海相向陆相转变	$D_1{\to}P_2$：由南向北，由海相向海陆过渡相转变	由于板块拼合，沉降-沉积中心的转移方向为背离板块汇聚中心，主要海陆过渡相
晚元古代-早古生代	$Zn_1{\to}S_1$：由北部向板块围缘逐渐转移，海相	$Zn_1{\to}O_3$：由东向西颠覆性转移，海相	$Zn_1{\to}S_3$：由南东向北西方向逐渐转移，海相	由于三个板块的同向漂移和相互影响，沉降-沉积中心总体具有由东向西转移特点，主要海相

沉降-沉积中心转移,此时的页岩分布面较小,发育地区集中在鄂尔多斯-四川-滇黔桂一线和新疆西部;在晚白垩世以来的新生代时期,各板块页岩沉降-沉积中心发生由西向东趋势的迁移(图1-2),主要在中国东部(华北和华南板块)和塔里木板块东部形成了具一定规模的富有机质页岩沉积。

图1-2 辽河西部凹陷南部沉降-沉积中心迁移示意

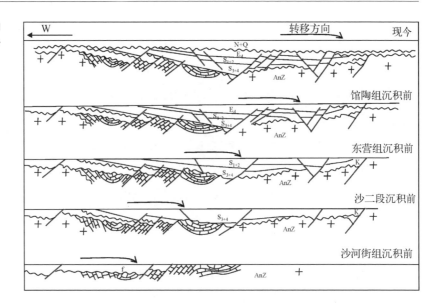

1.2.3 沉积特征

根据沉积演化和沉降-沉积中心迁移历史,中国在各主要地质时期中均形成了良好的页岩沉积环境(王鸿祯,1985),形成了总体上从海相到海陆过渡相、再到陆相的沉积大变迁,累计在十余个层系中发育了特点各异的富有机质页岩。

中国寒武、奥陶、志留和泥盆系主要为海相沉积,包括滨海、浅海(陆棚)、半深海、深海沉积环境,其中深水陆棚相对页岩和页岩气形成最有利;石炭、二叠系主要为海陆过渡相沉积,包括潮坪、潟湖、沼泽和三角洲等沉积环境,不同地区有利于页岩和页岩气发育的沉积亚相有所差异;中生界和新生界主要为陆相沉积,包括河流相和湖相等沉积环境,其中半深湖-深湖相有利于页岩和页岩气发育。

(1)震旦系:主要在南方和西北地区发育浅海、半深海沉积,中震旦统页岩发育。

(2)寒武系:页岩主要沉积于南方和西北塔里木盆地。其中,扬子地区、塔里木盆地主要为浅海陆棚沉积,东南地区主要为半深海、深海沉积,页岩发育并主要沉积于下寒武统,中上寒武统沉积页岩较薄。此外,华北地区寒武系为浅海沉积,夹少量页岩。

(3)奥陶系:扬子地区、塔里木盆地、青藏地区南部、鄂尔多斯盆地西部主要为滨浅海沉积,页岩发育;东南地区、贺西地区、准噶尔盆地周缘以半深海沉积为主,页岩发育较薄;东北中西部也沉积了浅海、半深海沉积,但现今页岩已变质。

(4)志留系:志留纪时期发生持续海退,海域比奥陶纪明显缩小,尤其是华北和东南地区抬升为陆,中下志留统在扬子地区、塔里木盆地北部、青藏地区南部主要为滨浅海沉积,下志留统页岩大量发育;贺西地区、准噶尔盆地周缘仍以半深海-深海沉积为主,页岩较发育,到中上志留统海水变浅,海域面积缩小,出现浅海沉积;东北以半深海-深海沉积为主,部分页岩已变质。

(5)泥盆系:泥盆纪整体持续海退,但从滇黔桂地区向北东方向开始海侵并持续扩大。中下泥盆统主要在滇黔贵湘地区、塔里木盆地南缘沉积了滨浅海相沉积,准噶尔、东北东部和西部主要为半深海相沉积,在下扬子地区开始接受陆相湖泊与河流相沉积;上泥盆统主要在湘粤滇形成滨浅海沉积,赣西为海陆过渡相沉积,上扬子和西北部分地区也发育陆相沉积。

(6)石炭系:海水范围持续扩大,但深度明显变浅,主要发育海陆过渡相和滨浅海相沉积。下石炭统在江南地区、西安-南阳一带、青海西南、准噶尔盆地北缘、黑龙江北部主要为海陆过渡相煤系地层沉积。东南地区南部、西北、东北地区北部及青藏也发育滨浅海相沉积;中晚石炭世时期滨浅海沉积范围扩大,海陆过渡相主要发育在华北、贺西、青海西南、准噶尔盆地南缘等。

(7)二叠系:北方持续海退,南方和青藏地区早中二叠世海侵、中晚二叠世海退,发育海陆过渡相、海相、陆相沉积。中下二叠统在华北、东北地区主要为海陆过渡相含煤地层,南方和青藏地区以浅海、半深海沉积为主;中上二叠统在南方大部和东北地区以海陆过渡相煤系地层为主,华北、西北地区盆地偏陆相湖泊和河流沉积。

(8)三叠系:该套地层从下到上沉积相变化较大。早三叠世,南方、青藏地区大范围海侵,中晚三叠世海退,在南方为海相、海陆过渡相砂泥质及碳酸盐岩组合沉积,青藏地区仍为海相沉积;在北方,华北地区、准噶尔盆地等为陆相湖泊、河流沉积。

(9)侏罗系:以陆相湖泊和河流沉积为主,在准噶尔、吐哈、塔里木盆地北部、四川、鄂尔多斯及贺西地区中小型盆地沉积广泛,其中下侏罗统普遍发育煤层;东南沿海小型盆地也发育侏罗系沉积。青藏地区主要为海相沉积,由北向南海水变深。

(10)白垩系:主要为陆相湖泊与河流沉积,在松辽、二连、海拉尔、贺西、准噶尔、吐哈等盆地广泛发育,其中东北地区下侏罗统以沼泽含煤沉积为主,西北、南方地区及其他盆地以河流相沉积为主。此外,在青藏地区南部自北向南逐渐发育海陆过渡相、滨浅海、半深海沉积。

(11)古近系:主要为湖泊和河流沉积,主要沉积于华北的渤海湾盆地,东北的二连盆地,南方的苏北、江汉和其他中小型盆地,西北的准噶尔、柴达木、塔里木、吐哈等盆地,青藏地区部分中小型盆地等。此外,塔里木盆地西缘为海陆过渡相和浅海陆棚相沉积,东北长白山以东小型盆地和广西南部沉积了湖沼含煤地层。该时期为中国近海海域各主要盆地的主要断陷期。

(12)新近系:中国各区盆地基本上均为湖泊和河流相砂泥质沉积,其中鄂尔多斯、二连、海拉尔等盆地主要为湖泊相沉积,东北长白山以东小型盆地也为湖沼含煤沉积,东海和南海北部近海盆地则主要为滨浅海相。

1.3   中国页岩分布

1.3.1   主要页岩层系

震旦纪以来,中国先后沉积了10多套特点各异、连续发育并区域分布的优质页岩层系,主要为中震旦统(陡山沱组)、下古生界(下寒武统、下志留统-上奥陶统顶部)、上古生界[中下泥盆统、石炭系(南方主要为下石炭统,北方主要为中上石炭统)、二叠系(南方主要为上二叠统,北方主要为下二叠统,西北主要为中二叠统)]、中生界(上三叠统、中下侏罗统、上白垩统)及新生界(古近系)等。其中,仅在古生代时期内就形成了 8 套广泛发育的海相、海陆过渡相黑色页岩,它们多与碳酸盐岩或其他碎屑岩共生,具有延伸时代长、发育层系多、地域分布广、后期构造改造强烈及保存条件多样化等特点(表 1-2、图 1-3),其累计最大地层沉积厚度超过 10 km,陆上沉积面积达到 330×10^4 km^2(贾承造,2007)。这些页岩埋藏浅、变动强,常规油气藏难以形成,页岩气可构成主要的资源类型。

时代	沉积环境	地质发育	地理分布	页岩油气发现情况
新近系	湖相	湖盆控制明显,有机质通常未熟	除川西北、江汉和苏北以外,主要分布在北方省份。塔里木-柴达木-鄂尔多斯盆地一线为红色泥岩	已发现生物成因气。广东茂名盆地(E_2-N_1)见油页岩
古近系	湖相及干旱湖盆	湖盆控制沉积明显,东部地区断陷盆地连续厚度大,砂岩、页岩,甚至煤系互层。有机质成熟度不够,目前主要处于生油窗并以页岩油为主	天山、六盘山、大别山一线全国分布,以南主要为干旱湖盆,以北为主要为正常沉积湖盆	渤海湾、南襄、江汉、苏北等盆地多处发现页岩油和页岩气。辽宁抚顺油页岩为亚洲最大的(E_2)矿坑,厚可达 200 m
白垩系	湖相,藏南为半深海相	与砂岩互层,有机质成熟度偏低,目前主要处于生油窗并以页岩油为主	早白垩世主要分布于准噶尔-吐哈-额济纳旗-潮水-鄂尔多斯-胶莱一线湖盆。晚白垩世主要分布于二连-海拉尔-漠河-松辽一线湖盆	松辽盆地已发现页岩油。辽宁东页 1 井见页岩气和页岩裂缝油显示
侏罗系	湖相为主,广东、西藏为浅海	下白垩统页岩常与含煤建造互层,中上白垩统常与砂岩互层	除东北地区以外广泛发育。含煤建造主要分布在西北-华北一线	在准噶尔、吐哈-三塘湖、柴达木(柴页 1 井)以及四川等盆地中已有较多页岩油气发现
三叠系	北方盆地为陆相,西南-华南地区为半深海-浅海-海陆过渡-湖相	中下三叠统页岩常与砂岩互层,上三叠统页岩常与含煤建造互层	典型的"南海北陆"沉积和分布格局。北方主要发育在准噶尔、河西走廊及鄂尔多斯盆地。西藏和华南地区分布广泛	鄂尔多斯、四川等盆地内有良好发现,延长已在鄂尔多斯盆地(柳评 177 等井)开发生产

表 1-2 中国主要层系页岩发育和分布

（续表）

时代	沉积环境	地质发育	地理分布	页岩油气发现情况
二叠系	东疆和辽西为内陆湖盆,华北为偏陆的海陆过渡相,华南为偏海的海陆过渡相	页岩层系地层厚度大,分布范围广,常与砂岩和煤系互层,为典型的含煤建造。华北煤层厚度通常较大,华南煤层普遍较薄。由于钙质胶结较差,新鲜岩心常宜在很短的时间内发生粉化作用,形成松散堆积物	主要分布在新疆(上二叠统)、辽西、华北及华南地区。新疆为内陆湖盆。华北由近海湖盆(海陆交互:潟湖、三角洲等)演变为陆相湖盆,湖盆面积大,为盆大湖浅海特点。华南主要为海陆交互-浅海-半深海相页岩	已在北方的牟页1、郑西页1、云页1、鄂页1等钻井中见良好页岩气显示并获气流,博格达山的芦草沟组见露天油页岩。已在南方的湘页1、西页1、方页1、港地1等井中见良好页岩气,含气量可达10 m³/t,赣北煤矿中见原油渗流
石炭系	具有从北向南由陆相到过渡相,再到半深海相的变化趋势	砂岩、页岩、硅质岩夹煤。层理风化过程中具典型的书页状特征	主要发育在上石炭统,分布在华北、新疆、广西及其他地区,云南楚雄、黔西南、桂中一带为半深海相。除华北盆地沉积规模较大外,整体分布较为零星	水页1和柳页1井见自然页岩气流
泥盆系	滨浅海-半深海	页岩、砂岩夹灰岩,单层厚度大,竹节石化石丰富	主要分布在楚雄、广西、黔西南、湘西南等地区	鹿页1井见微弱页岩气显示,丹页2井见良好页岩气显示
志留系-奥陶系	浅海相、海湾相,外来碎屑沉积较多	常为大套从黑色过渡到灰绿色的层状页岩,粉砂质含量较高,易碎易风化,风化特征似鱼鳞,常见球形风化,碎屑尖锐似小刀。底部富含笔石化石,向上砂质含量增加,韵律增强并渐变为灰岩	在华南地区,上奥陶统页岩厚度小但连续分布面积大,常与志留系底部页岩一起讨论。主要分布在黔北、川东、重庆、湘西北、鄂西以及陕南等地区。新疆的奥陶-志留系主要分布在其西部,局部已经板岩化	渝页1井首次发现页岩气,含气量可达1.5 m³/t。威201井获工业气流,彭页1井获得气流,焦页1井获高产页岩气流。保页1、来地1、安页1等钻井含气量高
寒武系	广海陆棚相,伴有浅海-半深海。内源沉积特征明显	常为大套厚层状炭质页岩,见大小不等但形态规整的硅质、钙质、粉砂质结核。页岩硅质含量高,硬度大,块状结构。新鲜面易刮手,初波风化面常见铁锈色或白色,风化后短时间内见页理。底部常为石煤或硅质页岩	下寒武统主要分布在华南地区各省份,尤其在滇、黔、桂、川、渝、湘、鄂等省份,赣、浙、苏、皖部分地区部分发育,粤、闽、琼则由于岩浆活动过于强烈而导致页岩缺失或变质。上寒武统页岩主要分布在塔里木盆地西北部。华北地区主要为贫有机质页岩	重庆、湖南等地见页岩自燃或巷道爆炸。岑页1、酉科1、天星1、秀页1、保页2、慈页1、CD1、镇地1等钻井见良好气显或气流
震旦系	浅海-半深海相	炭质页岩层多且薄,常与冰碛互层沉积。热演化普遍较高,局部达到变质阶段	主要分布在滇、黔、桂、川、渝、陕、湘、鄂、苏等省份。新疆主要围绕塔里木盆地外缘发育,华北地区不发育	渝科1井见良好气显,在宜昌-秭归隧道(陡山沱组)见页岩气苗燃烧,秭地1井含气量达1.4 m³/t,点火可燃
前震旦系	浅海陆棚、海陆过渡、潟湖	厚可达数百米。由于相当部分已变质成为板岩或千枚岩,页岩气潜力受到较大影响。寻找未变质区域是页岩油气发现的关键	主要包括青白口系下马岭组;蓟县系铁岭组和洪水庄组;长城系串岭沟组和常州组。分布中心在晋北、蒙东、冀北、京西、津北、辽西一带	辽西(韩1等钻井)发现下马岭、洪水庄及铁岭组见油气显示

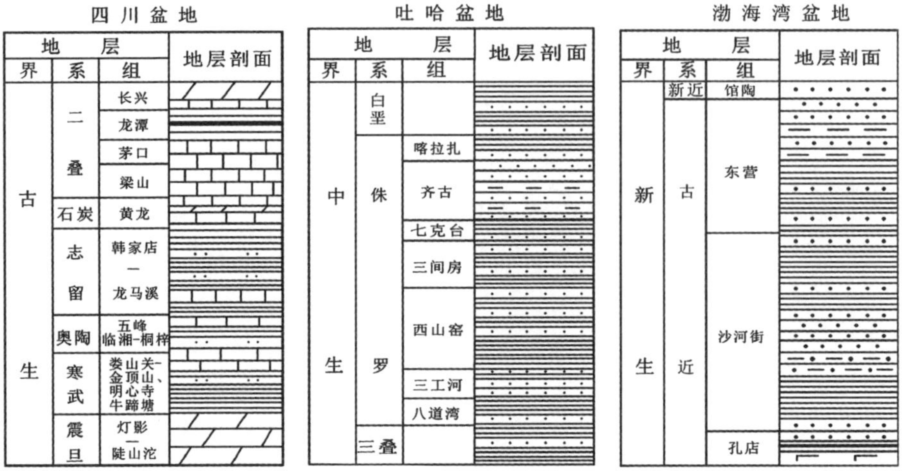

四川盆地

地层			地层剖面
界	系	组	
古生界	二叠	长兴	
		龙潭	
		茅口	
		梁山	
	石炭	黄龙	
	志留	韩家店－龙马溪	
	奥陶	五峰 临湘-桐梓	
	寒武	娄山关－金顶山 明心寺 牛蹄塘	
	震旦	灯影 陡山沱	

吐哈盆地

地层			地层剖面
界	系	组	
中生界	白垩		
	侏罗	喀拉扎	
		齐古	
		七克台	
		三间房	
		西山窑	
		三工河	
		八道湾	
	三叠		

渤海湾盆地

地层			地层剖面
界	系	组	
新生界	新近	馆陶	
	古近	东营	
		沙河街	
		孔店	

图1-3 中国页岩主要层系和类型

1.3.2　页岩分布

中国塔里木、华北和华南三大核心板块具有形成时间早、地质活动历史长、后期地质变动大、控制沉积范围广等特点。它们的长期稳定与活动的特性,造就了富有机质页岩的区域性沉积和规模性分布,海相、海陆过渡相和陆相页岩分布差异性明显(图1-4)。

海相富有机质页岩发育,主要分布于扬子地区古生界、塔里木盆地下古生界、华北地区元古界-古生界、青藏地区古生界和中生界。页岩可与海相砂质岩、碳酸盐岩等共生,具有分布面积广、单层厚度大、连续稳定性强等特点,由于后期构造变动差异性较大,现今埋深变化较大。以寒武系牛蹄塘组为代表的广海陆棚相页岩沉积时的外源碎屑物质较少,硅质含量高,常见各类结核,岩石硬度大,岩相发育稳定,是目前中国连续分布面积最大的页岩层系。在上扬子,川北-川东北、川南-黔北-黔中、湘鄂西-渝东等地均有大规模发育,连续页岩厚度逾200 m,面积约达 45×10^4 km^2;上奥陶统-下志留统的五峰组-龙马溪组是目前中国页岩气最丰富、最典型的海相页岩,主要为浅海陆棚

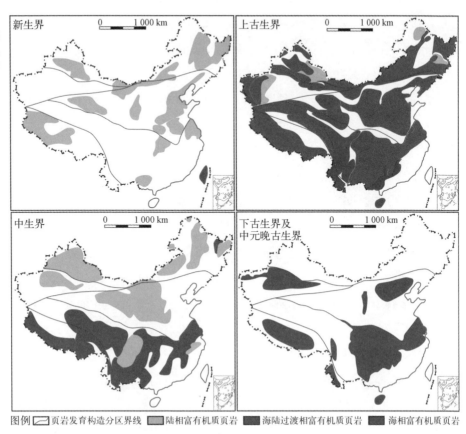

图1-4
中国不同沉
积相富有机
质页岩分布

图例 ▭ 页岩发育构造分区界线　▨ 陆相富有机质页岩　▨ 海陆过渡相富有机质页岩　■ 海相富有机质页岩

相、封闭-半封闭海湾相，外源粉砂质碎屑物质含量向上急剧增加，岩石易破碎，露头岩石易风化，常形成鱼鳞状碎屑，可见风化球，岩相分布相对稳定，面积较大但区域规模有限，目前已发现的页岩气有利区均主要分布在上扬子地区，如川南至鄂西渝东和渝东北地区分布稳定，有效厚度最大可达数十米；分布于黔桂一带的泥盆系罗富组页岩沉积于台盆相环境中，碎屑物质含量高、钙质含量少、页岩易粉化且有机质丰度较低。页岩分布局限性强，与其他岩性分布常呈平面上的条带状分隔，反映岩相变化快特点。

　　海陆过渡相富有机质页岩主要为上古生界的石炭系和二叠系，在华北、东北、西北、南方等地区，均可见海陆过渡相页岩发育。含页岩地层层系通常具有较大的累计厚度,分布基本稳定,但单层厚度较薄,岩性变化较大,常与煤岩、砂岩或灰岩频繁互层。尽管同属于海陆过渡相,但南北方页岩沉积环境尚有较大差异,页岩分布特点也略有不同。在北方地区,以石炭-二叠系太原-山西组为代表的页岩以潮坪、沼泽、潟湖、三角洲等亚相为主,沉积延续时间较长,往往形成厚度较大、层数较多的煤系地层。该套页岩地层在华北-东北地区广泛分布,除鄂尔多斯、沁水、南华北、渤海湾等盆地内部以外,长期所认为的"隆升剥蚀区"中也有大量发现,页岩累计厚度一般为20~100 m;而在南方地区,以二叠系龙潭组为代表的页岩主要沉积于潟湖、三角洲、沼泽等亚相环境中,沉积时间相对较短,地层砂岩含量较高,煤系地层单层薄、层数少。在滇黔桂-川渝鄂-湘赣-浙皖苏沿线有大规模连片分布,页岩累计厚度一般为20~60 m。

陆相富有机质页岩以中新生界为主,主要分布在东北、华北、西北等地区。中生界陆相页岩在四川、鄂尔多斯、准噶尔、塔里木等盆地以及西部中小型盆地广泛分布。鄂尔多斯盆地上三叠统延长组页岩一般厚度在50~120 m,其中的页岩气已成为中国陆相页岩气的重要代表。在四川盆地西部和北部,上三叠统的须家河组、中下侏罗统的千佛崖组和自流井组广泛分布,面积可达 15×10^4 km²,三套页岩厚度一般都超过100 m,目前已获得高产页岩气流;侏罗系在北方地区分布较广,在准噶尔和吐哈盆地,下侏罗统八道湾组页岩厚度一般可达30~100 m;白垩系主要发育在东北地区,松辽、二连、海拉尔等盆地发育规模较大。其中,松辽盆地白垩系青山口组、嫩江组富有机质页岩分布稳定,厚度巨大,中央坳陷区单套页岩厚度可达300 m以上。

新生界陆相页岩主要受控于沉降-沉积中心转移,主要分布在渤海湾、南阳、江汉、苏北等盆地古近系地层中,在西部的柴达木盆地中也有发育。陆相页岩的沉积严格受控于盆地边界,主要分布在沉积中心的深湖和半深湖区域,沉积相变较快,所形成页岩地层累计厚度大,常夹薄层粉砂岩,局部钙质含量高。在渤海湾盆地,古近系沙河街组富有机质页岩分布主要受断陷控制,在各断陷中的页岩厚度可达1 000 m以上。

从主要页岩层系的发育和分布特点看,下古生界富有机质页岩以海相为主并主要分布在南方地区,上古生界以海陆过渡相为主要特点且在全国范围内均有分布,中生界以陆相为主且主要分布在北方地区,新生界以陆相为主且主要分布在东部地区。

1.4　　　中国页岩气地质特殊性和复杂性

　　北美主要由一个大型稳定板块(北美板块)演化而来,构造相对简单,以海相沉积为主,页岩和页岩气层位主要为泥盆、石炭和白垩系,平面上呈"U"字形分布(Curtis,2002;David,2007;张金川等,2016)(图1-5),页岩气成藏地质条件良好,后期改造较弱。与此相反,中国页岩气地质条件具有特殊性和复杂性(聂海宽等,2011;李建忠,2012;肖贤明,2013;李昌伟等,2015;张金川等,2016)。中国不同层系页岩形成于规模小、变动性强的板块活动背景中,页岩发育地质条件复杂、页岩有机地球化学和储层条件多样,保存条件各异,造成中国页岩气地质条件的特殊性和复杂性。

图 1-5
美国页岩油
气"U"字
形分布

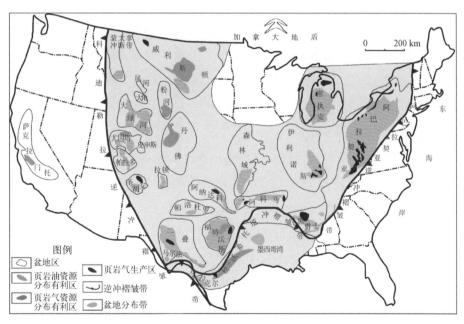

1.4.1　页岩发育地质背景复杂

中国主要由塔里木、华南和华北三个规模较小的板块和其他小型陆块拼接而成，板块(含小型陆块)规模相对较小，活动性较强，拼接过程复杂(张金川等,2016)。除自身变动较大之外，不同板块之间相互影响，尤其是印支运动以来，相互之间不同程度拼接的各板块又统一受到来自太平洋、印度和西伯利亚板块的应力改造，在板块之间和板块内部形成了多种类型的造山(褶皱)带和断裂带，奠定了中国页岩发育的特殊条件和背景。不同时期所形成的页岩交织于板块变动与演化过程中，页岩气形成地质条件复杂，展现了中国独特的页岩气地质特点。

自震旦纪以来，中国先后经历了 7 大构造运动，控制了页岩沉积盆地的形成和演化，多期次构造运动使盆地发生间断沉降和构造回返，并在不同地域分别产生了多类型复杂构造的叠合盆地。构造运动多次改变了中国的构造地质背景，产生了不断变化的"跷跷板运动"，使不同板块区形成了各自独立又统一的构造格局。在典型的华南板块，中三叠世开始发生大规模隆升，早侏罗世开始在东南部发生区域性岩浆侵入和火山喷发，从区域上改变了页岩分布，形成了特色鲜明的构造格局。从龙门山向南东方向，出露地层时代逐渐变老，依次出现了典型的盆山、隔挡、隔槽、盆岭、岩浆侵入、火山喷发以及板块俯冲等构造，这一特有的构造特点决定了页岩气发育条件的西北优、南东差的宏观格局。华北和塔里木板块同样特色明显，控制了中国页岩气的宏观分布。

从震旦纪至新近纪，页岩沉积环境数次变迁，逐渐发生了由海到陆、由南向北、自西向东的沉积演化和沉积中心迁移。在平面上，海相、海陆过渡相、陆相页岩分区域叠置分布，形成了多样化的相变特点，在区域上形成了由南向北从早古生代海相页岩(滇黔桂、扬子地区)到晚古生代过渡相页岩(扬子地区、南华北盆地)，再到中新生代陆相页岩(松辽等盆地)的经向格局，也形成了自西向东从早古生代海相页岩(塔里木盆地)到晚古生代海陆过渡相页岩(鄂尔多斯等盆地)，再到中新生代陆相页岩(渤海湾等盆地)特有的纬向沉积演变格局。在垂向上，形成了多变的相序规律，在以松辽(陆相)、渤海湾(陆相、海陆过渡相)、四川(陆相、海陆过渡相和海相)等盆地为代表的沉积区域内，分别可形成从相对单一到非常复杂的沉积相序变化，奠造了复杂且特色明显的中国页岩沉积背景。

1.4.2 页岩有机地球化学条件多样

中国复杂的构造背景和特殊的沉积环境造就了页岩有机地球化学条件的多样性和复杂性。从地质原理和过程特点来看,沉积相主体上决定了页岩的厚度、面积及其中有机质的类型和丰度,构造演化又决定了沉积格局变迁和页岩有机质的热演化程度。

页岩沉积有机质的来源多样,有海相低等生物来源、也有陆相高等生物来源或者两者混合来源。因此,中国页岩有机质类型 I、II$_1$、II$_2$、III 型均有不同程度发育,海相、海陆过渡相和陆相页岩有机质类型各有不同。在平面上,从沉积中心向沉积边缘方向,有机质类型从 I 型逐渐转变为 III 型,湖相沉积表现最为明显;在纵向上,南方地区下古生界为海相沉积,有机质类型主要为 I 型,上古生界和部分中生界主体为 III 型;北方地区上古生界主要为 II$_2$ 和 III 型,中新生界湖相有机质主要为 I 和 II型。即使在同一地区或同一沉积相带,页岩有机质类型也具有复杂性和多样性。在同一盆地中,早期的深湖-半深湖相沉积往往形成 I 和 II 型有机质,中晚期逐渐过渡为半深湖、三角洲及河流相沉积,页岩有机质逐渐转变为 II 和 III 型。在四川、鄂尔多斯、准噶尔、松辽、渤海湾等盆地中,均具有这种变化规律。不同类型有机质成熟条件各有不同,页岩的生气潜力和开始大量生气的时间也有差异。

不同的沉积相带,页岩总有机碳(Total Organic Carbon,TOC)含量变化差异较大。海相页岩 TOC 分布相对平稳,分布较为集中,下寒武统下段页岩(牛蹄塘组)TOC主要为 2.0%~8.0%,平均值普遍大于 2.0%;下志留统下段(龙马溪组)页岩 TOC 主要为 1.0%~4.0%,变差范围较小,从上扬子到下扬子地区,TOC 总体呈增大趋势。海陆过渡相页岩地层岩性变化较快,常可发育煤线(层)和炭质页岩,TOC 较高,平均值一般在 3.0% 以上,分布变化快且范围广,层间非均质性明显。南方地区上二叠统龙潭组页岩和炭质页岩 TOC 为 0.3%~39%,而北方地区上石炭-下二叠统山西组、太原组页岩和炭质页岩 TOC 为 0.3%~38%,变化范围起伏明显;陆相页岩 TOC 变化兼具海相和海陆过渡相特点,一般为 0.3%~24%,与沉积关系更为明显。

页岩发育层位多、时代跨度大、经历的构造演化复杂,有机质热演化程度差异大,从未成熟-低成熟到成熟-高成熟,再到过成熟甚至浅变质,镜质体反射率(R_o)可达 5.0% 以上。一般来说,页岩有机质成熟度随层位变化关系明显,从深层到浅层成熟度逐渐降低。在同一层页岩中,地区差异对成熟度变化也有较大影响,以二叠系为例,扬子地区龙潭组页岩 R_o 介于 1.0% ~ 3.0%,华北地区太原-山西组页岩 R_o 为 1.4% ~ 3.5%。在区域上,页岩有机质成熟度受控于大地构造演化,整体上具有"南高北低"的变化规律。南方地区下古生界页岩有机质成熟度高,R_o 一般为 1.8% ~ 4.0%;北方地区中新生界页岩形成时代晚,有机质成熟度整体偏低,R_o 一般为 0.4% ~ 2.0%,在深凹部位成熟度明显增加,具有一定页岩气形成条件。除此之外,中国也存在一些页岩有机质成熟度异常区。在华北地区,部分出露的中上元古界页岩由于长期埋藏浅且未受岩浆烘烤作用影响,有机质成熟度相对较低,R_o 为 1.3% ~ 2.2%;在东南地区,受侏罗纪以来岩浆侵入的影响,古生界页岩有机质成熟度普遍处于过成熟-变质阶段;上扬子下武寒统页岩多处于高成熟-过成熟阶段,但川西北地区下寒武统邱家河组页岩由于动力变质作用,目前已变为板岩或千枚岩。

1.4.3　　页岩储层条件差异明显

受沉积环境、物质来源和后期演化影响,不同地区、不同层系页岩储层矿物含量变化大、储集空间类型多样、物性好坏不同,不同相带页岩储层条件差异性明显,使它们在页岩气赋存方式、成藏富集和后期开发方式等方面均有所不同。

在海相页岩中,脆性矿物(石英、长石、方解石、白云石、黄铁矿等)含量高,为 50% ~ 80%,其中碳酸盐矿物含量一般小于 10%;黏土矿物(伊利石、绿泥石、蒙脱石、高岭石等)含量一般为 20% ~ 50%。储集空间类型多样,以有机孔为主,其次为晶间和粒间溶蚀孔,微裂缝偏少,高角度构造缝发育,且多被方解石、黄铁矿或黏土矿物充填。储层物性较好,孔隙度分布范围广,主要在 1% ~ 10%。譬如在上扬子地区,志留系龙马溪组页岩的石英、长石和碳酸盐矿物平均含量分别为 46%、18% 和 5.6%;黏土矿物含量为 4% ~ 56%,平均含量为 33%;孔隙度为 2.3% ~ 9.8%,平均值为 4.6%。

海陆过渡相页岩储层黏土矿物含量高,平均含量可达50%以上,其中伊/蒙混层和高岭石等水敏性矿物含量最高,脆性矿物含量对比海相偏低,一般为30%~60%,胶结矿物含量较少。储集空间以粒间孔和溶蚀孔为主,局部发育有机孔,裂缝发育且以成岩缝为主,被方解石充填较少。海陆过渡相页岩物性较差,孔隙度集中在1%~7%。譬如四川盆地南部二叠系龙潭组页岩,其黏土矿物含量为20%~90%,平均值高达60%;脆性矿物含量为6%~56%,平均值为28%;孔隙度多分布在2%~8%。再如鄂尔多斯盆地东南部石炭-二叠系页岩黏土矿物平均含量为52%,脆性矿物平均含量为45%;孔隙度一般为1%~6%,平均孔隙度约4%,渗透率较低,主要集中于$(0.001~0.1) \times 10^{-3} \mu m^2$,平均值为$0.037 \times 10^{-3} \mu m^2$,孔隙度和渗透率关系较差。

陆相与海陆过渡相页岩储层较为相似,但脆性矿物含量稍高,一般大于40%;黏土矿物含量也较大,但比海陆过渡相低,其中蒙脱石等低成岩作用程度的矿物含量较多;孔隙以原生孔隙为主,少见有机孔,裂缝中生烃微裂缝较多。储集物性比海陆过渡相稍差,孔隙度一般小于6.0%。譬如在鄂尔多斯盆地,三叠系延长组页岩黏土矿物含量为20%~58%,平均值为44%,石英含量介于24%~56%,平均值为31%;孔隙度一般为1%~6%,主要分布在3%~4%。

1.4.4   页岩气地质基础条件的复杂性

中国页岩气形成的构造背景复杂、沉积环境多样,页岩有机地球化学条件、储集、保存条件差异大,页岩气资源分布广泛但资源条件却千差万别,构成了中国页岩气地质的特殊性和复杂性。作为保持页岩含气或提高页岩地层含气量的主要因素,抬升剥蚀、褶皱断裂、岩浆活动,甚至水文动力条件变更等,对不同地区页岩含气量产生了直接影响。构造运动强度和效果不同,对页岩气的影响程度也有差别。经过复杂的地质演化和构造变迁,中国目前已经形成了"东西有别、南北分异"的页岩分布基本格局,控制了中国页岩气的基本类型和分布特征。

从常规油气地质角度看,中国具有"东、中、西"三分的含油气盆地地质背景,即东部地区以陆相断陷为特点的中-新生代含油气盆地、中部地区以克拉通坳陷为特点的中-古生代含油气盆地、西部地区以前陆结构为特点的多世代复杂叠合含油气盆地。"西高东低"的地势、"西厚东薄"的地壳厚度及"西早东晚"的岩浆侵入等地质背景,造就了"西冷东热"的大地热流背景和盆地地温条件,恰好满足了西部地区盆地地质时间长、有机质热演化作用弱和东部地区盆地地质历史短、有机质热演化作用强的有机质生油气条件,导致中国含油气盆地的主体分布在北方地区,形成了浅层页岩油和深层页岩气分布的主体区域。

从非常规油气地质条件看,中国整体具有南北两分的油气地质特点,即北方以多世代叠加、含油为主的叠合含油气盆地为特点,南方则以强烈的区域性后期改造和破坏为基调,形成了以天然气赋存为主线的残余盆地。这种格局主要受中生代以来的全球板块运动所影响和控制,太平洋板块向亚洲板块之下的北西向俯冲导致了华南地区的区域性整体隆升剥蚀和岩浆活动;印度板块向北东方向漂移并与青藏板块发生对撞,形成了现今仍处于隆升状态的青藏高原,近东西向和北西向挤压断裂密集分布。整体来看,包括青藏地区在内的大南方地区常规油气地质条件普遍遭到严重破坏,挤压强烈、断裂发育、岩浆侵入、地层剥蚀,常规油气藏存在的地质条件强烈变动或不复存在,目前仅在部分地区形成了具有一定保存条件的富有机质页岩残留,维持了页岩气的发育和存在。

在北方地区,中新生界页岩主要分布于渤海湾、松辽等晚期沉积盆地内,盆地的后期构造回返作用较差,页岩及页岩气保存条件良好。上古生界页岩分布面积较广,后期改造程度不同,导致保存条件差异明显。即使在同一盆地内部,各地质单元构造运动条件也差异较大,页岩气保存条件千差万别。

对于南方地区大面积分布的下古生界页岩,构造运动期次多、时间长、破坏影响大,断裂和区域性抬升往往导致页岩气成藏条件急剧变差,含气量明显降低。除四川盆地内部及其周缘以外,南方广大地区的下寒武统和下志留统页岩气保存条件普遍较差。特别是在东南地区,侏罗纪以来的岩浆活动更加剧了页岩地层的抬升、剥蚀及变质作用,页岩含气量普遍较差。上古生界海陆过渡相页岩岩性频繁变化,更容易产生水平缝及次生的垂直缝,加之构造运动叠加产生的构造缝,使该套页岩在同等条件下更容易被剥蚀和淋滤,导致页岩气藏遭受破坏。仅在埋藏较深、构造运动影响较小、水文地质活动较弱的地区,页岩气保存条件较好。

第 2 章

南方地区页岩气
地质基础及特点

中国南方地区概指青藏以东、秦岭-大别山-淮河一线以南广大地区,主要包括滇、川、黔、渝、桂、湘、鄂、粤、赣、皖、苏、闽、浙等省份(图2-1)。在地质上,中国南方系为由金沙江-元江断裂(西界)、龙门山断裂(西北界)、城口-房县-襄樊-广济断裂(北界)、庐山-连云港断裂(东北界)所围限的广袤地区。区域内主要发育了古生代海相、海陆过渡相页岩地层,部分地区发育中新生代陆相页岩地层,其中古生代地层具有后期构造变动复杂的特点。

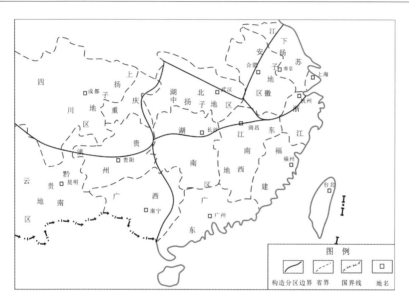

图2-1 中国南方地区构造单元划分

2.1　　　滇黔桂

2.1.1　　　滇黔桂地区古生界

滇黔桂地处中国西南,主要包括了康滇隆起以西的三江褶皱系和以东的部分扬子地台、华南褶皱系。滇黔桂地区可供勘探区域面积约为 $38 \times 10^4 \text{ km}^2$，目前，主要对上古生界页岩气进行了勘探和研究。

1. 页岩发育地质基础

1）地层特征

滇黔桂地区发育了自早震旦世以来的各期地层，上、下古生界页岩地层发育齐全（图2-2）。上古生界富有机质页岩地层主要包括中下泥盆统、下石炭统和上二叠统，但岩性横向变化较大。

（1）震旦系

下震旦统大塘坡组为黑色砂岩、页岩和炭锰质岩，厚度可达300 m。南沱（桂平）组为杂砾岩夹页岩，厚度可达3 000 m；上震旦统陡山沱（洋水）组岩性的区域变化较大，黔东-桂北主要为炭质页岩夹白云岩，黔中北主要为碳酸盐岩、砂岩、页岩夹磷块岩，滇东主要为石英砂岩夹灰岩，地层最大厚度为150 m；灯影（留茶坡、老堡）组在江南隆起以南的桂北为硅质岩夹炭质页岩，江南隆起以西的黔东主要为白云岩夹硅质岩，最大厚度为180 m。

（2）下寒武统

牛蹄塘（清溪、梅树村、筇竹寺、九门冲）组主要为炭质页岩、黄绿色页岩、砂质页岩夹粉砂岩，底部含硅质或硅质岩、磷块岩，上部富含钙质。与下覆地层假整合，最大厚度为500 m；明心寺（变马冲）组为粉砂质页岩、粉砂岩、泥质灰岩，上部为石英砂岩。黔西、黔南、黔东南为炭质页岩夹粉砂岩，厚度为250 m。

（3）下泥盆统

郁江（坡脚）组的岩性为灰黑、灰色页岩夹灰岩，下部含细砂岩，厚度达350 m 以上。塘丁（四排、舒家坪、达莲塘、边箐沟、崇佐）组的岩性为深灰色灰岩、泥灰岩、灰色页岩，厚度为770 m。

（4）中泥盆统

应堂（那艺、纳标、坡折落、龙洞水、箐门、古木）组为深灰、灰色灰岩、泥灰岩和页岩，下段为泥灰岩、生屑灰岩。上段为石英砂岩夹砂质云岩和粉砂质页岩，厚度为330 m。

罗富（东岗岭、火烘、分水岭、独山、华宁）组为深灰、灰黑色灰岩（图2-3）、泥灰岩和页岩。下部鸡泡段为灰质细砂岩及泥晶灰岩，含灰、泥质粉砂岩；中部宋家桥段为青

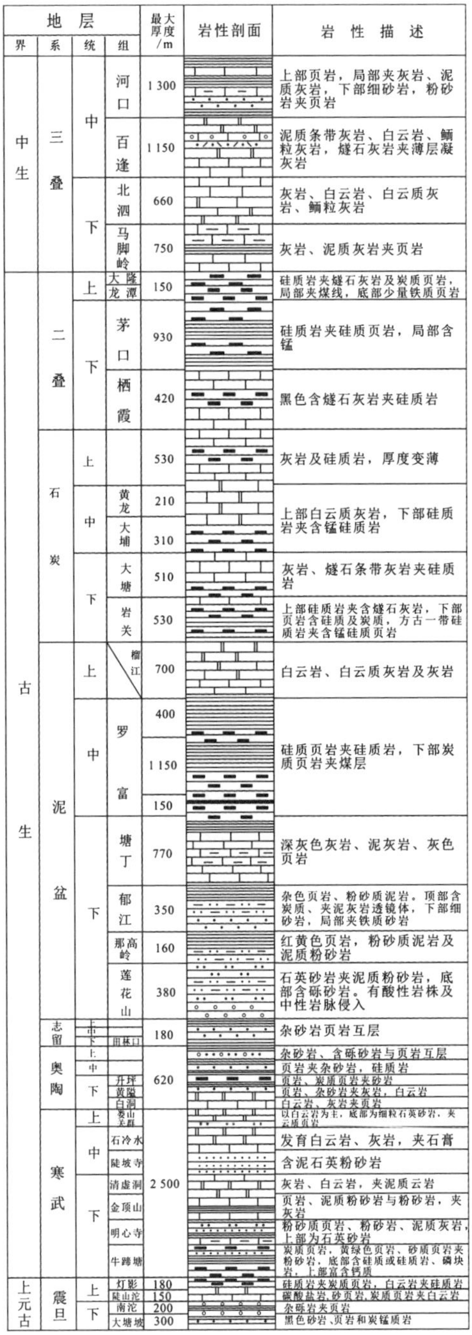

地层				最大厚度/m	岩性剖面	岩性描述
界	系	统	组			
中生	三叠	中	河口	1 300		上部页岩，局部夹灰岩、泥质灰岩，下部细砂岩、粉砂岩夹页岩
		中	百逄	1 150		泥质条带灰岩、白云岩、鲕粒灰岩，燧石灰岩夹薄层凝灰岩
		下	北泗	660		灰岩、白云岩、白云质灰岩、鲕粒灰岩
		下	马脚岭	750		灰岩、泥质灰岩夹页岩
古生	二叠	上	大隆龙潭	150		硅质岩夹燧石灰岩及炭质页岩，局部夹煤线，底部少量铁质岩
		下	茅口	930		硅质岩夹硅质页岩，局部含锰
		下	栖霞	420		黑色含燧石灰岩夹硅质岩
	石炭	上		530		灰岩及硅质岩，厚度变薄
		中	黄龙	210		上部白云质灰岩，下部硅质岩夹含锰硅质岩
		中	大埔	310		
		下	大塘	510		灰岩、燧石条带灰岩夹硅质岩
		下	岩关	530		上部硅质岩夹含燧石灰岩，下部页岩含硅质及炭质，方古一带硅质岩夹含锰硅质页岩
	泥盆	上	榴江	700		白云岩、白云质灰岩及灰岩
		中	罗富	400 / 1 150 / 150		硅质页岩夹硅质岩，下部炭质页岩夹煤层
		下	塘丁	770		深灰色灰岩、泥灰岩、灰色页岩
		下	郁江	350		杂色页岩、粉砂质泥岩，顶部含炭质、夹泥灰岩透镜体，下部细砂岩，局部夹铁质砂岩
		下	那高岭	160		红黄色页岩，粉砂质泥岩及泥质粉砂岩
		下	莲花山	380		石英砂岩夹泥质粉砂岩，底部含砾砂岩，有酸性岩株及中性岩脉侵入
	志留	中	旧林口	180		杂砂岩页岩互层
	奥陶	上		620		杂砂岩、含砾砂岩与页岩互层
		中	开旸			页岩夹杂砂岩、硅质岩
		下	黄隘			页岩、炭质页岩夹砂岩
		下	白洞			白云岩、灰岩夹页岩
	寒武	上	娄山关			以白云岩为主，底部为细粒石英砂岩，夹白云质灰岩
		中	石冷水陡坡寺	2 500		发育白云岩、灰岩，夹石膏 含泥质石英粉砂岩
		下	清虚洞			灰岩、白云岩，夹泥质白云岩
		下	金顶山			页岩、泥质粉砂岩与粉砂岩，夹砂岩
		下	明心寺			粉砂质页岩、粉砂岩、泥质砂岩，上部为石英砂岩
		下	牛蹄塘			炭质页岩、黄绿色页岩，砂质页岩夹粉砂岩，底部含硅质或硅质岩、磷块岩，上部富含钙质
上元古	震旦	上	灯影	180		硅质岩夹炭质页岩，白云岩夹硅质岩
		上	陡山沱	150		碳酸盐岩、炭页岩、炭质岩夹白云岩
		下	南沱	200		杂砾岩夹页岩
		下	大塘坡	300		黑色砂岩、页岩和炭锰质岩

图2-2 滇黔桂地区桂中坳陷地层综合柱状图

图 2 - 3
广西南丹罗
富同贡村剖
面中泥盆统
黑色页岩野
外露头

灰色石英砂岩与灰-深灰色含灰、泥质粉砂岩及粉砂质页岩互层；上部鸡窝茬段为深灰、黑色砂屑泥晶、亮晶灰岩夹黑色含灰质白云岩，厚度为400～2 000 m。

（5）下石炭统

岩关组下（革老河）段为灰黑、黑色厚层状灰岩，底部见白云岩透镜体，夹砂岩和黑色页岩，厚度为140 m；上（汤耙沟）段为深灰色中厚层状灰岩、白云岩和钙质页岩，厚度为300 m。

大塘组下部的祥摆（打屋坝）段为粉砂岩、炭质页岩、硅质页岩、泥灰岩夹薄煤层，厚可达800 m；中部的旧司段为泥灰岩、钙质页岩、硅质页岩，厚可达600 m；上部的上司段为泥灰岩和钙质页岩，厚度可达500 m。

（6）二叠系

下二叠统梁山（花贡、洒志）组为炭质页岩、石英砂岩及薄煤层，厚度为300 m。栖霞组泥质灰岩、炭质页岩，厚度为150 m；上二叠统合山组（吴家坪、龙潭、乐平）组为浅灰、灰白色灰岩夹页岩，底部夹黄色铝土页岩，夹煤层，厚度为440 m；大隆（长兴）组为灰黑色页岩、硅质岩、灰岩夹页岩，厚度约为40 m。

2）沉积特征

滇黔桂地区在陡山沱组沉积时期的地形地貌变化较大，沉积环境复杂，横向不稳定，沉积以碎屑为主，部分地区为碳酸盐岩及磷块岩，分为盆地-陆棚-斜坡相和局限海-开阔海台地-滨海陆缘碎屑相，至灯影期，潮坪、潟湖相比较发育。

寒武纪继承了晚震旦世的沉积特点并呈近南北向展布,但海盆不断加深,早寒武世时成为陆缘海沉积环境,中晚寒武世台地水体变浅,出现了开阔海、局限海及潟湖相沉积,形成了西部陆表海、东部陆缘海格局。晚奥陶世至志留纪,中加里东运动造成地壳抬升及区域海退,大片海域演变为滇黔桂古陆。

志留纪末期的广西运动之后,泥盆纪初期发生了由南至北的快速海侵,至早二叠世时达到最大海侵面积。晚古生代形成了广海陆棚沉积,开阔台地、局限台地、陆缘浅海及孤立碳酸盐台地、孤岛发育,在古陆边缘形成了滨海沼泽等海陆过渡相。其中,早泥盆世发生海侵,海水超覆在大部分古隆起之上而形成许多大大小小的孤立台地。自古陆和古隆起边缘向海依次形成了前滨、近滨、陆棚、台盆、深水盆地等环境,下泥盆统塘丁组富有机质页岩主要发育于台盆相带及深水盆地中;中泥盆世海侵进一步加剧,滇黔桂地区"台-盆-丘-槽"沉积格局形成,从古陆边缘到广海,罗富组沉积期依次形成了潮坪-潟湖、前滨、临滨、混积台地及开阔海台地等沉积环境;由于大规模海退导致海域面积缩小,该区在下石炭统岩关组沉积期时多为台地沉积,台盆分布较为局限;晚二叠世时期,该区仍以台盆相间为基本沉积格局,但发育潮坪、孤立台地等沉积环境,形成了上二叠统龙潭组煤系地层。

早三叠纪时期,海水再次入侵,该地区兼具陆表海和陆缘海特征,滇黔桂地区海域依然辽阔,但中三叠世时海水明显变浅并形成陆表海,晚三叠世时仅在西部的扬子地台区形成残留的海水退出通道。侏罗纪开始,海水全部退出,结束了滇黔桂地区自震旦纪以来长期发育的海相沉积历史,进入陆相沉积阶段。

3)构造特征

晋宁运动后发生区域性大规模沉降,滇黔桂地区开始沦为大面积海侵区域。经过多次构造运动,逐渐形成北东向的沉降-沉积区域。中奥陶世晚期与早志留世期间,都匀运动使得地壳大规模隆起,导致大部分地区缺失晚奥陶世至志留纪地层沉积,该地区以南部为主体向北隆升,并演变为滇黔桂古陆。志留纪末的广西运动形成了一系列大隆大坳,在使扬子地台主要发生升降运动的同时,使华南地槽发生褶皱回返,形成了北东向系列褶皱区域。

经过加里东运动,扬子地台与华南地槽褶皱拼为一体,开始了以地台裂陷的块断运动为特点的海西运动期。该时期内滇黔桂地区先后发生了紫云、黔桂、东吴及苏皖等多次运动,使得完整的地台体系被割裂,沿裂陷出现了基性岩浆活动及玄武岩喷发。这些裂陷多以北西向延伸的条带状为特点,形成了台盆相间、条带延伸、暗色页岩与碳酸盐岩递变为特点的台-盆-丘-槽格局。海西末期发生的印支运动最终使海水完全退出并转化为陆相沉积。

晚三叠世末强烈的印支运动以区域隆升和拗陷为特点,地层大幅抬升,海水退去,结束了该地区长期以来的海相沉积历史。该时期内,基性和中酸性岩浆侵入与喷发活动频繁,可呈层状夹于沉积地层中;燕山期运动使上古生界地层遭受强烈抬升剥蚀,使之复杂化而逐渐成为现今的构造格局。

滇黔桂地区主要包括了滇黔北部坳陷、黔西南坳陷、南盘江坳陷、罗甸断坳、武陵南坳陷、黔南坳陷、桂中-桂林坳陷、钦州断坳及黔中滇东、马关等隆起;还主要包括了滇内的兰坪思茅盆地、楚雄盆地、丽江坳陷、保山坳陷等(图2-4)。

图2-4
滇黔桂地区
二级构造单
元划分

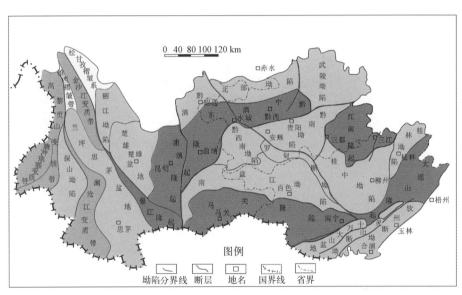

4)页岩分布

滇黔桂地区富有机质页岩层系较多,分布较为零星。但主体上来看,以中下泥盆统、下石炭统和上二叠统为主,其分布总体受盆地沉积相控制。

（1）下泥盆统塘丁组

塘丁组富有机质页岩分布范围较广，但区域上的整体厚度不足 10 m。厚度较大的区域主要集中在黔南-桂中坳陷、南盘江坳陷及十万大山盆地等，分布较为分散，厚度中心处可达 500 m。

（2）中泥盆统

中泥盆统罗富和纳标组页岩分布相对集中连片，主要分布在桂中坳陷、南盘江坳陷及十万大山盆地。其中，在桂中坳陷主要分布于南丹、河池、柳州一带，页岩厚度为 50 ~ 600 m（图 2 - 5），埋深变化于 1 000 ~ 4 500 m。

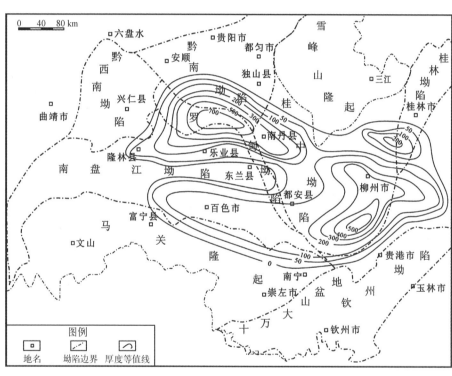

图2-5 滇黔桂地区中泥盆统罗富组黑色页岩厚度分布

（3）下石炭统岩关组

下石炭统岩关组富有机质页岩主要分布在桂中坳陷和黔西南坳陷，页岩厚度最大为 500 m。其中，黔西南坳陷在六盘水西北部的页岩厚度超过 400 m，南盘江地区厚度一般小于100 m。

（4）上二叠统龙潭组

上二叠统龙潭组煤系页岩分布较为分散,不同地区差异较大,主要见于贵州安顺-晴隆地区以及南盘江坳陷区,页岩厚度可达400 m。

2. 页岩气形成地质条件

1）页岩有机地球化学

（1）下泥盆统塘丁组

下泥盆统塘丁组页岩有机质为Ⅱ型。页岩TOC为0.5%~10%,平均不足2.0%。页岩R_o值一般介于1.2%~3.0%,具北部坳陷小而南部坳陷大的特点,处于高-过成熟阶段。

（2）中泥盆统罗富组

中泥盆统罗富组页岩为Ⅱ型有机质。TOC为0.5%~5.0%,平均为3.0%（图2-6）。页岩R_o一般介于1.2%~3.0%,处于高-过成熟阶段,总体呈现西高东低趋势。

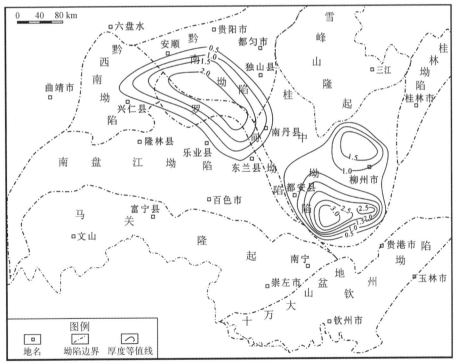

图2-6 滇黔桂地区中泥盆统黑色页岩TOC分布

（3）下石炭统岩关组

下石炭统岩关组页岩有机质以Ⅱ型为主，TOC 介于 2.0%～6.5%，平均为 3.5%。页岩 R_o 为 1.5%～3.0%，处于高-过成熟阶段。

（4）上二叠统龙潭组

上二叠统龙潭组页岩有机质为Ⅲ型，TOC 为 1.0%～6.0%，平均 3.0%。页岩 R_o 为 1.2%～2.5%，处于高-过成熟阶段。

2）储层特征

除龙潭组页岩黏土矿物含量较高（多大于 40%）外，滇黔桂地区上古生界其他层系页岩均以脆性矿物含量为主。其中，石英含量介于 30%～60%，黏土矿物含量为 20%～45%。

泥盆系页岩表现为超低孔、超低渗特点，中、下泥盆统页岩平均孔隙度为 3.0% 和 4.0%，下石炭统页岩孔隙度为 4.0%，上二叠统页岩孔隙度为 3.7%。

3）页岩含气性

等温吸附实验表明，下泥盆统页岩在 1.5 MPa 压力时，最大吸附气量为 2.9 m^3/t。中泥盆统页岩在 2.2 MPa 压力时，最大吸附气量为 3.2 m^3/t。石炭统岩关组页岩在 1.7 MPa 压力时，最大吸附气量为 3.7 m^3/t。上二叠统龙潭组页岩在 1.7 MPa 时，最大吸附气量为 3.43 m^3/t。

黔西南坳陷兴页 1 井揭示上二叠统龙潭组页岩，现场解吸气量可达 2.3 m^3/t，恢复损失气和残余气后的解析含气量可达 4.3 m^3/t。

中下泥盆统页岩在区内的有机质丰度最高，在柳 1 井和理 1 井等钻井中发现了良好的天然气显示，曾见井喷。此外，位于贵州六盘水的水页 1 井和广西柳城的柳页 1 井，均在施工过程中见页岩冒气，点火可燃，火焰高度可达十余米。

3. 页岩气发育有利方向

该地区页岩气地质条件变化较大，有望成为有利层系的页岩层段较多，但从各方面条件比较看，下泥盆统的塘丁组、中泥盆统的罗富组、下石炭统的岩关组及上二叠统的龙潭组是区内最有利的页岩气层系。

中下泥盆统页岩气有利区主要分布在黔南坳陷和桂中坳陷，下石炭统页岩气有利区主要为黔西南坳陷、黔南坳陷及桂中坳陷，上二叠统龙潭组页岩气有利区主要为南盘江坳陷和黔西南坳陷。

除此之外,滇黔桂地区还存在有震旦系、下寒武统以及中生界等页岩地层,尽管分布局限,但有机质丰度高,其页岩气资源条件也值得关注。

2.1.2 楚雄和兰坪-思茅盆地中生界

楚雄盆地面积为 $3.7 \times 10^4 \ \mathrm{km^2}$,是一个在上古生界沉积地层基础上以三叠系海相和海陆过渡相页岩为主要目的层的中新生代沉积盆地。楚雄和兰坪-思茅盆地是两个相对独立的构造残留盆地,均由三叠系、侏罗系、白垩系等地层组成。由于两盆地走向基本一致,且仅为一条断裂所隔,故在此一并而论。

1. 页岩发育地质基础

1）地层特征

上三叠统是楚雄和兰坪-思茅两个盆地最重要的页岩层系,均以灰黑色页岩为主,兼有部分灰岩、泥灰岩和少量的炭质页岩及煤岩。楚雄盆地上三叠统沉积厚度巨大,其中的臭水组普遍为灰绿色页岩夹砂岩,云南驿组主要为钙质页岩及砂页韵律互层,罗家大山组以页岩、含煤层为典型特征,干海子-舍资组主要以页岩与石英砂岩不等厚互层、夹煤线为特征(图 2-7)。兰坪-思茅盆地上三叠统页岩可占地层总厚度的 $20\% \sim 60\%$。

2）沉积特征

楚雄和兰坪-思茅两个盆地长期稳定沉降,三叠纪时期形成了周缘前陆盆地,海水逐渐退出后,形成了海相和海陆过渡相沉积环境。其中,两个盆地从中三叠世晚期-晚三叠世早期普遍开始接受沉积以来,一直到早白垩世的沉积都有相互连通性,甚至与其周围的诸盆地也有一定联系。侏罗纪至早白垩世,两盆地均为湖泊和三角洲沉积,但沉积中心逐渐向北东向迁移。晚白垩世,盆地演化为冲积和河湖相沉积。

3）构造特征

楚雄、兰坪-思茅盆地的形成和演化主要受古特提斯洋、印度板块和太平洋板块联

图2-7 楚雄盆地地层综合柱状图

地层				最大厚度/m	岩性剖面	岩性描述
界	系	统	组			
中生界	白垩	上	江底河	1 000		紫红、灰绿色泥岩、粉砂质泥岩夹灰质泥岩、泥灰岩、粉砂岩，在盆地东部坳陷区可见少量石膏质泥岩薄夹层
			马头山	500		灰、紫红色中-细砂岩、粉砂岩、粉砂质泥岩、泥岩组成正向沉积韵律，底部常为一套砂砾岩，像凹陷区碎屑粒度变细
		下	普昌河	900		上部紫红色岩屑石英砂岩、粉砂岩夹泥岩、钙质泥岩及泥灰岩，下部紫红色泥岩夹灰黄、灰绿色钙质泥岩及泥灰岩
			高丰寺	700		上部灰紫色长石岩屑石英砂岩夹紫红色泥岩，下部灰白、浅紫色长石岩屑石英砂岩夹粉砂岩及泥岩，底部常见砾岩
	侏罗	上	妥甸	800		紫红、杂色泥质岩夹粉砂岩、细粒砂岩、泥灰岩。在高桥、撒营盘发育石膏岩及钙芒硝岩。因剥蚀严重，呈零星状残留
			蛇店	1 000		紫红、棕红色细-粗粒长石石英砂岩夹紫红、棕红色泥岩、粉砂岩、砂砾岩，向凹陷区碎屑粒度趋于变细
		中	张河	1 000		下部灰白、灰绿色砂岩与紫红色粉砂岩、泥岩不等厚互层，上部紫红、深灰色泥质岩夹细粒长石砂岩、黄绿及灰绿色泥灰岩
		下	冯家河	1 000		杂色泥质岩与长石石英砂岩互层，以泥质岩为主，局部夹泥灰岩、砂砾岩、含砾石英砂岩，向盆地中心砂岩趋于减少
	三叠	上	舍资	2 500		砂岩与粉砂岩、页岩不等厚互层夹煤层或煤线，底部常见石英质砾岩或含砾砂岩
			干海子	1 500		上部灰黑色页岩与石英砂岩不等间互层，夹有多层煤和煤线，中部页岩，下部厚层石英砂岩与粉砂质泥岩不等间互层
			罗家大山	1 700		上部粉砂质页岩与细-粗砂岩不等厚互层，中部粉砂、粗砂岩夹少量页岩，下部页岩夹煤层
			云南驿	1 000		下部深灰色页岩夹少量砂岩，中部页岩夹角砾状灰岩透镜体，上部以钙质页岩为主，夹粉砂岩及泥灰岩透镜体
			臭水	480		普遍为灰绿色泥页岩夹砂岩

合控制。

早印支运动期，在扬子地台西部被动大陆边缘开始形成断陷，区域主应力场表现为伸展拉张。从中三叠世开始至中侏罗世，盆地主体进入开裂形成阶段，拉张裂陷活动强烈，断陷活动一直持续到中侏罗世末。晚侏罗世至白垩纪，两盆地在区域沉降作用下以坳陷作用为主要特点，在克拉通基础上形成了盆地较为完整的断陷-坳陷二层楼结构。新生代时期，盆地主要发生变形改造。发生在始新世至渐新世以冲断推覆活动为特点的盆地活化作用,使得盆地在晚渐新世至中新世初期发生走滑肢解,强烈的改造作用形成了后生压扭性盆地。在西强东弱、南强北弱的构造形变和改造作用下,逐渐形成了现今的两个盆地。

楚雄盆地可分为西部坳陷、中部坳陷、东部坳陷及元谋隆起四个构造单元。兰坪-思茅盆地可划分为澜沧江凸起、景勐凹陷、营盘山低凸起、景星-江城凹陷及墨江凸起五个构造单元。

4)页岩分布

在楚雄盆地,上三叠统页岩分布广泛,但在西部坳陷发育最好。其中,呈南北向长条状分布的云南驿组页岩厚度可达 600 m,罗家大山组一、二段页岩厚度可达 1 200 m。页岩埋深一般在 4 500 m 以浅。在盆地中心,页岩埋深接近 5 000 m。

在兰坪-思茅盆地,上三叠统页岩主要分布于景星-江城凹陷、澜沧江凸起及营盘山低凸起构造带上。上三叠统页岩厚度可达 600 m,其中的臭水组页岩仅分布景勐凹陷,但最厚可达 350 m。

2. 页岩气形成地质条件

1)页岩有机地球化学

楚雄盆地上三叠统页岩有机质主要为 Ⅱ、Ⅲ 型,TOC 介于 0.5% ~ 5.0%,平均 3.0%,在盆地东部和南部较高,有机质总体处于高成熟-过成熟阶段。云南驿组页岩以 I 或 Ⅱ 型为主,TOC 一般为 0.4% ~ 1.2%,平均为 0.6%。有机质 R_o 为 2.0% ~ 6.0%,处于过成熟至轻微变质阶段。罗家大山组页岩主要为 I 型,TOC 介于 0.4%~5.0%,R_o 介于 1.0% ~ 5.7%,处于成熟高峰-轻微变质阶段。干海子-舍资组页岩有机质类型多样,I~Ⅲ 型均有发育,TOC 介于 0.3% ~ 4.0%,绝大部分小于 0.8%。R_o 介于 0.8% ~ 5.0%,总体处于高成熟-过成熟阶段。

兰坪-思茅盆地上三叠统页岩有机质以 Ⅱ 型为主,TOC 介于 0.2%~3.2%,平均值为 0.6%。R_o 介于 1.5% ~ 3.5%,处于高成熟-过成熟阶段。其中,臭水组页岩有机质主要为Ⅱ型,TOC 介于 0.2% ~ 2.0%,平均为 0.7%。R_o 为 1.0% ~ 2.7%,处于成熟-高成熟阶段。

2)储层特征

楚雄盆地上三叠统页岩中矿物成分主要为黏土矿物,含量为 35% ~ 60%,平均为

50%。石英、长石矿物含量为38%~50%,平均为45%。页岩储集空间以次生溶孔和微裂缝为主,具有细孔、片状小孔喉、排驱压力高,物性变化大等特点。

兰坪-思茅盆地上三叠统页岩中,黏土矿物含量为41%,石英含量为24%。粒间孔发育,平均孔隙度和渗透率分别为1.2%和$0.04 \times 10^{-3} \mu m^2$。

3) 页岩含气性

楚雄盆地已发现致密砂岩气藏和常规气藏组合,按照天然气序列观点,页岩气亦当发育。兰坪-思茅盆地油气显示较为发育,但其分布较为集中,主要分布于断裂带附近。盆地上三叠统页岩样品等温吸附测试表明,在1.9 MPa压力时,最大吸附气能力为$2.6 m^3/t$。根据各方面分析,两个盆地页岩含气性相对较高,页岩气资源条件较好。

3. 页岩气发育有利方向

在楚雄盆地,上三叠统中,干海子、罗家大山及云南驿组页岩气地质条件相对良好。在平面上,楚雄盆地西部凹陷上三叠统页岩厚度大、有机质丰度高,页岩气资源条件良好,其次为中部坳陷和东部坳陷。

兰坪-思茅盆地上三叠统页岩气有利区主要分布在景勐凹陷、景星-江城凹陷、澜沧江凸起,页岩气地质条件相对较好。

除此之外,两盆地尚发育有二叠系(龙潭组)、中三叠统及中侏罗统等富有机质页岩,累计厚度逾千米,TOC为0.6%~3.5%,其页岩气资源条件值得关注。

2.2 上扬子

上扬子地区包括了龙门山断裂以东、南秦岭南缘断裂(米仓山和南大巴山前陆褶皱-冲断带)以南、垭都-紫云-罗甸断裂以北以及雪峰山前陆褶皱-冲断带以西的广大地区,面积约为$26 \times 10^4 km^2$。该区是中国海相页岩气勘探的主要地区,其中,四川盆地是中国页岩气田发现数量、探明储量、产量最多的盆地。

2.2.1　上扬子地区古生界

1. 页岩发育地质基础

1) 地层特征

震旦系下部广泛发育的砂砾粗碎屑岩和冰碛泥砾岩代表了扬子板块盖层发育初期的区域性夷平作用,而上部岩性稳定的巨厚碳酸盐岩建造则代表了长期稳定的沉降与演化。其中,陡山沱组和灯影组是扬子板块上的第一套海相盖层。上扬子地区主要发育了元古-古生界和中生界地层,除泥盆-石炭系以外,从震旦、寒武系至侏罗系各套地层发育相对完整(图2-8)。

(1) 震旦系

中震旦统陡山沱组以页岩为主,底部为白云岩,顶部为含胶磷矿结核砂质页岩。上震旦统灯影组发育白云岩,夹硅质岩。震旦系地层厚度为200~1 500 m。

(2) 寒武系

下寒武统牛蹄塘组(又称筇竹寺、水井沱、九老洞、梅树村、郭家坝或九门冲组等)以黑色页岩(图2-9、图2-10)、含粉砂质页岩为主,夹粉砂岩,底部硅质含量较高,与下覆地层假整合接触。明心寺组(黔北地区称为杷榔组)以页岩、砂岩为主,下部含较多灰岩。金顶山组(黔北地区称变马冲组)发育页岩、泥质粉砂岩与粉砂岩,夹灰岩。清虚洞组主要为灰岩、白云岩,夹泥质云岩;中寒武统陡坡寺组以含泥石英粉砂岩为主。石冷水组发育白云岩、灰岩,夹石膏;上寒武统娄山关群以白云岩为主,底部为细粒石英砂岩,夹云质页岩。寒武系地层最大厚度一般不超过2 500 m。

(3) 奥陶系

下奥陶统的罗汉坡(红花园、桐梓)组下部主要为深灰色、灰色白云岩,夹泥质白云岩和灰黄色页岩。湄潭(大湾)组以页岩夹粉砂岩为主。中奥陶统十字铺(风洞岗、庙坡、牯牛谭)组主要为杂色砂岩、粉砂岩、页岩、白云岩、生物碎屑及鲕状灰岩。宝塔组主要发育灰色含生物碎屑灰岩、泥质灰岩,偶夹页岩;上奥陶统临湘组岩性与宝塔组相似,偶夹页岩。五峰组发育黑色含硅质、灰质页岩,顶部常见深灰色泥灰岩。奥陶系地层厚度一般不超过600 m。

中国
页岩

图2-8 上扬子地区地层综合柱状图

第2

界	系	统	群/组	最大厚度/m	岩性剖面	岩性描述
中生	侏罗	下	自流井	900		紫红色泥岩、钙质泥岩、页岩及石英砂岩，下部夹煤层
			珍珠冲	1 500		紫红、灰绿色页岩夹砂岩
	三叠	上	须家河	3 000		粉砂岩、页岩、砂页岩互层夹煤层
		中	巴东			灰色薄-厚层状灰岩、白云岩夹盐溶角砾岩及砂质页岩
		下	嘉陵江	1 700		灰岩、白云岩、泥页岩夹砂岩、岩溶角砾岩等，底部含凝灰质砂岩，向上含石膏和盐岩
			飞仙关			紫灰、紫红色泥岩为主夹少量泥质、介屑灰岩
	二叠	上	长兴	500		主要为灰岩，上部夹燧石条带及团块、页岩及煤层
			龙潭			灰黑色页岩、炭质页岩、砂页岩，夹煤和细砂岩，夹硅质石灰岩
		中	茅口			上部浅灰色厚层灰岩，中部深灰色燧石条带灰岩，下部灰岩及白云质灰岩
			栖霞	500		深灰色灰岩、透镜状泥质灰岩互层夹白云质灰岩、燧石结核灰岩
			梁山			主要为灰岩
古生	志留	下	韩家店			灰绿色页岩、粉砂质页岩，夹粉砂岩、生物灰岩透镜体，局部含富有机质页岩
			石牛栏	1 500		下部为灰色石灰岩、瘤状灰岩夹灰质页岩，上部为生物碎屑灰岩黄绿色页岩互层夹瘤状灰岩
			龙马溪			下部为富含笔石黑色页岩、粉砂质页岩及钙质页岩，上部为深灰色页岩
	奥陶	上	五峰			黑灰色页岩
		中	临湘			灰色含生物碎屑灰岩、泥质灰岩，偶夹页岩
			宝塔			灰色含生物碎屑灰岩、泥质灰岩，偶夹页岩
			十字铺	600		杂色砂岩、粉砂岩、页岩、白云岩、生物碎屑及鲕状灰岩
		下	大湾			页岩夹粉砂岩
			红花园			灰色生物碎屑灰岩
			桐梓			上部为深灰色厚层白云岩，中部为灰黄色页岩，下部为灰色白云岩夹泥质白云岩
	寒武	上	娄山关群			以白云岩为主，底部为细粒石英砂岩，夹云质页岩
		中	石冷水			发育白云岩、灰岩，夹石膏
			陡坡寺			含泥石英粉砂岩
		下	清虚洞	2 500		灰岩、白云岩，夹泥质云岩
			金顶山			页岩、泥质粉砂岩与粉砂岩，夹灰岩
			明心寺			以页岩、砂岩为主，下部含较多灰岩
			牛蹄塘			以页岩、含粉砂质页岩为主，夹粉砂岩
元古	震旦	上	灯影	1 100		白云岩，夹硅质岩
		中	陡山沱	400		碳酸盐岩、页岩、粉砂岩、砂岩及局部砾岩

图2-9 黔东北松桃下寒武统牛蹄塘组黑色页岩地表露头

图2-10 四川宜宾珙县下寒武统筇竹寺组黑色页岩地表露头

（4）志留系

下志留统龙马溪组下部为富含笔石黑色页岩（图2-11）、粉砂质页岩及钙质页岩，上部为深灰色页岩，粉砂岩和灰岩含量向上逐渐增加。石牛栏（小河坝、罗惹坪）下部为灰色石灰岩、瘤状灰岩夹灰质页岩，上部为生物碎屑灰岩与黄绿色页岩互层夹瘤状灰岩。韩家店组发育灰绿色页岩、粉砂质页岩，夹粉砂岩、生物灰岩透镜体，局部含富有机质页岩；中上志留统仅局部分布。志留系地层厚度变化为0～1 500 m。

（5）二叠系

下二叠统梁山组、栖霞组、茅口组主要发育灰岩；上二叠统龙潭（吴家坪）组发育灰黑色页岩、炭质页岩、粉砂质及砂质页岩，夹煤和粉细砂岩，局部地区夹硅质石灰岩。长兴组（大隆组）下部为灰色厚层状灰岩夹少量钙质页岩，中上部为灰白色中厚层状含燧石结核、条带灰岩与白云质灰岩。二叠系地层厚度为400～1 000 m。

(a)

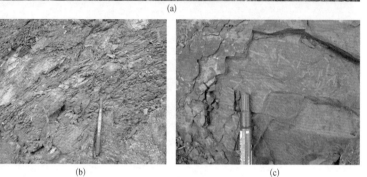

(b)　　　　　　　　(c)

图2-11　渝东南彭水下志留统龙马溪组黑色页岩地表露头 [(c)含笔石化石]

（6）三叠系

以海相沉积为主，既有台地浅水碳酸盐岩地层，又有深水广海盆地陆源碎屑岩。下三叠统嘉陵江、飞仙关(大冶)组和中三叠统天井石和雷口坡(巴东)组主要为灰岩、白云岩、泥页岩夹砂岩、岩溶角砾岩等，底部含凝灰质砂岩，向上含石膏和盐岩。上三叠统小塘子和马鞍唐(垮洪洞)组主要为页岩、粉砂岩、砂岩、灰岩、云岩加煤线等。须家河组为粉砂岩、砂岩、页岩互层夹煤层。

（7）侏罗系

下侏罗统自流井(新田沟、珍珠冲)组沉积为紫红色泥岩、钙质泥岩、页岩及石英砂岩，下部夹煤层。中侏罗统千佛崖组为砂岩、粉砂岩、泥岩夹灰岩，中间夹灰黑色页岩。上侏罗统蓬莱镇组为红色泥岩、砂质泥岩与灰色呈不等厚互层。地层总厚度为1 000~3 400 m。

2）沉积特征

在震旦纪冰碛、滨浅海沉积基础上，早寒武世开始了最大规模的区域性海侵，深海、浅海、台地、海湾、滨岸、潟湖、沼泽等沉积环境交替发育和分布。随着区域性长期抬升地质作用的不断发展,海水整体呈现出逐渐退出趋势,沉积相的反复性、复杂渐变性、多样性及相互之间的分隔性不断显现。研究区经过长期复杂的沉积相演变,沉积环境逐渐由早寒武世时期广覆的深海陆棚相递变为早志留世局域分布的封闭-半封闭海湾相、晚二叠世区域性发育的海陆过渡相以及侏罗纪以来的陆相沉积。即从震旦纪到中三叠世,主要发育了海相沉积,构成了一个从广海到局限海、残留海的海进-海退超旋回。其中,海相沉积一直可以延续至中三叠世。海陆过渡相从晚二叠世一直延续至晚三叠世。晚三叠世时期,海水最终全部退出。侏罗纪以来,全部为河流、湖泊等陆相沉积。

总体来看,古生界大多为水进旋回初期的沉积产物,区域上具有快速水进、水深较大、水体流动滞缓、欠补偿程度递减、低能还原等环境特点,形成了缺氧条件下的沉积产物。

在早期短暂快速海进和随后长期缓慢海退的区域沉积背景下,上扬子地区沉积环境逐渐由深水陆棚向浅水陆棚及潮坪方向演化。在早寒武世的牛蹄塘组沉积时期,该地区大部分为陆棚沉积环境(图2-12),四周被断续分布的古陆所围限,整体呈现为中

图 2 - 12
上扬子地区
下寒武统沉
积相

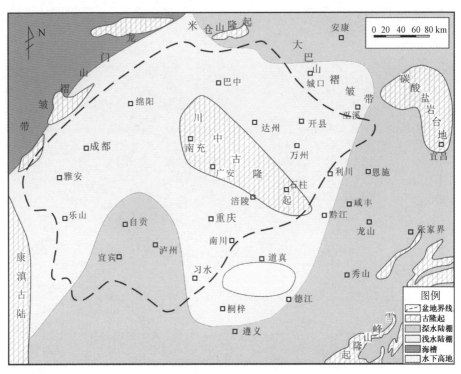

心高围缘低的古地形趋势,即在南充、广安、涪陵、石柱、道真一线为古隆起或水下高地,周缘均主要为浅水陆棚或深水陆棚所围限,对应出现了古陆、滨岸、浅水陆棚、深水陆棚及斜坡等环境。

与海水的逐渐退出休戚相关,上扬子地区在晚奥陶-早志留世时期已经演化至海水退出的中期阶段,由早寒武世的广海陆棚相逐渐演变成了深水陆棚或次深海沉积背景下以封闭、半封闭海湾相为主的滞留海盆环境。在此期间,沉积古水深变化急剧,深海-半深海面积缩小,沉积范围收缩趋势明显,西部的川中隆起、南部的牛首山-黔中隆起、东部的雪峰造山隆起带形成向北东方向敞开的半合围状态。在半封闭区域内形成了南东低、向北西方向逐渐抬升的古地形特征,对应表现为深水陆棚、浅水陆棚、滨岸等环境(图2-13)。其中,富有机质笔石页岩主要出现在晚奥陶世末-早志留世初,即海水侵进的相对最大海泛时期,形成于封闭、半封闭的滞留海盆环境中,为深水陆棚或次深海相。

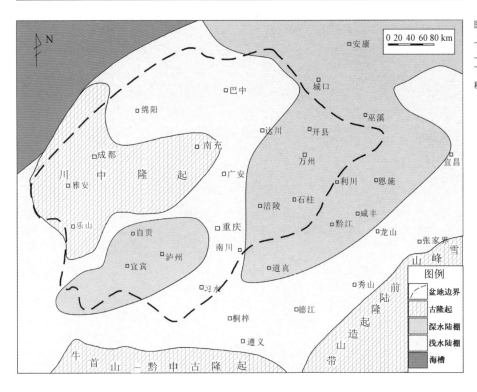

图2-13
上扬子地区
上奥陶统-
下志留统沉
积相

二叠纪时期,上扬子地区总体演变为台盆格局,孤立分布的局限台地、开阔台地及台前斜坡等环境条件控制了沉积相展布主体,主要发育了以潮坪、潟湖、沼泽等为特点的海陆过渡相。

3）构造特征

晋宁运动使前震旦纪地槽回返,澄江运动使上扬子地区接受第一套沉积并开启古生代盆地演化。上扬子地区可划分为加里东-海西运动（晚震旦-中三叠世）期间的海相台盆和印支-喜山运动（晚三叠世以来）期间的陆相盆地两个基本阶段,前者主要为海相克拉通发育阶段,后者主要为陆相前陆盆地阶段。

在主体拉张背景下的克拉通内拗陷阶段,加里东旋回期间连续发生数次以快降缓升为特点的构造运动,早寒武世时期的快速沉降、中晚寒武世的相对稳定、奥陶纪时期的震荡、志留纪时期的沉降以及志留纪末的抬升剥蚀,是早古生代时期构造运动的基本过程特点,导致了寒武至志留纪期间的海水发生相应进退并形成不同的沉积产物,广西运动使这一过程得以终止。

在海西旋回期,是以伸展作用和震荡性升降为特点的区域克拉通裂陷盆地阶段,上扬子地区在泥盆-石炭-二叠纪时期经历了快速隆升、缓慢沉降和抬升过程。广泛的地层缺失、大规模的玄武岩喷出、局部的石炭系地层残留以及二叠系地层的分布,均说明为泥盆纪时期的区域隆升、石炭纪时期局限的浅水台地相沉积、二叠纪早期的强烈拉张和中晚期的缓慢隆升。

印支运动后上扬子地区进入新的陆内汇聚阶段,区域应力场由拉张背景转化为挤压特点,在龙门山一线以东形成东高西低的构造背景,大陆边缘盆地转变为前陆格局。晚三叠世末期,海水逐渐退出并开始形成内陆河湖相沉积。

燕山及喜山运动期,上扬子地区发生强烈改造,四川盆地定型,形成川南低缓构造区、滇东-黔北高陡构造区、渝东南-湘西高陡构造区、川东-鄂西高陡构造区、川北低缓构造区、川西低缓构造区、川西南低缓构造区、川中低平构造区等八个构造单元（图2-14）。

4）页岩分布

上扬子地区页岩发育层系较多,有如下寒武统（牛蹄塘组）、上奥陶统（五峰组）-下志留统（龙马溪、石牛栏组）、上二叠统（龙潭组）、上三叠统（须家河组）等。

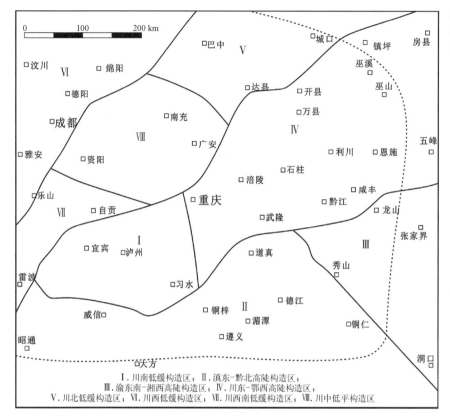

I.川南低缓构造区；II.滇东-黔北高陡构造区；
III.渝东南-湘西高陡构造区；IV.川东-鄂西高陡构造区；
V.川北低缓构造区；VI.川西低缓构造区；VII.川西南低缓构造区；VIII.川中低平构造区

　　除了川中及周缘古隆起上没有发育以外,下寒武统富有机质页岩在上扬子地区广泛分布,主要形成了以川南的长宁-泸州-永川和湘鄂西的秀山-咸丰-巫溪为主线区域的发育中心,在川东北、川东南、黔北一带黑色页岩也同样发育,厚度和岩性分布稳定,大部分地区厚度大于 100 m(图 2 - 15)。页岩在四川盆地边缘均有不同程度地出露,其中,在渝东北、川东南和黔北地区出露面积较大。在川南-川东南地区,页岩埋深为2 000 ~ 4 500 m,滇东北-黔北-渝东南-湘西地区埋深多为 500 ~ 3 000 m,川东-鄂西埋深在 1 500 ~ 5 000 m,川北地区埋深为 2 000 ~ 5 000 m。

　　上奥陶统五峰组-下志留统龙马溪组页岩主要发育在滇黔隆起到江南-雪峰低隆

图 2 – 15
上扬子地区下寒武统牛蹄塘组黑色页岩厚度等值线

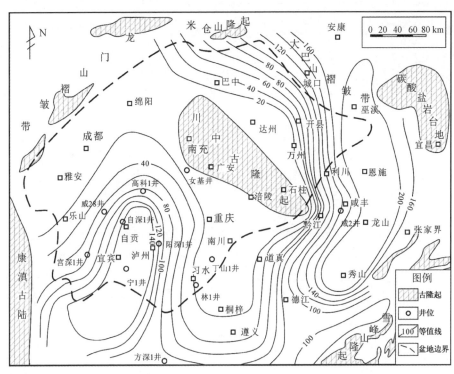

起以北、川中隆起以东地区(图 2 – 16),主体沿长宁-泸州-永川-南川-彭水-利川-恩施一线北东向带状分布,最大厚度超过 100 m。除了川西以外,页岩在盆地边缘均有不同程度出露,其中川北、渝东北、渝东南、川南和川东南地区出露面积较大,其余地区大部分深埋地下。盆地西部地区埋深较大,一般为 5 000 m 以深,川东和渝东地区埋深多为 3 000~4 000 m,川南-川东南和鄂西地区埋深在 2 000~3 500 m,鄂西地区埋深在 1 500~2 000 m,滇东-黔北-渝东南-渝东北-湘西等地区埋深在 500~2 000 m。

上二叠统龙潭组和大隆组页岩分布范围广泛,其中的龙潭组页岩厚度为 10~60 m,四川盆地中南部的遂宁-威远一带一般超过 40 m。大隆组页岩主要发育在四川盆地北部和东北部,在南江-通江一带厚度超过 20 m。

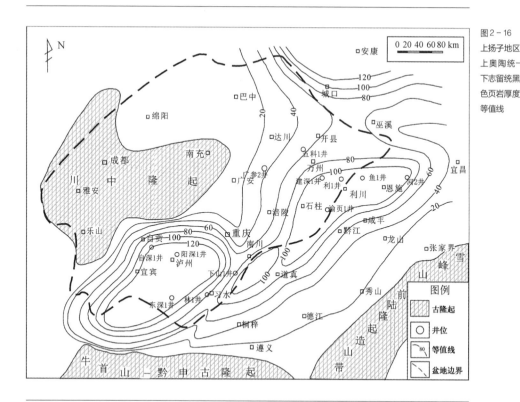

图 2-16
上扬子地区
上奥陶统-
下志留统黑
色页岩厚度
等值线

2. 页岩气形成地质条件

1）页岩有机地球化学

（1）下寒武统

下寒武统页岩有机质以Ⅰ型为主,少量为Ⅱ型。TOC一般超过3%,局部超过5%,主要分布在原始的沉积中心,包括川南、滇东黔北、渝东南-湘西、川东-鄂西、川北、渝东北等地区。沿沉积边缘TOC变小。其中,川东-鄂西地区TOC为0.3%~4.3%,平均为2.0%,高值区主要位于鄂西的长阳和鹤峰地区。川北地区TOC为1.9%~11.8%,平均值为4.9%,高值区位于城口附近,巴山TOC最高,为11.8%。川中地区TOC为2.2%~2.9%,平均值为2.6%。川西南地区TOC为0.6%~8.0%,平均值为2.5%,高值区主要位于川南威远地区。川南大部分地区TOC超过2%,一般为1.1%~7.2%,平均为3.2%。滇东-黔北地区TOC为0.1%~14.3%,平均值为4.6%,息烽-瓮安和江口-松桃-铜仁等地区是高值区,TOC均大于5%。渝东南-湘西地区TOC为0.5%~7.6%,平均值为2.7%,吉首附近TOC最大,为7.6%(图2-17)。

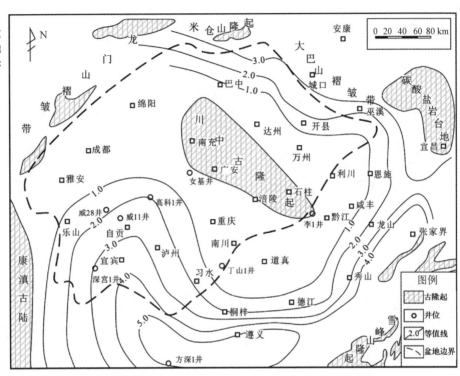

图2-17 上扬子地区下寒武统黑色页岩TOC等值线

下寒武统页岩R_o为1.6%~5.5%,整体处于过成熟阶段,少部分处于高成熟阶段。

(2) 上奥陶统-下志留统

上奥陶统-下志留统页岩有机质以Ⅰ型为主,含少量Ⅱ型,TOC一般在2.0%以上,局部地区TOC超过5%。川西地区TOC一般为0.9%~3.4%,平均值为2.3%,高值区主要位于旺苍附近。川西南地区TOC为0.1%~3.8%,平均值为1.8%。川南地区TOC一般在1.4%~4.3%,平均值为3.2%,珙县-泸州-古蔺一带为高值区,其中珙县双河TOC高达4.3%。川东-鄂西地区TOC为0.3%~7.6%,平均值为3.0%,高值区主要位于石柱-彭水-黔江、巫溪和利川-咸丰-恩施一带,TOC均大于5%。川北地区

TOC为1.2%~5.2%,平均值为3.0%,高值区位于城口附近,TOC为5.2%。川中地区 TOC为0.3%~6.1%,平均值为2.5%。滇东-黔北地区TOC为0.2%~6.2%,平均为 1.8%。渝东南-湘西地区TOC为0.1%~8.0%,平均为1.5%,湘西张家界TOC较小 (图2-18)。

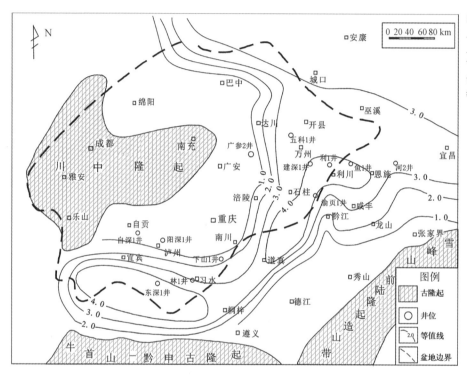

图2-18
上扬子地区
上奥陶统-
下志留统黑
色页岩TOC
等值线

上奥陶统-下志留统页岩R_o一般为1.2%~4.3%,大部分地区处于过成熟阶段, 但隆起区域埋藏较浅的地区以成熟阶段为主。川东北的宣汉-达县-开县-万州-利川 和川南的内江-宜宾-泸州-赤水-习水-桐梓为两个页岩成熟度高值区,达到过成熟晚 期阶段。

上二叠统页岩有机质以Ⅲ为主,部分含Ⅱ型。TOC为0.4%~22.0%,主要集中在 1.0%~3.4%。其中,石柱-利川地区TOC为4%~6%。川南-黔西北-滇东地区TOC 为0.5%~1%,最高可达1.5%以上。整个四川盆地TOC一般为1%~6%,最高大于

10%。R_o一般为1.8%~3.0%，主体处于高成熟晚期-过成熟早期阶段。

2）储层特征

下寒武统页岩石英、长石和碳酸盐岩等脆性矿物含量总体较高，各区平均值高达60%以上。其中川西、滇东-黔北和渝东南-湘西脆性矿物含量最高，大于65%（图2-19）。

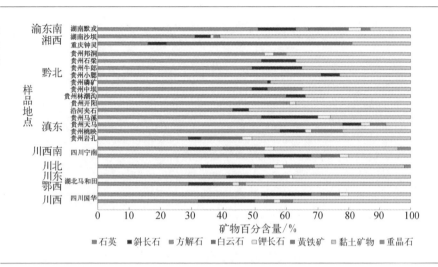

图2-19 上扬子地区下寒武统黑色页岩矿物含量

下寒武统页岩孔隙度在0.7%~25.6%，平均为7.0%。孔隙度小于2%的占全部样品的16.1%，分布在2%~7%的占48.4%，分布在7%~10%的占6.6%，大于10%的占29%（图2-20）。在自贡-泸州-宜宾、毕节、利川-恩施-咸丰等地区，孔隙度一般都大于5%。在德江-沿河和南江-城口地区，孔隙度均超过4%。页岩渗透率主要分布在$(0.0018~0.056)×10^{-3}\mu m^2$，平均值为$0.0102×10^{-3}\mu m^2$，大部分样品的渗透率均小于$0.01×10^{-3}\mu m^2$。

除川西之外，上奥陶统五峰组-下志留统龙马溪组页岩在各区的脆性矿物含量都大于50%，川北、川南、川东南和川东-鄂西地区页岩脆性矿物含量最高，均超过60%（图2-21）。纵向上，底部脆性矿物含量较高，均大于50%，自下而上脆性矿物含量逐渐减少。

上奥陶统-下志留统页岩孔隙度平均为5.0%。其中，孔隙度小于2%的占13.9%，分布在2%~7%的占69.4%，分布在7%~10%的占5.6%，大于10%的占11.1%（图2-22）。

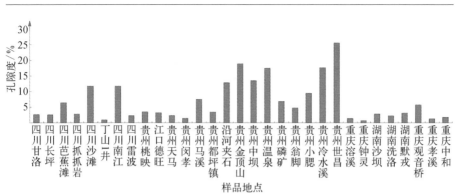

图 2-20
上扬子地区
下寒武统主
要样品点孔
隙度

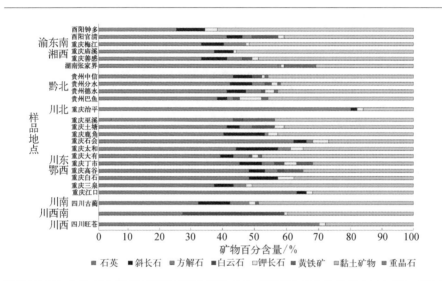

图 2-21
上扬子地区
上奥陶统五
峰组-下志
留统龙马溪
组黑色页岩
矿物含量

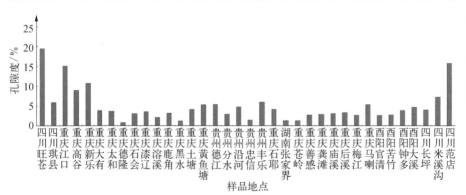

图 2-22
上扬子地区
上奥陶统-
下志留统主
要样品点孔
隙度

孔隙度大于5%的地区主要分布在自贡-泸州-宜宾、雷波、德江、石柱-武隆-彭水和利川-恩施-咸丰等地区。酉阳-秀山地区孔隙度略低,但一般也均超过3%。页岩渗透率一般为$(0.0013 \sim 0.058) \times 10^{-3} \mu m^2$,平均值为$0.01 \times 10^{-3} \mu m^2$。

在下古生界页岩中,相对缺少粒间孔、粒内孔,但普遍发现了密集分布的有机质微孔和微裂缝(图2-23、图2-24)。

上古生界(二叠系为主)页岩中脆性矿物含量为主要成分,但比下古生界略低,黏土矿物含量普遍低于45%,石英含量为27%~59%,碳酸盐岩、菱铁矿及黄铁矿普遍发育。页岩具有低-中孔、低-中渗特点,孔隙度为0.6%~6.6%,渗透率为$(0.00037 \sim 0.0865) \times 10^{-3} \mu m^2$。

图2-23
下古生界黑
色页岩微孔
隙发育特征

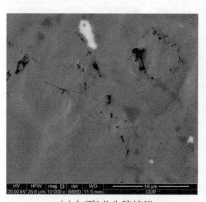
(a) 仁页1井牛蹄塘组

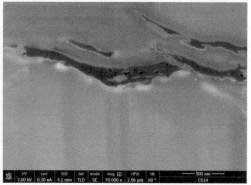
(b) 渝页1井龙马溪组

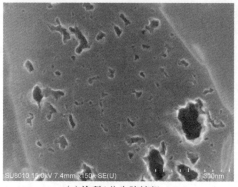
(c) 渝科1井牛蹄塘组

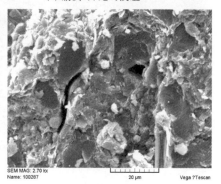
(d) 彭水1井龙马溪组

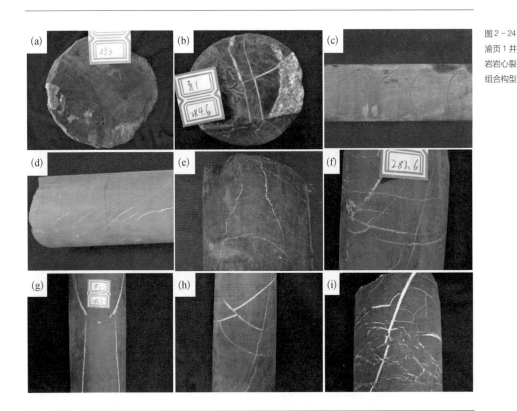

图 2 - 24
渝页 1 井页
岩岩心裂缝
组合构型

3）页岩含气性

（1）下寒武统

等温吸附实验表明,下寒武统页岩最大吸附气量介于 0.2 ~ 7.9 m^3/t,平均值为 2.75 m^3/t。其中最大吸附气量小于 0.5 m^3/t 的仅占全部样品的 8.82%,介于 0.5 ~ 1 m^3/t 的占 8.8%,介于 1 ~ 2 m^3/t 的占 23.5%,介于 2 ~ 4 m^3/t 的占 58.8%,大于 4% 的占 26.5%,页岩最大吸附气量大于 2 m^3/t 的占 80% 以上(图 2 - 25)。自贡-泸州-宜宾(川南)、岑巩-松桃(黔北)、秀山-黔江(渝东南)、恩施-咸丰(鄂西)、广元-南江(川北)地区,最大吸附气量均大于 2 m^3/t,其中岑巩-松桃大部分地区吸附气含量均大于 3 m^3/t。

区内已发现多种页岩气存在的间接和直接证据,如雨后矿坑中的气苗、采掘破碎后的页岩自燃(图 2 - 26)、锰矿巷道中的瓦斯爆炸等。

图2-25
上扬子地区
下寒武统黑
色页岩最大
吸附气量

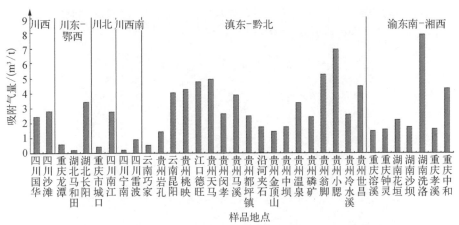

图2-26 上扬子地区页岩气显示(重庆酉阳页岩自燃)

页岩现场解吸含气量变化较大,一般为 $0.5 \sim 1.5 \ m^3/t$,天星1井高可达 $2.8 \ m^3/t$,目前的一直维持可产气状态,日产气可达 $500 \ m^3/d$。

(2)上奥陶统-下志留统

渝页1井的钻探实施,不仅揭示了厚度巨大的黑色页岩层,而且还在钻井过程中发现了良好的页岩气显示(图2-27),多次在井筒中发现了气泡溢出以及井口甲烷异

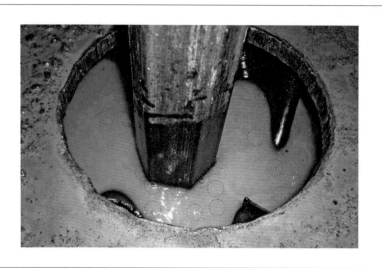

图 2 - 27 渝页 1 井
钻井过程中上奥陶统-
下志留统页岩气显示
（张金川等，2009）

常等现象，证实了页岩中天然气的直接存在。钻井提捞的黑色岩心均为不含地层水的
"干层"，将随机选取的岩心置于水中，均发生气泡不断溢出的现象，被视为中国页岩气
最早的直接证据。

上奥陶统-下志留统页岩最大吸附气量介于 $0.16 \sim 7.1 \ m^3/t$，平均值为 $2.2 \ m^3/t$。
其中，最大吸附气量小于 $0.5 \ m^3/t$ 的仅占全部样品的 7.0%，分布在 $0.5 \sim 1 \ m^3/t$ 的占
18.6%，分布在 $1 \sim 2 \ m^3/t$ 的占 41.86%，大于 $2.0 \ m^3/t$ 的占 33.56%，大于 4% 的占
13.95%（图 2 - 28）。页岩吸附气含量高值区主要分布在泸州-宜宾、道真、武隆-石柱、

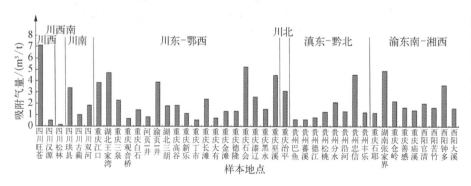

图 2 - 28
上扬子地区
上奥陶统-
下志留统黑
色页岩最大
吸附气量

龙山-张家界、宜宾、广元-南江、城口-巫溪等地区,最大吸附气量均大于 2 m³/t。

在上扬子地区页岩气钻井中,下奥陶统-上志留统页岩发现的页岩气显示最多、质量最好。在页岩地层中发现多层气测异常,丁山 1 井在 1 404~1 526 m 段气测异常明显,全烃异常值达到 5.9%~11%。道页 1 井在 404~423 m 气测异常,全烃最大值为 2.97%,甲烷最大值为 0.96%,现场综合气测资料解释气测异常 4 层。

在现场解析分析中,页岩含气量一般变化于 0.2~4.0 m³/t,涪陵页岩气田产层的含气量一般在 4.0~4.5 m³/t(不含损失气)。

（3）上二叠统

上扬子地区的龙潭组已在多口钻井中获得了气测异常、气侵、井涌、现场解析等页岩气显示,吸附气量一般为 1~2 m³/t。

3. 页岩气发育有利方向

下寒武统页岩分布范围广、岩性稳定性好,硅质和有机质含量高,但有机质热演化程度也高,后期构造改造性强。该套页岩地层具有良好的原始含气性,由页岩规模性破碎后的自燃和矿洞瓦斯爆炸就可见其一斑。但在实际钻井过程中,总地层含气性又相对较差,主要与页岩的高热演化密切相关。页岩地层厚度大、有机质丰度高、热演化程度相对较低、区域应力屏蔽条件相对较好的地区是该组页岩气发育有利区,川南-黔西北、黔北-渝东南-湘西北、川东北-渝东北等区域更加符合上述这些条件。

上奥陶统-下志留统页岩分布范围较广,岩性相变较快,页岩地层含砂量、有机质含量、热演化程度等均相对较高,页岩地层普遍含气且含气量最好,这主要归结于各方面地质条件均相对较好。上奥陶统-下志留统页岩气发育有利区主要位于川南-黔西北-渝南-黔北-湘西北-鄂西-渝东北沿线一带,分布面积大、连片型好,区内已有大型页岩气田发现。

二叠系海陆过渡相页岩具有特殊的"砂、泥、煤、灰"频繁交互及往复韵律变化规律,页岩单层薄、TOC 高、微裂缝发育等特点明显,页岩含气性明显但含气量变化快,页岩(单)地层厚度较大、断层较少、封盖条件良好的区域是页岩气发育的首选区。上二叠统页岩气发育有利区主要位于渝南、川南及渝东北一带。

此外,上扬子地区局部发育的中泥盆统、下石炭统及二叠系其他层系页岩也具备一定的页岩气地质条件,其页岩资源前景值得期待。

2.2.2　四川盆地中生界

四川盆地中生界页岩主要发育在上三叠统须家河组、下侏罗统自流井组和中侏罗统千佛崖组,在这些页岩层已发现页岩气的存在。

1. 页岩发育地质基础

1)地层特征

下三叠统飞仙关组以紫灰、紫红色泥岩为主夹少量泥质、介屑灰岩。中三叠统巴东组(异相为雷口坡组)为灰色薄-厚层状灰岩、白云岩夹盐溶角砾岩及砂质页岩,含石膏和岩盐。上三叠统须家河组(香溪组)由下至上可分为五段(图 2 - 29),须一、三、五段为灰黑-黑色页岩、炭质页岩、灰-深灰砂岩,夹煤。地层厚度为 1 150 ~ 4 700 m。

图 2 - 29
文井江镇鸡冠山须家河组野外露头(剖面底部)

下侏罗统自流井组自下而上可以分为 4 段,厚度为 290 ~ 500 m。珍珠冲段为紫红、灰绿色页岩夹砂岩。东岳庙段下部为深灰色灰岩和泥灰岩,上部为灰绿和暗紫色页岩。马鞍山段为紫红、灰紫色泥岩夹少量粉砂岩、细砂岩、薄层或透镜状泥灰岩。大安寨段为一套深灰色介壳灰岩与黑色页岩呈不等厚互层,为该组最主要的页岩发育段;中侏罗统千佛崖组位于川西及川东北地区,下部和上部为棕色、灰色页岩与砂岩互层,中部主要为深灰、灰黑色页岩,夹砂岩,厚度为 200 ~ 300 m。侏罗系地层厚度为 200 ~ 900 m。

白垩系为富含泥质、膏质及泥灰质的红色泥质岩层,厚度为500～3 000 m。

2)沉积特征

由于晚印支构造运动影响,龙门山和四川盆地西部隆升遭受剥蚀,形成侏罗系与下伏地层的明显不整合,在盆地西北部不整合面上沉积了以冲积扇为特征的白田坝组底部砾岩,而在川东和川中东部地区晚印支构造运动影响较弱,须家河组与上覆侏罗系在岩相和岩性特征上很难区分,两者表现为连续过渡沉积,四川盆地开始进入缓慢的陆内坳陷盆地沉积期(郭正吾等,1996),表现在早侏罗世-中侏罗世早期以大面积分布的黑色泥页岩和环带状的介屑滩为代表的大型陆相湖泊沉积;晚印支构造运动后,龙门山逆冲推覆活动处于相对平静期,秦岭造山带及其南缘的大巴山-米苍山逆冲推覆带强烈构造隆升,四川盆地进入大巴山前陆盆地(类前陆盆地)或山前坳陷盆地阶段,表现在晚沙溪庙期大幅度迁移至大巴山前的万源-南江一带和开县-忠县一带,沉积了一套河流相砂岩和紫红色泥岩互层,沉积厚度达1 500～2 300 m,未见盆地边缘相沉积。

3)构造特征

盆地在构造上属(上)扬子板块的一部分,是一个在前震旦系变质岩基底上沉积了巨厚的震旦纪-中三叠世海相碳酸盐岩和晚三叠世-始新世陆相碎屑岩的大型复合型含油气盆地。基底纵向上由太古-下元古界康定群结晶基底、中元古界黄水河群和上元古界板溪群褶皱基底,以及下震旦统苏雄组和澄江组沉积基底组成。区域上,前震旦系基底被深部大断裂切割分为三大块体或带,即中部硬性基底隆起带(川中块体),由康定群或更古老地层构成,及西北和东南柔性基底坳陷带(川西块体和川东南块体),前者由中元古界构成,后者则为板溪群分布区。自震旦纪以来,总体以沉降为主,但构造运动频繁,沉积、构造具多旋回性,盆地内背斜构造众多,不同块区的构造特征各不相同。总体上,川东以梳状高陡背斜为主;川中褶皱幅度小,构造平缓;川南、川西南、川西和川北则以不对称的低陡构造为主。上述沉积、构造特征为四川盆地的油气勘探奠定了有利的石油地质基础。

4)页岩分布

须家河组富有机质页岩与砂岩呈互层分布,厚度为20～450 m,单层厚度一般为2～20 m。平面上,须家河组沉积中心位于川西地区,向北、东、南方向逐渐减薄。须一段页岩沉积中心为川西南,厚度大于 100 m,埋深一般大于 4 200 m;须三段页岩在德阳-合川一线以北以及威远、内江一带厚度较大,可达 50 m 以上。须三段页岩埋深大多小于 4 000 m,总体来说盆地周缘和威远隆起周缘埋深较浅,仅成都-德阳一带以及绵阳-巴中一带埋深超过了 4 000 m;须五段砂岩的比重增加,至中东部演变为以砂岩为主。页岩主要分布在四川盆地中部至西南部,厚度超过 50 m,盆地北部和南部减薄至 20 m,埋深小于 3 000 m。

侏罗系自流井组大安寨段页岩主要分布于元坝-涪陵地区,厚度介于 40~60 m,在重庆-川西南仁寿一线,大安寨段页岩厚度仅有十几米。中侏罗统页岩主要发育在千佛崖组二段,主要分布于川东北元坝-川东南涪陵地区,厚度介于 40~100 m,在川南赤水-川西南资阳、邛崃一线,暗色页岩不发育,厚度仅几米至十几米,部分地方遭受抬升剥蚀殆尽。

2. 页岩气形成地质条件

1)页岩有机地球化学

须家河组页岩有机质主要为 II_2-III 型。TOC 为 0.6%~7.2%,平均值为 2.1%。R_o 为 0.7%~3.8%,主要处于高成熟-过成熟阶段。其中须五段有机质成熟度相对较低,处于成熟-高成熟阶段。

中下侏罗统千佛崖组二段页岩腐泥组含量达到 50% 以上,有机质主要为 II 型,少数为 I 型。TOC 为 0.4%~2.0%,主要分布于 0.8%~1.8%。R_o 主要介于 1.0%~1.8%,处于成熟-高成熟阶段,除生成少量原油外,以生气为主。

2)储层特征

须家河组页岩矿物主要为石英、黏土矿物、碳酸盐、长石以及少量黄铁矿,石英含量平均为 57%,黏土矿物含量平均为 24%,碳酸盐含量平均为 12%,长石平均含量为 7%。自流井组-千佛崖组脆性矿物含量高,黏土矿物成分以伊利石为主。

须家河组页岩的储集空间类型多样,主要包括粒间孔、粒内孔、有机质孔、粒间溶孔、黏土矿物晶间孔、有机质边缘收缩缝以及微裂缝等(图 2 - 30)。页岩平均孔径为 6.9 nm,并以 2~50 nm 的中孔为主,孔隙度一般为 0.8%~5.0%,平均值为 3.3%。渗透率平均值为 $0.012 \times 10^{-3} \, \mu m^2$。

图 2 - 30
三叠系须家
河组页岩储
集空间类型

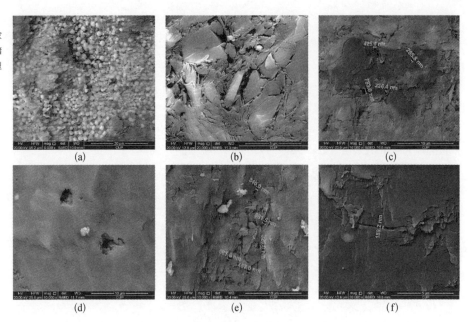

(a) (b) (c)

(d) (e) (f)

(a) 黄铁矿晶间孔,孔径 1 ~ 2 μm,四川省内江市威远县新场镇茶叶湾马鞍山隧道旁 WFF - 15 号样;
(b) 粒间孔,孔径 1 μm 左右,四川省广元市金子乡清剑路 YJD - 7 号样;
(c) 页岩有机质中发育孔缝,200 ~ 800 nm,四川省崇州市文井江镇李家沟鸡冠山路旁 WFF - 19 号样;
(d) 溶蚀孔,孔径 1 ~ 5 nm,四川省彭州市通济镇双杨村剖面 WFF - 25 号样;
(e) 黏土矿物粒内孔,孔径多为几百纳米,四川省都江堰市紫坪铺村委会西 YJD - 1 号样;
(f) 有机质中发育微裂缝,缝宽 200 nm,缝长 10 μm 以内,四川省崇州市文井江镇李家沟鸡冠山路旁 WFF - 19 号样。

千佛崖组、自流井组页岩黏土矿物平均含量分别为 52% 、47% ,石英平均含量分别为 40% 、46% 。黏土矿物主要以伊利石为主。页岩微孔主要为粒间-粒内次生孔缝、粒间-层间缝隙、晶间孔隙、层状次生缝隙等。

3. 页岩气发育有利方向

四川盆地中生界页岩有利层系主要发育在上三叠统须家河组、下侏罗统自流井组和中侏罗统千佛崖组。根据页岩沉积、分布特征,地化、储层条件分析,须家河组页岩气有利区主要分布在川西地区。其中,须三段页岩气主要分布在盆地腹部;须五段页岩气主要分布在成都-绵阳-南充-遂宁一带。涪陵地区东北部侏罗系自流井组暗色富有机质页岩稳定分布,是页岩气富集的有利区。千佛崖组富有机质页岩层段在元坝地区范围内横向分布稳定,并具有较好的勘探成果。

2.3 中扬子

2.3.1 中扬子古生界

中扬子地区系齐岳山断裂以东、秦岭-大别造山带以南、郯庐断裂以西、江南雪峰推覆隆起带以北的地区,面积约为 $13 \times 10^4 km^2$,包括渝东、鄂中北、湘西北及赣北等地区,该地区发育了多套震旦系和古生界富有机质页岩。近几年,中扬子地区页岩气勘探取得重大进展,如湖北秭归秭地 1 井在上震旦统陡山沱组和下寒武统水井沱组均发现页岩气;湖北宜昌鄂宜页 1 井钻获下寒武统水井沱组高含气页岩气层,实现了从高点找气向斜坡找气的转变,指明了中扬子地区页岩气勘探方向。

1. 页岩发育地质基础

1）地层特征

中扬子地区地层从元古界到新生界均有发育,除部分地区缺失上志留统上部与下泥盆统下部外,其余地层发育良好。自下而上主要发育 3 套富有机质页岩,分别为下震旦统陡山沱组、下寒武统水井沱组和上奥陶统五峰组-下志留统龙马溪组（图 2 - 31）。

陡山沱组:主要由碳酸盐岩、页岩、粉砂岩、砂岩及局部砾岩所组成,岩性可分为四段,陡一和三段为灰白色碳酸盐岩,陡二和四段为黑色炭质页岩,"两黑两白"特点明显,地层厚度一般在 50 ~ 350 m。其中,陡二、四段页岩发育稳定（尤以陡二段厚度更大）,主要为深灰色至灰黑色炭质页岩、硅质页岩夹灰色粉砂质页岩。

水井沱组:由灰黑色、黑色页岩、炭质页岩夹灰黑色薄层灰岩组成[图 2 - 32(a)],厚度可达 250 m。

五峰组-龙马溪组:五峰组岩性为黑灰色页岩,盛产笔石[图 2 - 32(b)]。龙马溪组下段以富含笔石的炭质页岩和硅质页岩为主,上段以黄绿色粉砂质页岩、粉砂岩为主。地层合计厚度为 250 ~ 900 m。

石炭-二叠系:主要包括下石炭统（长阳、金陵、高骊山及和州组）、下二叠统的孤峰组及上二叠统的龙潭和大隆组,岩性主要为砂岩、粉砂质页岩、炭质页岩、灰岩及硅

图2-31 中扬子地区地层综合柱状图

地层				最大厚度/m	岩性剖面	岩性描述
界	系	统	组			
古生界	二叠	上	长兴 大隆	40		黑色砂质页岩夹灰绿色页岩及砂岩
			龙潭	160		灰黑色页岩、砂岩、灰岩及煤层互层
		下	茅口	450		深灰,灰,浅灰色白云质斑块灰岩
			栖霞	320		暗蓝灰色层状灰岩为主,含不规则的燧石结核
	石炭	上	黄龙	180		以灰岩为主,底部白云岩
		下	和州-长阳	80		砂岩为主,顶部粉砂岩
	泥盆	上	写经寺	70		页岩、灰岩及白云岩
			黄家磴	60		细砂岩、粉砂岩夹泥灰岩
		下	云台观	70		灰白色石英砂岩夹泥质砂岩
	志留	下	纱帽	580		灰岩,黄绿色页岩夹泥质粉砂岩
			罗惹坪	890		黄绿色灰质页岩、泥灰岩夹薄层灰岩
			龙马溪	830		下部为黑色笔石页岩,上部为黄绿色粉砂质页岩
	奥陶	中上	五峰-庙坡	145		黑色页岩、灰岩
		下	牯牛潭-西陵峡	600		灰岩为主
	寒武	上	三游洞	850		厚层块状石白云岩为主
		中	覃家庙	1 120		薄层白云岩为主
		下	石龙洞	360		白云岩为主
			天河板	330		灰褐色泥质石灰岩为主
			石牌	590		灰绿色云母质及砂质页岩为主,夹薄层鲕状灰岩
			水井沱	260		黑色炭质页岩为主,含黄绿色砂质页岩
晚元古	震旦	上	灯影	340		白云岩、沥青质灰岩
		下	陡山沱	350		黑色页岩、泥灰岩、砂质页岩等

图2-32 中扬子地区野外页岩露头

(a) 湖北宜昌水井沱组

(b) 湖北宜昌王家湾村五峰组

质岩等。

三叠-侏罗系:在上三叠统-侏罗系地层中,也有厚度不等的砂质页岩和炭质页岩。

2)沉积特征

中扬子地区在震旦纪-早志留世时期长期处于陆表海沉积环境,接受了以浅海碳酸盐岩台地相与广海陆棚碎屑岩相为主的地层沉积,厚度可达5 000 m。其中,陡山沱期主要是在南沱组陆地冰川基础上发展起来的浅水陆棚及开阔海-局限海台地相,在湘鄂西地区主要发育为台地边缘-台缘斜坡相碳酸盐岩和碎屑岩沉积,向东至鄂东及江汉平原地区则主要为开阔-局限碳酸盐岩台地相;水井沱组主体为陆棚-深缓坡相沉积,湘鄂西及鄂东地区远离物源,主要为碎屑岩深水陆棚相,在江汉平原区主要为碳酸盐岩缓坡相;晚奥陶世的五峰期,主要发育滞留海盆地,其次为浅水-深水陆棚相;早志留世的龙马溪期,转变为以浅水陆棚和深水陆棚为主,局部为滨岸潮坪相沉积。其中,浅水陆棚仅在鄂东地区局部发育,大部分地区均以深水陆棚沉积为主。

泥盆纪-中三叠世时期,中扬子地区处于台向斜沉积环境中,中晚泥盆世主要接受了滨岸海滩、潮坪及浅海陆棚相碎屑岩沉积;在石炭-三叠纪时期,区域上再次出现海侵,由局部发育的潮坪潟湖、局限海台地逐渐演变为广阔的滨岸潟湖、滨岸沼泽及开阔台地相,形成了以浅水陆棚、开阔海台地及滨岸沼泽等为基本构架的浅海盆地相;直到中三叠世,南北陆间海槽以潮坪潟湖、三角洲等方式最后关闭。至晚三叠世,中扬子地区开始出现河流、湖泊相。在晚三叠世-侏罗纪期间,河流、湖泊、沼泽相发育,形成了厚度超过2 000 m的湖沼含煤碎屑岩沉积;古近纪以来,区域断陷作用活跃,形成了以江汉盆地为代表的大型盐湖沉积。

3)构造特征

晚元古代中期的晋宁运动,使中扬子地区随同整个扬子板块一起由地槽转化成了克拉通地台,在此后的震旦纪时期,碎屑岩、冰碛岩及后期的碳酸盐岩由南向北超覆,中扬子板块呈东南低西北高之古地形趋势,对应在西北部边缘形成了滨岸相沉积,向南东方向为大面积的盆地边缘和浅海盆地相。晚震旦世晚期的断-拗作用持续发生,发育了含炭含磷页岩、泥质灰岩及白云岩等。至震旦纪末,区域发生短暂抬升并形成不整合。

早寒武世初期,中扬子地区整体性快速沉降,导致海水由东南方向侵入,形成主体北东方向延伸的坳陷型广海陆棚-盆地,并在恩施附近形成沉降中心。在加里东升降运动期间,海水发生多次升降变化。至加里东运动晚期,主构造方向由北东转向为北西,遂行成以保靖、黔江、慈利、建始为中心的湘鄂西坳陷。古生代末,中扬子南北两侧的陆间海槽关闭,导致该区海水退出并上升为陆,早古生代海盆消失,志留系遭受剥蚀并缺乏中下泥盆统沉积。

晚古生代时期,受限于克拉通盆地的区域拉张伸展运动,区内发生多幕次差异隆升运动,形成了多个平行不整合。由于区内以整体缓慢沉降为特点,块断活动微弱,断裂活动并不发育。这一过程一直持续至中三叠世末,印支运动结束了海相沉积。

晚三叠世至侏罗纪时期,区内整体为内陆湖相碎屑沉积,广泛形成了浅湖-深湖相沉积。早燕山期,中扬子地区北侧发生陆陆碰撞并形成推覆造山带,南侧则产生挤压走滑并形成江南-雪峰构造带。晚白垩世以来,中扬子进入新的块断构造活动期,主要表现为裂陷-拗陷特点,形成了多个坳陷区,形成了以江汉盆地为代表的拉张断陷盆地。

中扬子地区可进一步划分为湘鄂西、鄂西渝东、江汉盆地、鄂东南、鄂北及周缘等构造单元。

4)页岩分布

陡山沱组页岩出露相对较少,主要见于鹤峰-秭归一带。自南西到北东方向,页岩厚度总体表现为先增厚后减薄的特点,在永顺王村剖面厚度为50 m,鹤峰白果坪剖面厚度为170 m,秭归县秭地1井厚度为145 m,宜昌乔家坪剖面厚度不足40 m。

水井沱组页岩出露区域主要集中于酉阳-石门-秭归一带。页岩厚度具南西厚北东薄的特点,高值区位于酉阳-龙山一带,暗色页岩厚度分布与早寒武世早期古地理格局有着较好的对应关系(图2-33)。

五峰组-龙马溪组页岩在湘鄂西出露广泛,鄂东也有局部出露。五峰组页岩厚度一般只有几米至十几米,整体厚度较薄,且变化不大。龙马溪组页岩主要表现为南薄北厚趋势(图2-34),与龙马溪组沉积期雪峰隆起和江南隆起的出现有着密切的关系。

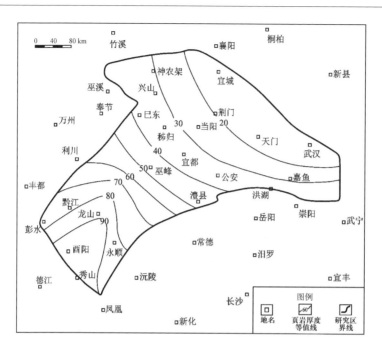

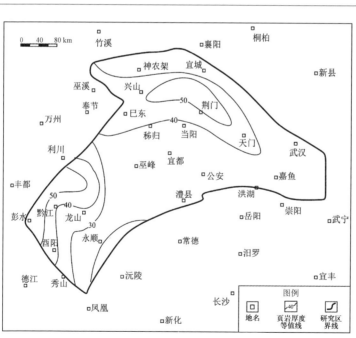

2. 页岩气形成地质条件

1）页岩有机地球化学

（1）陡山沱组

陡山沱组页岩有机质为Ⅰ型，TOC分布范围为0.6%～5.4%，主要见于1.0%～2.0%，在平面上存在较强的非均一性，高值区位于湘鄂西张家界一带(图2-35)。页岩R_o一般为2.7%～4.5%，平均值为3.6%，总体处于过成熟阶段。

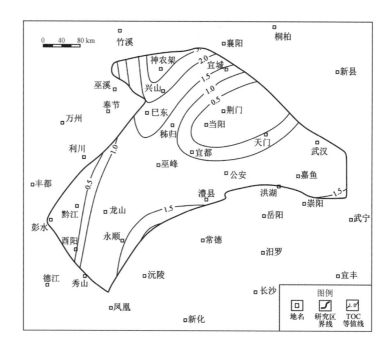

图2-35 中扬子地区陡山沱组TOC等值线

（2）水井沱组

水井沱组页岩的有机质主要为Ⅰ型，部分为$Ⅱ_1$型。页岩TOC为0.2%～13%，一般大于1.5%，平均值为2.3%。TOC高值区位于湘鄂西龙山一带(图2-36)。页岩R_o一般为2.3%～4.5%，平均值为3.5%，部分浅层页岩R_o小于2.0%，总体处于过成熟阶段，部分地区为高成熟阶段。

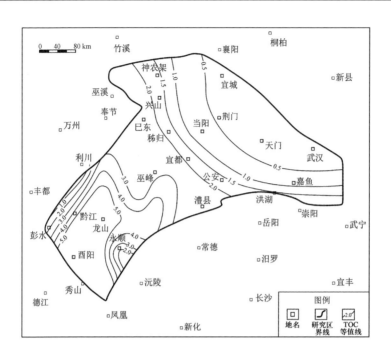

图2-36 中扬子地区水井沱组TOC预测

（3）五峰组-龙马溪组

五峰组-龙马溪组页岩有机质主要为 II_1 型,少量为 I 和 II_2 型。页岩 TOC 为 0.2%~5.0%,平均值为2.0%,高值区位于恩施-彭水一带。页岩 R_o 一般为 2.0%~4.0%,平均值为2.5%,总体达到高-过成熟阶段。

2）储层特征

（1）陡山沱组

陡山沱组页岩以石英、长石等矿物为主,其次为黏土矿物,黏土矿物含量一般介于 3.8%~31.8%,平均值为14.5%。陡山沱组页岩储集空间类型多样,有机质纳米孔隙数量多,孔径多分布于10~100 nm。黄铁矿粒间孔和石英粒内孔等无机孔隙,孔径为 100~1 000 nm。页岩孔隙度较低,一般小于12%,平均为5.5%。

（2）水井沱组

水井沱组页岩以石英矿物为主,其次为碳酸盐和黏土矿物,黏土矿物含量高于陡山沱组。页岩孔隙度变化较大,平均值为7.1%,渗透率极低。

(3)五峰组-龙马溪组

五峰组-龙马溪组页岩以石英矿物为主,其次为黏土矿物,黏土矿物含量平均值为26%,均高于陡山沱组和水井沱组页岩。页岩样品中,发育大量的有机质孔隙,也有少量的黏土矿物粒间孔和黄铁矿粒间孔。页岩中微孔、中孔、大孔均有分布,其中,中孔平均占56%,大孔平均占7.7%,其余为微孔所占。页岩孔隙度平均值为4.6%。

3)页岩含气性

(1)陡山沱组

陡山沱组页岩具有较强的吸附能力(图2-37),最大吸附气量一般可达2.2 m³/t。秭地1井陡山沱组页岩现场解吸含气量介于0.47~3.3 m³/t,主体分布于1~2 m³/t。位于湖北秭归县附近的秭地1井陡山沱组页岩见气。

图2-37 中扬子各层位页岩等温吸附线

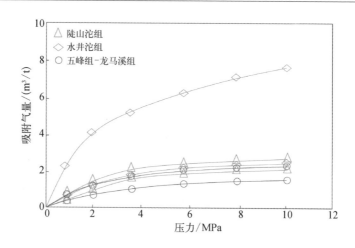

(2)水井沱组

水井沱组页岩最大吸附气量介于1.72~8.19 m³/t。阳页1井见高后效异常,全烃由0.5%上升至55%,甲烷由0.4%上升至54%,持续时间33 min。秭地1井下寒武统页岩现场解吸含气量介于0.2~1.2 m³/t。位于张家界慈利地区的慈页1井出现较好的气测显示,含气量在0.3~1.0 m³/t,解吸气中甲烷气体成分占比较高。

（3）五峰组-龙马溪组

中扬子地区五峰组-龙马溪组页岩最大吸附气能力达 $2.0\ m^3/t$，已有多口井发现气测异常，河页 1 井页岩岩心可见零星状气泡分布，河页 2 井测试产气量在 $3.0\ m^3/d$，建深 1 井页岩试气达 $5.1 \times 10^4\ m^3/d$。

3. 页岩气发育有利方向

中扬子地陡山沱组、水井沱组、五峰组-龙马溪组页岩厚度较大、有机质类型主要为 I 型、TOC 较高、成熟度均达到高-过成熟阶段，已生成较大规模的气态烃类，具有良好的页岩气地质条件。除此之外，石炭-二叠系、上三叠统及侏罗系砂质页岩、炭质页岩层段，地层厚度和区域分布稳定，TOC 和 R_o 具有双高特点，也是页岩气值得重视的层系。

由于该区的后期构造地质条件变动较大，保存条件成为影响页岩气的关键因素。对于陡山沱组和水井沱组，页岩气发育的有利方向宜选择在构造运动相对较弱的区域，古隆起斜坡部位常成为首选。陡山坨组页岩气有利区主要分布在中部的保康-秭归-长阳-五峰一带，秀山-黔江-咸丰一带的页岩气地质条件也较为良好。水井沱组主要分布在中西部地区，在黔江-恩施-龙山、鹤峰-五峰-宜昌-石门-张家界-永顺、镇平-保康-兴山等区域。

与陡山沱组和水井沱组相比，中扬子地区各区块内五峰组-龙马溪组均具有普遍较好的含气显示，表明其页岩气资源条件相对更好，靠近沉积中心方向可能更加有利，有利区方向主要在彭水-咸丰-宣恩-秭归-五峰-鹤峰一带。

石炭-二叠系页岩气有利条件区也主要分布在西南片区，特别是利川向斜、宣恩-巴东向斜（咸丰-宣恩-建始-巴东一线）、鹤峰-五峰向斜等。

2.3.2   江汉盆地中新生界

江汉盆地面积为 $3.6 \times 10^4\ km^2$，是中国中扬子地区最大的白垩-新近系内陆盐湖盆地。根据现今勘探资料分析，江汉盆地具有页岩油气形成的地质条件。

1. 页岩发育地质基础

1）地层特征

江汉盆地主要发育了晚白垩世以来的地层，其中古近系的新沟嘴组和潜江组页岩分布面积广、厚度大、有机质丰度高，为主要的页岩层系(图2-38)。

图2-38　江汉盆地地层综合柱状图

界	系	组	段	最大厚度/m	岩性剖面	岩性描述
新生	新近	广华寺		270		杂色黏土岩、砾岩、砂砾岩互层
	古近	荆河镇		800		灰绿色页岩、粉砂岩夹黑褐色油页岩、泥膏岩
		潜江	一	450		灰色页岩与粉砂岩，砂岩互层、盐岩、油页岩
			二	700		页岩、泥膏岩、盐岩
			三	220		
			四	2 020		灰色页岩、粉砂岩、泥膏岩、盐岩
		荆沙		1 500		棕红色及紫色泥岩夹少量粉砂
		新沟嘴	上	300		棕红色泥岩夹粉砂岩、泥膏岩
			下	800		深灰色页岩夹砂岩、泥膏岩
		沙市		1 500		页岩与砂岩互层、膏盐岩
中生	白垩	渔洋		2 000		棕紫色/灰色页岩夹薄层粉砂岩、角砾岩、盐岩

（1）渔洋组

下段底部见角砾岩，主要为紫红色砂岩和泥岩互层，向上夹含膏泥岩及泥膏岩。上段为棕紫色和灰色页岩、泥膏岩及盐膏岩，夹薄层粉砂岩，厚度可达2 000 m。

（2）沙市组

下段主要为棕色泥岩夹韵律性棕灰色含膏泥岩和盐膏岩，上段岩性为深灰色页岩夹棕灰色页岩、泥膏岩及石膏质粉砂岩，厚度一般为200～1 200 m。

（3）新沟嘴组

下段以深灰色页岩为主，夹少量砂岩、泥膏岩、泥灰岩及油页岩。上段以紫灰色泥岩夹薄-中厚层粉砂岩及泥膏岩为主,局部可见玄武岩。该组地层横向上岩性与沉积厚度稳定,在盆地内分布广泛,厚度一般为 400～700 m。

(4) 荆沙组

主要为棕紫红色泥岩夹少量灰绿色页岩及粉砂岩,局部夹泥膏岩、盐岩和玄武岩,厚度可达 1 500 m。

(5) 潜江组

主要为深灰色页岩、泥膏岩、膏泥岩、盐岩、油页岩及砂岩等韵律层,局部发育火山岩。进一步又可细分为四段,潜四至二段主要为深灰色页岩、盐岩夹泥膏岩,潜一段岩性稍粗以砂岩和页岩互层为主。厚度可达 3 600 m,可与下覆地层假整合接触。

(6) 荆河镇组

主要为绿灰色页岩与粉砂岩互层,夹泥灰岩、泥膏岩及油页岩,厚度可达 800 m。

(7) 广华寺组

主要为杂色黏土岩、砂岩和砂砾岩互层,底部可夹灰岩,厚度可达 900 m,与下覆地层不整合接触。

2) 沉积特征

晚白垩世的渔阳组沉积期,主要为干旱-半干旱条件下的河流-湖泊沉积体系,弱碱性微咸水湖盆相对稳定,体现为淡水河流、冲积扇、分隔性的局部微咸水浅湖洼陷及微咸水半深湖的平面组合变化。

主要受持续沉降的构造作用影响,沙市-潜江组沉积时期主要是在继承晚白垩世沉积环境基础上的河流-湖泊沉积体系。为干旱气候条件下、以氧化环境为主的封闭型沉积,沉积水介质盐度较高、能量较强。其中在新沟嘴组沉积时达到极盛,主要发育为深湖、半深湖、浅湖、三角洲等环境。在北高南低的古地形条件影响下,物源主要来自北部,形成了由北向南逐步深入并以三角洲和湖泊为主体的沉积体系。在荆沙组沉积时期,构造活动减弱,沉积范围变小,盆地大部分地区以氧化的浅湖-半咸水湖沉积为主,局部为小型河流-三角洲沉积。在潜江组沉积期,干湿气候频繁交替,高盐度、强蒸发、强还原,形成了盆地盐源,沉积了碎屑岩、碳酸盐岩和蒸发岩交互发育的扇三角洲、三角洲及淡、半咸及咸水湖体系。此期的盆地受构造运动影响持续沉降,湖水相对较深,沉积水动力条件较弱。在北高南低、西高东低的古地形影响下,在陡坡部位发育了扇三角洲、近岸湖底扇等沉积相类型,但随着地势变缓,沉积相类型逐渐过渡到三角洲相。在向南的大部分地区,则主要为较深水湖泊相。

荆河镇组沉积以来开始了湖盆萎缩阶段,主要发育氧化条件强的滨、浅水湖泊与河流相,成盐作用暂时终止。盆内局部地区发育三角洲相,向边缘逐渐过渡为滨浅湖。新近纪以来,古气候环境逐渐转为正常,淡水湖泊及河流发育,并延续至第四纪。

3)构造特征

自晚白垩世以来,江汉盆地开始在地壳拉张作用下进入规模性陆相断陷盆地演化阶段。在晚白垩世早期的渔洋组沉积期,盆地接受北东-南西向拉张,形成了以北西向为主要走向的箕状断陷。由于同时受太平洋和印度洋板块活动的双重影响,盆地在早始新世的新沟嘴组沉积期发生了一次区域动力学条件的调整和偏转,导致北东走向断裂发育,在盆地内形成了由北东和北西向两组交叉断裂所控制的零星断块。在这一过程中,盆地沉降速度基本稳定但一直缓慢加大,至晚始新世早期的潜江组四段沉积期达到最大。

潜江组四段沉积期结束,盆地断陷过程结束并开始进入断拗演化阶段,使地壳沉降的整体性逐渐明显,但沉降速度也明显减小,湖盆呈日渐萎缩趋势。至荆河镇组沉积末期,盆地在北东-南西向挤压作用下发生整体抬升,导致沉积间断并使部分地层遭受剥蚀,形成不整合面。荆河镇组沉积结束的渐新世末,盆地进入区域性整体沉降的拗陷阶段,江汉盆地开始逐渐萎缩直至消亡。

江汉盆地可划分为具有北北西走向趋势的西部坳陷和构造走向较为复杂的东部坳陷,内部控制了十余个凹凸构造(图2-39)。

4)页岩分布

在各套地层中,新沟嘴和潜江组页岩发育最好。在平面上,页岩主要分布在盆地南部的江陵、潜江、小板和陈沱口等凹陷中。

新沟嘴组暗色页岩集中发育在下段中间部位且连续性较好,平面上全区发育,呈南厚北薄趋势。潜江和江陵凹陷是页岩发育的主要凹陷,厚度可达200 m。其次为沔阳、小板及陈沱口等凹陷,平均厚度分别为87 m、112 m和100 m。页岩在潜江凹陷的埋藏深度最大,为3 000~6 000 m,向四周不同程度变浅。东西两翼的小板和江陵凹陷埋深在1 000~4 000 m,南部的陈沱口和沔阳凹陷只有500~2 500 m。

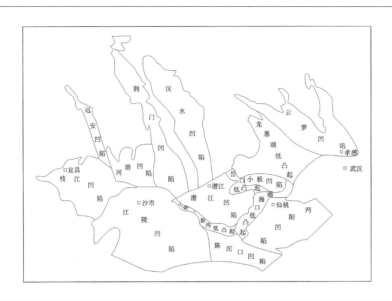

图 2-39 江汉盆地
构造单元划分

潜江组暗色页岩在潜江凹陷中的厚度最大,为 200~2 000 m,凹陷内几乎全有分布,埋深一般在 2 000~3 500 m。页岩厚度在江陵和小板凹陷内减薄,埋藏深度也减小至 1 000 m 左右。在陈沱口和沔阳凹陷,页岩只有局部发育且埋深也均较浅。

此外,沙市组上段页岩厚度可达 125 m,埋深普遍大于 3 000 m。

2. 页岩气形成地质条件

1) 页岩有机地球化学

新沟嘴组页岩有机质类型多样,但以 Ⅲ 和 Ⅱ 型为主,仅局部见Ⅰ型。有机质丰度较高,TOC 一般为 0.6%~3.3%,平均在 1.0%。在潜江、江陵、小板、沔阳凹陷和陈沱口凹陷内 TOC 较高,并由凹陷中心向边缘逐渐减小。有机质热演化程度一般较高,R_o 为 0.6%~1.7%,R_o 高值区分布在潜江和小板凹陷,普遍大于 1.4%,页岩处于生成天然气的高峰阶段。沔阳和陈沱口凹陷处于低成熟-成熟阶段。

潜江组页岩有机质类型以偏生油的 Ⅰ 型为主,有机质丰度较高,TOC 介于 0.6%~3.4%,平均值为 1.5%,高值区主要分布在潜江和小板凹陷。R_o 在潜江凹陷内普遍大于 1.0%,部分可达 1.4%,其他大部分地区普遍小于 0.5%,处于未成熟-低成熟阶段。

沙市组页岩以Ⅱ型为主、部分Ⅲ型有机质为主,TOC 为 0.3% ~ 2.2%,平均值为 0.74%,目前处于有机质成熟-高成熟阶段。

2) 储层特征

新沟嘴组白云质矿物含量较高,矿物种类单调、稳定,黏土矿物含量约占 1/3,且以伊利石为主,含少量绿泥石,石英和长石含量不足 9%。至中下部页岩段,石英、长石及黏土矿物含量增多,碳酸盐矿物明显降低。页岩储集空间以晶间孔为主,局部少量发育粒间孔和微裂缝,孔隙度较高但渗透率极低。

潜江组页岩段的白云石和黏土矿物含量明显偏高,石英和长石含量较少。其中,黏土矿物主要为伊利石和伊/蒙混层为主。储集空间以次生孔隙为主,次生晶间孔或粒间孔、溶蚀孔较为发育,高白云质含量使得页岩孔隙度高可达 10%。

3. 页岩气发育有利方向

垂向上看,新沟嘴组页岩各方面指标均为最好,是盆地内页岩气首选。其次是潜江组页岩,局部地区可达生气阶段,但大部分情况下均属于油气同生状态。在前期钻井过程中,已有百余口在钻遇页岩段时见油气显示,证明了页岩油气的生成和分布。平面上,新沟嘴组页岩气有利方向为江陵、潜江及小板凹陷。潜江组页岩气有利方向宜圈定为潜江凹陷内部。

除此之外,沙市组和渔阳组等地层页岩也具有一定的页岩气资源地质条件。渔阳组以下的中-古生界,特别是二叠、三叠及侏罗系煤系页岩,有机质以Ⅲ型为主,TOC 和 R_o 表现为双高特点,亦是重要的页岩气有利层系。

2.4　　　下扬子

2.4.1　　　下扬子古生界

下扬子地区位于扬子板块东部,是郯庐断裂和江绍断裂所分割形成的陆上区域,主要包括了苏、沪、浙、赣、皖等,面积约为 $23 \times 10^4 km^2$,发育了多套页岩,具有较高的生气潜力。安徽宣城港地1井发现二叠系海陆过渡相页岩气,实现了下扬子地区页岩气的勘探突破。

1. 页岩发育地质基础

1) 地层特征

自古生界以来,下扬子地区发育了厚度超过万米的沉积地层。除局部地区缺失中下泥盆统、下石炭统、中三叠统及部分中新生界地层外,其他地层发育齐全。其中,具有区域代表性的3套富有机质页岩层系分别为下寒武统的荷塘组(又称幕府山组、王音铺组、观音堂组)、上奥陶统五峰组-下志留统高家边组和上二叠统的龙潭组(图2-40)。

(1) 下寒武统

下寒武统下部为黑色页岩、炭质页岩、硅质页岩,夹煤层,含磷结核及少量黄铁矿结核;中部为灰黑色薄层状灰岩,含磷白云质灰岩,夹钙质页岩;上部为灰色薄层状白云岩、白云质灰岩及泥灰岩。幕府山组地层层位大致与荷塘、牛蹄塘、筇竹寺、龙王庙组等地层相当,厚度分布稳定,一般为245 m,厚度可达600 m,与下覆的灯影组呈假整合接触。

(2) 奥陶系

下奥陶统的大湾组及牯牛潭组下部为页岩夹粉砂岩,厚度约为100 m;上奥陶统的五峰组主要为炭质页岩、硅质页岩、薄层硅质岩等,富含笔石。页岩厚度一般仅数米,向东岩性变杂,粉砂岩、细砂岩含量增加,厚度可增至120 m。

(3) 下志留统

高家边组底部为含笔石的黑灰色硅质页岩,下部为含笔石的灰黄、灰黑色粉砂质页岩、硅质页岩,中部为黄绿色页岩与粉细砂岩互层,上部为黄绿色页岩夹粉细砂岩。区内岩性稳定,厚度变化较大,可达1 720 m。

(4) 二叠系

下二叠统的孤峰组为黑、灰黄色薄层硅质岩、硅质页岩、粉砂质页岩、炭质页岩、锰质页岩等地层,下部页岩含锰及磷结核,具有下部泥质灰岩多、上部页岩含量多的特点,滨海地区见多层石灰岩,厚度可达55 m;上二叠统的龙潭组为一套含煤地层,下部为灰黄、黄绿色砂岩和页岩互层。中部为灰黄色、深灰色石英砂岩、粉砂岩、页岩夹煤

图2-40 下扬子地区地层综合柱状图

地　层				最大厚度/m	岩性剖面	岩性描述
界	系	统	组			
古生	二叠	上	大隆	24		黑色砂质页岩夹灰白、灰绿色页岩及砂岩
			龙潭	240		灰黑色页岩、砂岩、灰岩及煤层互层
		下	孤峰	45		硅质岩、硅质页岩
			栖霞	60		暗蓝灰色层状灰岩为主，含不规则的燧石结核
	石炭	上	船山	215		灰岩为主
		中	黄龙	95		灰岩为主
		下	和州	15		黄灰色薄层泥质灰岩
			高骊山	45		黄绿色砂岩、粉砂岩、页岩，夹泥质灰岩透镜体
			金陵	10		致密灰岩
	泥盆	上	五通	190		厚层石英岩与粗粒石英砂岩为主
	志留	中	坟头	830		石英砂岩夹泥质粉砂岩
		下	高家边	1720		灰黑色页岩、黄绿色页岩、细砂岩
	奥陶	上	五峰	70		炭质页岩
			汤头	20		灰黄、灰白色中薄层瘤状泥灰岩
		中	宝塔	10		泥质龟裂纹灰岩
			大田坝	24		薄层灰岩
		下	牯牛潭	40		灰色、红色瘤状石灰岩
			大湾	40		瘤状石灰岩夹黄绿色页岩
			红花园	210		块状生物碎屑灰岩
			分乡	130		中厚层灰岩、鲕状灰岩及页岩
	寒武	上	观音台	365		灰质白云岩、白云岩夹白云质灰岩
		中	炮台山	95		白云质灰岩、泥质灰岩
		下	幕府山	245		黑色页岩、泥灰岩

层。上部以黑色页岩为主，夹灰岩及细砂岩，龙潭组厚度一般超过200 m。大隆组为一套硅质岩、页岩、砂岩及凝灰岩等岩性组合，由西向东、由北向南有增厚趋势，厚度可达24 m。

2）沉积特征

早寒武世的幕府山组沉积期是下扬子地区的最大海侵期,主要形成了陆棚-盆地相。大致以南京一线为中心形成了海水较浅的浅滩及潮坪相,向北西和南东方向,海水均逐渐加深,形成了浅海、斜坡及深海等环境,组成了北东-南西走向的条带状陆棚相组合。在这一背景下,苏北-皖南和浙北-苏南地区均形成了斜坡、次深海,甚至深海环境。

晚奥陶世-早志留世,海水由北西向南东逐渐侵进,沉积环境从碳酸盐岩台地相主体演变为碎屑岩系陆棚相。五峰组沉积期,沉积水深具有南大北小特点和趋势,页岩主要沉积于陆棚内的深盆亚相环境中,可分为滨岸相、陆棚相、陆棚内深盆亚相等。

高家边组沉积期,南东深、北西浅的沉积水深变化特征更加明显。郯庐断裂以南东与石台-泾县-泰州一线以北西,为以页岩和粉砂岩沉积为主的安庆-南京-扬州浅水陆棚沉积区。石台-泾县-常州一线以南东与开化-长兴-苏州-启东一线以北西之间的区域,主要为以细砂岩和粉砂岩为特点的景德镇-宁国-南通滨浅水陆棚区。开化-长兴-苏州-启东一线以南东与江绍断裂以北西之间,主要为以砂岩和砂质岩沉积为主的金华-杭州-上海滨岸沉积区。

除了栖霞组梁山段为海侵开始的滨岸沼泽沉积外,二叠系其他层段均主要为局限的浅海陆棚沉积环境,孤峰组、龙潭组和大隆组各为一个完整的区域性海侵-海退沉积旋回。除了在龙潭组中部分属于三角洲平原分流间沼泽相沉积(有煤发育的潟湖、三角洲及近岸沼泽等海陆过渡相)以外,绝大部分为盆地相、深水陆棚相和前三角洲相沉积,如孤峰组和大隆组以深水盆地沉积为主,长兴组为浅水碳酸盐台地沉积。

3）构造特征

与中上扬子一样,下扬子地区在澄江运动后进入冰期阶段,形成了从滇黔桂、上扬子、中扬子到下扬子全覆盖的南沱组、陡山沱及灯影组等区域性代表地层。

尽管有不同程度地震荡,但下扬子地区在早古生代时期一直保持相对稳定地连续沉降,代表了以碳酸盐岩为主的克拉通边缘海相沉积序列,构建了以石台-南京一线为中心的中央台地及西北和东南两侧的深水盆地,形成了一台两盆构造格局。其中,在东南一侧的深水盆地中,在浙西一带形成了裂陷作用并沉积了厚度接近4 000 m的寒武-奥陶系碳酸盐岩和志留系砂岩、页岩建造。

早古生代末期发生广西运动,江南隆起从浙皖交界处抬隆,一台两盆格局演化为东部抬升为隆起并主体向西方向倾覆的构造格局,掀斜构造作用使沉积环境演变为以西南方向为出海口的统一陆表海,并在浙北一带形成了沉降中心。晚古生代时期,地壳震荡性升降活动频繁,抬升剥蚀与不整合现象较为普遍,在此背景下先后形成了下部的石英砂-砂岩、页岩建造(晚泥盆-早石炭世)、中部的碳酸盐岩建造和含煤建造(中晚石炭-晚二叠世)及上部的碳酸盐岩建造(早中三叠世,沉降-沉积中心逐渐转移至黄海方向)。

晚三叠世发生的印支运动彻底改变了晚古生代时期的构造格局,下扬子陆表海相盆地转变为区域上的陆相沉积。特别是晚三叠世,郯庐断裂发生走滑活动,在区内形成了一系列拉分(晚三叠世)-山间盆地(早中侏罗世),主体在南通-扬州-盐城及向海方向一带发育了先(晚三叠世)红色后(早中侏罗世)灰色的含煤砂岩、页岩建造。晚侏罗-早白垩世,燕山运动强烈来袭,火山活动、冲断剥蚀及逆掩推覆规模性发生,为中新生代的陆相盆地形成和演化奠定了基础。

晚燕山-喜山期主要为拉张改造、块断升降及后期盆地叠加发育阶段,下扬子地区构造应力背景复杂,后期改造尤其强烈,地块内部岩浆-火山活动明显,加速了页岩有机质的热演化。

4)页岩分布

下扬子地区下寒武统幕府山(荷塘)组页岩总厚度最大可达570 m,有效厚度在20~300 m。沉积中心区一是见于皖西-苏南-浙北交界处的安庆-宁国-富阳一线,厚度一般为200~300 m,埋深相对较浅;二是在南京-滁州及其向东北方向的苏北盆地内,分布范围较广,厚度变化趋势与沉积格局一致,厚度一般为50~200 m,埋藏深度一般大于4 500 m。

下志留统的高家边组页岩在平面上的分布相对集中,主要分布于宿松-无为-南京-淮安-滨海一线以东南与宿松-铜陵-常州-如皋一线以西北之间所夹的北东向长条状区域内,最大厚度中心线沿铜陵-镇江-盐城方向展布,最厚处位于镇江-扬州附近,厚度超过500 m,其中的五峰组厚度一般为1~20 m。向东北方向自然延伸进入苏北-南黄海盆地的海域部分。

上二叠统龙潭组页岩主要见于以广德-溧阳-常州-扬中-海安一线为中心的北北东向区域内,向东西两侧可分别扩展至杭州-苏州-南通一线和泾县-芜湖-马鞍山-南京-天长-金湖-宝应-滨海一线。页岩累计厚度为20~70 m,海安地区的厚度超过了200 m。该二叠系页岩分布带向北、向东自然延伸,在如东-响水一带进入南黄海海域。

2. 页岩气形成地质条件

1)页岩有机地球化学

(1)幕府山(荷塘)组

幕府山组页岩有机质主要为I型,有机质丰度变化跨度较大,TOC一般为3.0%~5.0%,向页岩原始厚度减薄方向减小。R_o普遍大于2.5%,仅在泰州-小海一带小于2.0%,向皖东、浙西方向增加,在安庆-宁国-开化沿线,R_o大于4%,均已达到高-过成熟生干气阶段。

(2)高家边组

高家边组页岩有机质主要为I型,兼有II型,页岩TOC几乎全部小于1.5%,平均为1.2%。页岩有机质成熟度变化较大,R_o一般介于1.5%~3.0%,处于高-过成熟阶段。在和县,R_o为1.3%。在句容-海安一带,R_o约为2.0%。在宁国,R_o为4.5%。

(3)龙潭组

龙潭组页岩有机质主要为III型,少量II$_2$型。有机质丰度较高,TOC为0.5%~8.2%,平均值为2.0%,高值区位于南京-常州-苏州一带。页岩热演化程度变化较大,R_o一般为0.5%~3.5%,大部分地区R_o介于1.0%~2.0%,处于成熟-过成熟阶段。此外,孤峰组和大隆组页岩TOC平均值分别为1.8%和2.9%,R_o介于0.8%~2.3%,目前进入以生气为主的热演化阶段。

2)储层特征

古生界幕府山、五峰、高家边、龙潭、孤峰和大隆组页岩矿物组成均以石英和黏土矿物为主,黏土矿物中以伊利石为主。其中,幕府山组碳酸盐矿物含量最高,平均含量约为3.8%。孤峰组石英含量最高,平均含量达65%以上。大隆组黏土矿物含量最高,平均含量达48%以上。

幕府山(荷塘)组页岩以石英矿物为主,含量为22.5%~70.5%,黏土矿物含量为21.1%~49.5%,碳酸盐矿物含量为0.2%~36.0%。页岩孔隙度极低,为0.03%~1.0%,渗透率极小,为$(0.000\,17~0.000\,37) \times 10^{-3}\ \mu m^2$,极低的储集物性可能是该套页岩含气量低的主要原因。高家边组页岩黏土矿物含量较高,为46.0%~48.8%,石英含量为40.4%~48.7%;龙潭组页岩主要矿物成分为黏土和石英,页岩孔隙度变化较大,高家边和龙潭组孔隙度一般不足3%。

3)页岩含气性

等温吸附实验结果表明,幕府山(荷塘)组页岩最大吸附气量平均值为3.8 m^3/t,高家边组只有1.3 m^3/t,龙潭组平均为2.3 m^3/t。大隆组平均为4.6 m^3/t;在苏北盆地区,目前还没有实施页岩气探井,但古生界各主要页岩段均已发现裂缝含气,并出现明显的气测异常。如幕府山(荷塘)组页岩段气测全烃异常最高可见1.2%,高家边组最高为1.4%,大隆组最高为3.4%,孤峰组可达4.9%。

3. 页岩气发育有利方向

下扬子地区已在以下寒武统为代表的下古生界地层中发现了数十处地表固体沥青和井下 CO_2,层位分布广泛,平面上主要集中于宁国-绍兴-金华三角区和苏北盆地东南部。上古生界主要在石炭-二叠系地层中发现了上百处油气显示,平面上主要集中于南京-苏州-泾县三角区和苏北盆地东部凹陷区。针对龙潭组实施的长页1井(2011年)在钻井过程中曾多次见到疑似气泡,港地1井(2016年)现场解吸含气量为0.5~1.0 m^3/t,且见裂缝含油,反映龙潭组页岩气资源条件良好。

下扬子地区页岩发育层系较多,为页岩气的形成及发育提供了有利条件。但页岩有机质热演化程度普遍较高,后期的块断活动及岩浆侵入活动影响较大,页岩孔隙消失殆尽,又为该地区的页岩气地质条件带来了复杂性。幕府山(荷塘)、高家边及龙潭组等地层厚度较大、分布稳定,均具备页岩气资源发育的有利性条件,但从有机质丰度和热演化程度来看,龙潭组和大隆组的 TOC 相对较高而 R_o 又相对为最低,两套地层遭受构造破坏影响相对最小,实际的含气能力相对最大,是页岩气资源条件相对最好的层系。除此之外,上三叠统的范家塘组、侏罗系的象山群和西横山组等地层,含煤页岩发育,厚度较大,也值得重视。

保存条件是页岩气富集的主要影响因素。下扬子地区的古生界曾经遭受了大幅度的抬升剥蚀,皖南下寒武统页岩大部分出露地表,页岩气富集条件遭受严重破坏。从南向北,下扬子地区发育地层有逐渐变新趋势,表明地层保存条件向北不断变好。大致以南京-南通为界,下扬子地区上古生界页岩的分布可划分为南北两部分。在东至-泾县-宁国-临安一线以北与南京-南通一线以南之间的苏皖浙区域,大致以安庆-

滁州-南通-杭州为界所围限的近似方形区域是上古生界页岩气地质条件相对最好区域。在以盆地为主的苏北区域,泰州-盐城-滨海一线及其以东区域远离郯庐断裂和埋深较大的深部凹陷,页岩气资源地质条件相对较好。

2.4.2　苏北盆地中新生界

苏北盆地位于下扬子地区东北部,是苏北-南黄海盆地的陆域部分,四周分别由扬子褶皱系、郯庐断裂、华北与扬子板块缝合带及黄海海域所围限,面积为$3.5 \times 10^4 \ km^2$。

1. 页岩发育地质基础

1) 地层特征

在前震旦系和中古生界地层基础上,苏北盆地形成了以古近系为主体的河湖沼碎屑岩沉积体系(图2-41)。

地　层				最大厚度/m	岩性剖面	岩性描述
界	系	统	组			
新生	第四	全新	东台	350		砂砾层、粉砂质页岩及土黄色页岩
	新近	上新	盐城	1290		灰绿色页岩、浅棕色黏土层
		中新				灰白色砂砾层、含砾砂层夹棕色砂质泥岩
	古近	始新	三垛	1300		棕色泥岩与泥质粉砂岩、砂岩、含砾砂岩互层
			戴南	300		深灰色、灰色页岩与灰紫色粉细砂岩,粉砂岩不等厚互层
		古新	阜宁	1400		暗色页岩、细砂岩、粉砂岩不等厚互层
中生	白垩	上	泰州	400		下部褐灰色砂砾岩夹页岩,上部为灰黑色页岩和粉、细砂岩
			赤山	1090		棕红色砂泥岩互层
			浦口	2340		红色砂屑岩夹薄层状膏盐及火山岩

图2-41　苏北盆地地层综合柱状图

（1）上白垩统

浦口组为红色砂屑岩夹薄层状膏盐及火山岩;赤山组与浦口组大致相同,主要为棕红色砂泥岩互层;泰州组下部为褐灰色中-厚层状砂砾岩夹页岩,上部为紫棕色、灰黑色页岩和粉、细砂岩,可见玄武岩夹层,厚度可达 2 000 m 以上。

（2）古新统

阜宁组主要为暗色页岩,页岩与细砂岩、粉砂岩不等厚互层,由下向上可分 4 段。下部含灰黑色泥灰岩、灰质页岩、油页岩及盐岩、膏岩等,向上部粉砂质含量增多,厚度可达 1 400 m。

（3）始新统

戴南组可分 2 段,下部的戴一段主要为深灰色页岩与灰紫色粉细砂岩互层,上部为灰色页岩与粉砂岩不等厚互层,厚度为 300 m;三垛组主要为棕色泥岩与泥质粉砂岩、砂岩、含砾砂岩互层,厚度可达 1 300 m。

（4）新近系与第四系

新近系盐城组下部为灰白色砂砾层、含砾砂层夹棕色砂质泥岩,上部为灰绿色、浅棕色黏土层,第四系东台组为砂砾层、粉砂质泥岩及土黄色黏土,厚度可达 1 600 m。

2）沉积特征

晚白垩世早期,苏北盆地主要呈现为冲积、河流、三角洲及滨浅湖相。特别是进入泰州组沉积期,主要表现为河流三角洲特点,局部形成三角洲、浅湖-半深湖。由西向东,在平面上递次出现了冲积扇、河流、泛滥平原、扇三角洲、辫状三角洲、滨浅湖及半深湖等沉积体系。

阜宁组沉积期,湖侵范围迅速扩大,盆地大部分地区形成湖相连片,整体上仍然表现为西高东低趋势,形成了河流、三角洲、滨浅湖、半深湖、深湖沉积格局。垂向上,沉积环境先后主要经历了河流-三角洲、浅湖-半深湖、三角洲、浅湖-深湖等四个阶段,分别对应于阜一至阜四段。

戴南组沉积期,湖水主体退却,沉积连续性差,仅主要在盆地的西南部和东部局部地区残留浅湖相,早晚戴南期分别以三角洲-水下扇和河流三角洲为主,在盆地区域上形成了冲积扇、河流、扇三角洲、三角洲及浅湖相沉积。

至三垛期,沉积范围扩大,但仍有东高西低趋势,主体上发育了河流与湖沼相。在除了建湖隆起以外的大部分盆地范围内均主要形成了冲积平原相,平面上构成了渐次变化的冲积、河流、泛滥平原、三角洲、滨浅湖沉积体系。

盐城组沉积期,主要发育了河流冲积平原相。

3)构造特征

苏北盆地属于典型的中新生代陆相断陷盆地。侏罗纪末,区域性构造拱张作用导致了大范围岩浆侵入和火山喷发,标志着盆地发展演化新阶段的开始。在白垩纪时期,盆地断陷拉裂-区域拗陷和沉降速度相对较缓,基本上处于补偿-欠补偿的过渡状态。

至晚白垩世末,伴随着郯庐断裂走滑活动的加剧,导致了广泛意义上的盆地抬升和沉积间断,在盆地内形成了局部的地层缺失。随后,区域盆地拉裂和沉降速度加快,在初始盆地基础上进一步叠加东抬西沉的掀斜作用,断陷作用明显开始加快,并就此开始了盆地的快速发展期。

随着构造沉降作用的持续减弱,在盆地内产生了相应的震荡性沉积,伴随着数次海侵,形成了数个小型沉积旋回,沉降-沉积中心不断向东迁移,最终使饥饿型盆地演变为近补充状态。直至古近纪末,盆地主体上结束断陷阶段。渐新世末,盆地再次发生强烈构造运动,延续了断陷沉降并开始了区域性拗陷沉降。

以近东西向展布的建湖隆起为界,盆地可划分为南部的东台和北部的盐阜两大坳陷(图2-42)。

4)页岩分布

泰二、阜二和阜四段均主要发育为湖相页岩。

泰二段页岩主要分布在盆地的东部凹陷区域,其中高邮、海安凹陷厚度最大,可达100 m以上,向北逐渐减薄,厚度一般为40~80 m,向西则逐渐尖灭。

阜二段页岩分布范围最广,在各凹陷均有分布,厚度较大,一般为100~300 m,向凸起方向减薄。其中,在高邮凹陷厚度最大,超过300 m。

阜四段页岩在凹陷和凸起上均有发育,在东台坳陷形成了较大规模范围的连片发育,在高邮和金湖凹陷最厚,最大厚度超过400 m,向凸起区减薄至100 m以下。页岩在盐阜坳陷的分布较为局限。

2. 页岩气形成地质条件

1)页岩有机地球化学

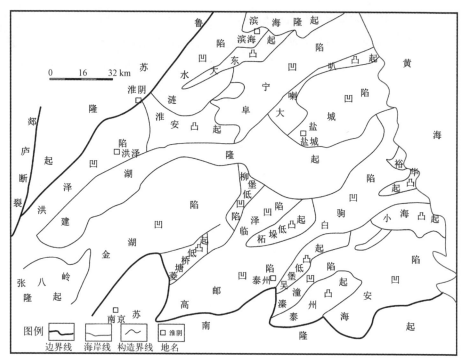

图2-42
苏北盆地构
造单元划分

　　泰二段页岩有机质主要为Ⅱ和Ⅲ型,TOC 为 1.0%~3.0%。其中,海安凹陷平均值为 3.0%,向西至高邮凹陷平均值降低为 1.0%,向北至盐城凹陷降低至 1.1%;R_o 一般在 0.7%~1.0%,高邮凹陷最大值可逾 2.0%。在东部的海安、白驹和盐城凹陷,R_o 相对较低,最大值多在 0.8%~1.0%。泰二段页岩目前处于页岩油和页岩气同时生成状态,在凹陷的中心区域以生气为主,向外缘区域以生油气和生油为主。

　　阜二段页岩有机质以Ⅱ型为主,TOC 平均为 1.4%~2.0%。其中,海安凹陷平均值为 1.7%,向西至高邮和金湖凹陷平均值均降至 1.4%,向北至盐城凹陷则平均值升高至 2.0%;R_o 一般为 0.5%~0.8%,在金湖和高邮凹陷沉降中心处可以达到 1.5% 以上。以金湖和高邮凹陷为中心,R_o 由最大值向东西两侧逐渐降低至 0.6%~0.8%,至盐阜坳陷一般只有 0.5%~0.7%。在金湖和高邮凹陷沉降中心处,目前拥有已经处于生成页岩气阶段,其他凹陷仍然处于生油阶段。

阜四段页岩有机质为Ⅰ和Ⅱ型,TOC一般为1.0%~2.0%。其中,海安凹陷平均值为1.0%,向西至高邮和金湖凹陷平均值升高至1.2%和1.4%,向北西至洪泽凹陷升高至2.0%,向北至盐城凹陷平均值升高至1.4%;有机质热演化程度普遍较小,一般介于0.4%~0.7%。高值区主要集中在金湖和高邮凹陷,凹陷中心处可达1.0%以上,向周缘降低,普遍不足0.7%。该套页岩目前处于生油阶段。

2)储层特征

泰二、阜二及阜四段页岩矿物以黏土矿物为主,含量为44%~88%。石英矿物含量为13%~32%,碳酸盐矿物含量为6%~29%,除此之外还含有一定量的长石和少量的黄铁矿和石膏。

页岩储层以微孔为主,包括晶间孔、有机孔、片理孔和溶蚀孔等,其中有机孔隙和溶蚀孔相对发育,其次为微裂缝。泰二、阜二及阜四段页岩埋藏较浅,物性偏好,平均最大孔隙度为6.6%。

3. 页岩气发育有利方向

苏北盆地中新生界页岩有机质成熟度较低,Ⅰ和Ⅱ型有机质在现今条件下以生油并形成页岩油为主。但Ⅱ和Ⅲ型有机质需要相对较低的成熟度就能够生气并形成气藏,故以Ⅱ和Ⅲ型有机质为主,且目前成熟度最高的泰二段有利于页岩气形成。平面上,高邮、盐城、海安及白驹凹陷页岩气资源地质条件相对较好,目前已在盐城凹陷发现了泰州组的朱家墩气藏。

2.5 东南地区

东南地区主要包括粤、闽及桂、湘、赣、浙部分地区,具有构造复杂,岩浆活动强烈等特点,据此可将其分为三个地质单元,从北西到南东依次为湘中-赣北地块、桂-湘-赣-皖冲断带和粤-闽-浙岩浆岩带。古生界至新生界页岩均有不同程度发育,但发育规模小、连片性差,以中小型盆地/坳陷为基本特点。目前,在湖南、江西等省页岩气勘探已大规模展开,并在志留系、二叠系等获得页岩气勘探突破。

2.5.1 东南地区古生界

在地层整体向南东方向不断抬升的基础上,东南地区分散性地出露了下古生界、上古生界及中生界含页岩地层,地层具有向南东方向逐渐变新趋势。东南地区自侏罗纪以来,岩浆及火山作用显著,并且越向东南方向越明显,将原有的盆地地层抬升、肢解、剥蚀,形成支离破碎状分布,尤其是粤-闽-浙岩浆岩带最为强烈(图2-43)。

图2-43
东南地区主要盆地分布

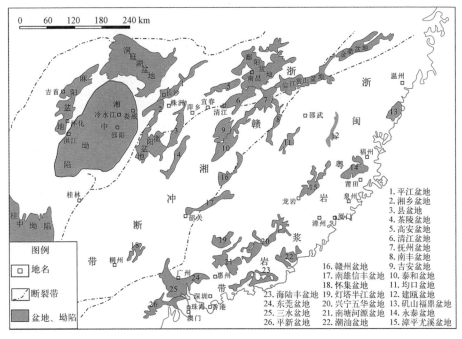

随着早志留世以来扬子海盆的逐渐关闭,湘中-赣北地块开始发生由南东向北西方向的掀斜式块断隆升运动,区内地层普遍遭受剥蚀且愈向南东方向,遭受剥蚀愈为严重。从北西向南东,原型盆地被改造的程度逐渐增大,仅发育为一些零散状的小盆地,古生界页岩被破坏得越来越严重,甚至因为强烈的岩浆作用而发生变质,页岩气藏

条件逐渐变差。

早石炭世时期,南方地区发生广泛的海侵,该地区逐渐沉降并形成浅海,直至几乎全部沉没。但从早二叠世开始,该地区重新开始抬升,直至中侏罗世时期的海水全部退出。晚侏罗世以来,该地区几经陆相中小型盆地沉积演化和规模性岩浆侵入活动,逐渐演变为现今地质格局。

在晚古生代-中三叠世时期,湘中坳陷沉积了巨厚的海相、海陆过渡相地层,以碳酸盐岩为主并夹碎屑岩。其中,晚二叠世龙潭组形成了一套海陆过渡相含煤建造,发育了硅质岩、浅海薄层灰岩、泥灰岩及页岩沉积。其中,富有机质页岩主要分布在龙潭组和大隆组,两者页岩厚度均较大,均主要为Ⅱ型,前者 TOC 可达 5.0% 以上,后者 TOC 平均为 2.0%,R_o 一般均大于 1.5%,两者目前均主要处于高-过成熟阶段。

萍乐坳陷位于赣中北,包含了萍乡、宜春、南昌、乐平、景德镇沿线区域,面积为 $2.5 \times 10^4 \ km^2$,该区域发育了从下石炭统(梓山组)、中上二叠统(小江边组、南港组、乐平组)、中三叠统(大冶组、安源群)、中侏罗统、上白垩统,到始新统(临江组)的多套暗色页岩。其中,中二叠统的小江边组页岩有机质以Ⅰ型为主,TOC 介于 0.3%~2.5%;上二叠统的乐平组和上三叠统的安源群页岩主要为Ⅲ型有机质,TOC 高达 14.0%,目前总体处于成熟-过成熟阶段,具一定的页岩气资源条件。

桂-湘-赣-皖冲断带主要发育了海相和海陆过渡相页岩。其中,海相页岩主要发育在下寒武统的荷塘组、中上奥陶统的宁国组和胡乐组以及下志留统的河沥溪组;海陆过渡相页岩主要发育在上二叠统的龙潭组,前者主要为Ⅰ型,后者主要为Ⅲ型,有机质丰度普遍较高,但成熟度高低变化较大,多处于成熟-过成熟状态。

粤-闽-浙岩浆岩带下古生界页岩主要分布在江绍断裂以北的扬子陆块区域,上古生界页岩主要分布在江绍断裂附近的金衢盆地、萍乐坳陷及永梅坳陷。其中,永梅坳陷为受燕山期火山岩影响最强烈的海相盆地之一,二叠系页岩在闽粤两省均有较广泛分布,如广泛分布于闽中和闽西南地区的下二叠统童子岩组,主要发育为海相页岩(夹粉砂岩、石英细砂岩等)和海陆过渡相页岩(夹炭质页岩和煤层等),Ⅱ、Ⅲ型有机质的TOC 普遍高于 2.0%,目前处于过成熟演化阶段。

2.5.2 东南地区中小型盆地古生界-新生界

东南地区分布着一系列叠覆于古生界基础之上、近似北东走向的中新生代中小型沉积盆地,如洞庭、鄱阳、三水等盆地,具有一定的页岩气资源条件。

位于长沙西北的洞庭盆地从中白垩世开始接受中新生代沉积,至始新世晚期以后遭受抬升并逐渐萎缩至消亡,所形成的沉积地层厚度可超过 5 000 m。其中,在上白垩统分水坳组顶部、古近系中下部的桃园组和沅江组,均有不同程度的暗色页岩发育,与泥质白云岩、泥质灰岩及杂色页岩互层,夹粉细砂岩、泥膏岩及油页岩。暗色页岩发育段主要为桃源组,厚度可达 350 m,埋深在 2 000 ~ 4 000 m,Ⅱ型有机质的 TOC 较高,目前处于成熟-高成熟阶段,具一定的页岩气资源条件。

大约以南昌为中心的鄱阳盆地主要发育了泥盆纪-中三叠世的海相-海陆过渡相和晚三叠世至新近纪的陆相沉积,上二叠统的乐平组和上三叠统的安源组富有机质页岩厚度较大,埋深适中,Ⅱ和Ⅲ型有机质丰度中等-较高,目前多处于成熟-过成熟阶段,具一定的页岩气资源条件。

位于广州南缘的三水盆地主要为中新生代沉积,其中古新统的布心组主要为沉积于半深湖-河湖三角洲环境中的暗色页岩和灰黑色灰质页岩,厚度为 50 ~ 70 m,Ⅱ和Ⅲ型有机质页岩的 TOC 可高至 5.0%,目前已进入成熟-高过成熟阶段,具备一定的页岩气资源条件。

2.5.3 页岩发育有利方向

东南地区主要存在着古生界海相、海陆过渡相和中新生界陆相三类富有机质页岩,从北西向南东方向,地层抬升幅度逐渐增加、岩浆作用不断加强,块断活动递次加强,页岩气地质条件逐渐变差。双高的 TOC 和 R_o 变化较大的页岩厚度和埋深以及强烈的后期构造变动,使得东南地区古生界页岩气地质条件变得更加复杂。

西北部的湘中-赣北地块主要为二叠系的海陆过渡相页岩沉积,地层受岩浆作用影响较小,可作为页岩气资源条件有利方向。同时,规模相对较大的古生界坳陷(如萍乐坳陷)和中新生代盆地(如洞庭、鄱阳等盆地),也均主要位于西北部方向,视为东南地区页岩气资源发育的有利方向。

中部的桂-湘-赣-皖冲断带下寒武统和上二叠统龙潭组黑色页岩发育,有机质丰富,为有利的页岩气层系;粤-闽-浙岩浆岩带永梅坳陷下二叠统的童子岩炭质页岩较为发育,且处于过成熟演化阶段,亦可作为页岩气资源条件有利方向。

尽管剥蚀严重,岩浆侵入活动强烈,但东南部的粤-闽-浙岩浆岩带仍有一定的页岩气资源条件和基础。

第 3 章

北方地区页岩气
地质基础及特点

　　北方主要指中国华北和东北地区,涉及松辽、渤海湾、鄂尔多斯、南华北等古、中、新生界盆地区和中上元古界沉积区(图3-1)。北方地区页岩形成环境多样,中新生代陆相、晚古生代海陆过渡相、中晚元古代海相页岩是本区的基本特色。

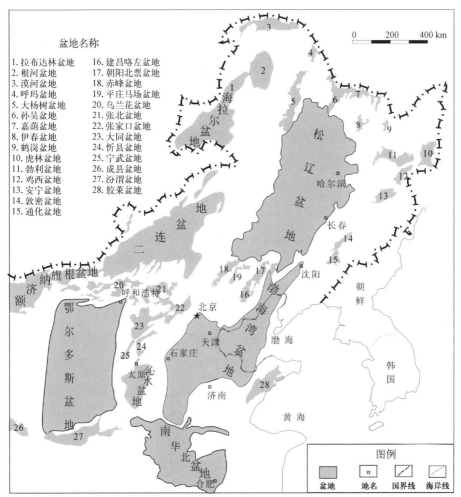

图 3-1
华北-东北
地区盆地及
潜质页岩分
布

盆地名称

1. 拉布达林盆地　　16. 建昌咯左盆地
2. 根河盆地　　　　17. 朝阳北票盆地
3. 漠河盆地　　　　18. 赤峰盆地
4. 呼玛盆地　　　　19. 平庄马场盆地
5. 大杨树盆地　　　20. 乌兰花盆地
6. 孙吴盆地　　　　21. 张北盆地
7. 嘉荫盆地　　　　22. 张家口盆地
8. 伊春盆地　　　　23. 大同盆地
9. 鹤岗盆地　　　　24. 忻县盆地
10. 虎林盆地　　　　25. 宁武盆地
11. 勃利盆地　　　　26. 成县盆地
12. 鸡西盆地　　　　27. 汾渭盆地
13. 安宁盆地　　　　28. 胶莱盆地
14. 敦密盆地
15. 通化盆地

图例

盆地　　地名　　国界线　　海岸线

3.1 东北地区

3.1.1 松辽盆地中生界

松辽盆地是位于中国东北部的一个以白垩系地层为主的大型坳陷型中新生代陆相含油气盆地,长约750 km,宽约350 km,横跨黑、吉、辽、蒙,面积约为26×10^4 km^2。盆地内发育多套页岩,页岩油气发育。

1. 页岩发育地质基础

1) 地层特征

以白垩系为主体,松辽盆地主要在上古生界基础上发育了上侏罗统以新的地层(图3-2)。

火石岭组:以火山岩为特色代表,下段为深灰、灰黑色页岩与浅灰色砂岩、砂砾岩不等厚互层,间夹薄煤层。上段为中性、中基性及部分酸性火山岩、火山碎屑岩。

沙河子组:主要发育灰、灰黑色页岩和粉砂质页岩,页岩与粉砂岩不等厚互层。底部为灰色、褐灰色砂砾岩、砂岩、页岩夹煤层,中部为含煤的灰色页岩、粉砂岩及砂砾岩互层,上部为大套深灰、灰黑色页岩夹薄层粉细砂岩。地层厚度为300~2 200 m,一般均超过1 000 m。

营城组:自下而上可分为四段,其中营一、三段以火山岩为主,营二、四段为灰白色砂岩、砂砾岩与深灰色、灰黑色页岩、炭质页岩互层,部分夹煤层。该地层一般厚度不超过910 m,但在梨树断陷可达2 000 m。

登娄库组:灰黑色、深灰色及棕褐色页岩与灰、灰白色粉细砂岩、细砂岩及砂砾岩不等厚频繁互层。下部以杂色砂砾岩为特点,上部以暗色页岩为主,地层厚度在200~3 000 m。

泉头组:中上部为厚层状杂色泥岩夹薄层状粉砂岩,下部由紫红色泥岩、灰色页岩、粉细砂岩组成,厚度为1 500~2 200 m,盆地边缘出现砾岩。

青山口组:下部的青一段厚度较大,为黑色页岩夹油页岩,主体埋深在1 500~2 500 m。青二、三段主要发育黑灰色、灰色页岩、钙质页岩和粉砂质页岩,偶夹砂岩。

地 层				最大厚度/m	岩性剖面	岩性描述
界	系	统	组	段		

界	系	统	组	段	最大厚度/m	岩性剖面	岩性描述
新生	新近	上新	泰康		135		厚层杂色（砂）砾岩夹页岩
		中新	大安		125		中厚层状砂砾岩与粉砂岩、页岩互层
中生	白垩	上	明水		580		灰绿、灰黑色页岩与灰、灰绿色砂岩、泥质砂岩互层
			四方台		410		杂色砂砾岩与灰色砂岩、粉砂岩与红色泥岩、粉砂质泥岩
			嫩江	五、四	500		灰绿、深灰、棕色页岩与粉砂岩、细砂岩
				三	120		
				二	210		黑色、灰黑色页岩
				一	120		
			姚家		200		棕色、灰绿色、灰色的页岩及灰白色粉砂岩和中粗砂岩
			青山口	二、三	800		黑灰色、灰色页岩，含钙质页岩、粉砂质页岩，偶夹砂岩
				一	100		灰黑色页岩夹油页岩
		下	泉头	四	120		中上部为大段红色泥岩夹薄层粉砂岩，表现为泥包砂特征，下部为紫红泥岩、灰色页岩、粉细砂岩
				三	500		
				二	400		
				一	890		
			登娄库		1 500		灰色页岩与灰绿色泥质粉砂岩、粉砂岩、细砂岩及杂色砂砾岩组成不等厚互层
			营城		910		火山岩、灰黑色页岩、杂色砂岩，部分夹煤层
			沙河子		820		上部为大套页岩夹薄层粉细砂岩，下部砂岩、页岩互层，底部发育一套砂砾岩、砂岩、页岩夹煤层
	侏罗		火石岭		800		深水粗碎屑及大段灰绿、绿灰色火山岩

图 3-2
松辽盆地地层综合柱状图

第 3

姚家组：下部主要为棕色、褐红色、灰绿色、灰色页岩，上部灰白色粉砂岩、中粗砂岩与页岩互层，部分见有油页岩。

嫩江组：嫩一、二段主要为黑色、灰黑色页岩，夹灰绿色粉砂岩，可见油页岩；嫩三~五段主要为灰绿、深灰、棕色页岩与粉砂岩、细砂岩互层。

四方台组：棕红色泥岩、粉砂质泥岩与灰绿色泥质粉砂岩、细砂岩，局部夹砂砾层。

明水组：下段以灰绿色泥岩和粉砂质泥岩为主，夹棕红色、灰绿色砂岩，中、上部发育黑色页岩，上段主要为杂色泥岩和粉砂岩。

2）沉积特征

从火石岭组至泉头组时期，盆地主要发育为小型断陷湖盆。火石岭组沉积时期为冲积、沼泽环境与火山喷发沉积组合。沙河子组沉积时期，以徐家围子、梨树、王府、长岭等地为中心，发育了多个深湖-半深湖相小型断陷群。垂向上，从滨浅湖逐渐转变为深湖-半深湖相、再转变为滨浅湖及其三角洲沉积体系。平面上，从湖泊中心分别向缓坡和陡坡带方向，沉积环境逐渐由深湖-半湖相过渡为滨浅湖、三角洲，或很快转变为冲积扇、扇三角洲或水下扇；至营城组沉积时期，沉积环境转变为半深湖、滨浅湖及周缘三角洲和扇三角洲，局部出现泥炭沼泽；登娄库组沉积时期，多个孤立的断陷逐渐合并，湖水变浅，主要发育滨浅湖、三角洲、扇三角洲及河流相沉积，缺乏深湖相；泉头组沉积时期，沉积环境从洪积、冲积、河流、滨湖相向浅湖相方向转化。

青山口组以来以大型坳陷湖盆为特点。青山口组沉积时期，盆地以深湖（青一段）和滨浅湖为主，深湖、半深湖、滨浅湖及三角洲、冲积平原相沉积覆盖全区；至姚家组沉积时期，湖水缩小，主要为一套滨浅湖、湖岸泥坪与冲泛平原相沉积；嫩江组沉积时期发生第二次大规模湖侵，形成以深湖-半深湖-周缘三角洲相为特点的沉积格局。此后四方台组沉积时期的浅湖相和明水组沉积时期的滨浅湖-河流相沉积递次发育，边缘可发育小型冲积扇，沉积中心有由东向西收缩特点。

3）构造特征

东北地区先后经历了地槽发展阶段（太古代-早中元古代）、准地台发展阶段（晚元古代-二叠纪）、滨太平洋大陆边缘活化阶段（三叠纪-新生代）三个构造演化阶段。特别是印支运动以后，海水退出，上升为陆，三叠纪晚期继承性发育小型山间盆地，晚侏罗世，断陷盆地开始活跃并形成松辽盆地。新生代开始，则主要在松辽盆地周缘地区形成中小型裂陷盆地，形成了含煤、硅藻土及油页岩地层。

松辽盆地的形成演化主要经历了断陷、坳陷、构造回返3个构造演化阶段。晚侏罗世时期，盆地裂陷作用开始，岩浆喷发、地壳冷却、断陷盆地开始形成。主要在火石岭组火山（碎屑）岩地层沉积基础上，先后发育了沙河子组和营城组断陷湖盆沉积，完成了盆地断陷发育阶段。进一步,这一阶段又可细分为火山岭组初始强烈断陷、沙河子组持续继承性断陷、营城组断陷-拗陷转化等 3 阶段。

从登娄库组沉积期开始,盆地进入拗陷发育期。在该时期内,地层沉积逐渐统一连片,沉积环境不断趋于稳定,断层活动越来越趋于平静,该阶段一直持续至嫩江组沉积期。具体又可分为同沉积断层活动消失、区域沉降-平稳沉积、深湖-半深湖相沉积结束等 3 个阶段。

构造回返期从四方台组沉积期开始,以压扭性断裂出现、系列褶皱形成、地层抬升剥蚀、沉降速率骤减、沉积出现补偿或过补偿等事件为代表。表现为地质构造运动和不整合次数增加、地层沉积厚度变薄、沉积粗屑增加、平面分布不稳定等特点。具体可分为地层褶皱抬升、震荡性升降运动、区域夷平等 3 个阶段。

中央坳陷及其围缘隆起共同组成了松辽盆地,但受太平洋板块影响,松辽盆地北东-南西构造走向特点明显。其中,中央坳陷上侏罗统以来的沉积岩厚度可达万米,是富有机质页岩发育的最重要构造单元。更进一步的,中央坳陷又可划分为多个凹陷(齐家-古龙、三肇、黑鱼泡等)、阶地(龙虎泡-红岗、朝阳沟、明水等)及大庆长垣等次级单元。

4) 页岩分布

松辽盆地富有机质页岩分为两种基本类型,一是分隔性较强的断陷期厚层状发育的沙河子组、营城组及登娄库组页岩,二是大面积连片分布的拗陷期青山口组和嫩江组页岩。除此之外,在泉头组、姚家组等地层中也有一定的暗色页岩发育和分布。

沙河子组:盆地断陷期形成的页岩分布较为局限,页岩主要发育在断陷深层部位,平面分割性较强,横向连续性较差,纵向厚度变化较大。页岩埋深从斜坡部位的 2 000 m 到深坳陷区的超过 4 000 m,厚度一般为 100~500 m。盆地中心部位最大厚度超过 900 m(图 3-3)。

营城组:页岩主要分布在断陷内,目前研究较多的梨树和十屋断陷厚度较大,页岩厚度一般为 50~600 m。

登娄库组:黑色页岩发育较少,暗色页岩厚度在 50~300 m,埋深一般大于 3 000 m。

青山口组:青一段页岩分布广而连续、单层厚度较大,主要发育在长垣北部和长岭、齐家-古龙、黑鱼泡及三肇等凹陷,厚度一般为 60~130 m,其厚度向盆地边缘方向

图3-3 松辽盆地沙河子组
暗色页岩厚度分布预测(赵文
智等, 2008)

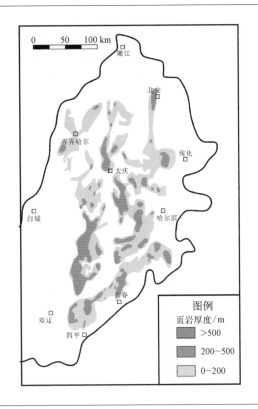

变薄。青二、三段页岩分布范围较小但厚度较大,中央坳陷区的厚度均大于150 m,最大超过550 m,埋藏深度在300~3 000 m。

嫩江组:页岩主要发育于嫩一、二段,几乎全盆分布,其厚度稳定,现今埋藏深度在300~2 600 m,厚度一般大于150 m。中央坳陷区可达300 m,埋藏深度为300~2 500 m。

2. 页岩气形成地质条件

1)页岩有机地球化学

沙河子组:页岩有机质类型以Ⅱ、Ⅲ型为主,局部出现Ⅰ型。页岩TOC普遍较高,变化于0.8%~4.0%,平均值为1.5%。其中,盆地北部凹陷区TOC多分布在0.5%~3.0%,最高可达20%。南部凹陷区TOC一般在0.5%~2.6%,最高可达5.2%。沙河子组地层埋深较大,有机质成熟度较高,R_o一般介于1.5%~2.8%,最高可达4.0%,平均值在2.0%以上。仅在斜坡和埋藏较浅部位以页岩油为主。

营城组：页岩有机质类型主要为 II-III 型，含少量 I 型。页岩有机质丰度偏低，盆地南部一般为 0.6%~2.9%，平均值为 0.9%；北部为 0.2%~1.9%，平均值为 1.0%。断陷内 R_o 一般为 1.0%~2.6%，大部分地区在 2.0% 以上，进入大量生气阶段，斜坡和埋藏较浅部位以形成页岩油为主。

登娄库组：页岩有机质类型以 III 型为主，局部为 II 型。TOC 为 0.4%~5.5%，平均值为 0.7%。R_o 为 0.4%~4.0%，目前处于成熟至过成熟生气阶段。

青山口组：青一段页岩发育最好，以 I 型为主，含 II 型及少量 III 型。TOC 最大可达 13%，平均值为 2.2%；凹陷内 TOC 更高，普遍大于 2.5%（图 3-4）。青二、三段 TOC 平均值为 0.7%，但在凹陷区平均可达 1.5%。R_o 主要介于 0.5%~1.3%，大于 1.3% 的页岩分布范围较小，主要集中在齐家-古龙凹陷，目前主要处于形成页岩油和页岩油气阶段（图 3-5）。

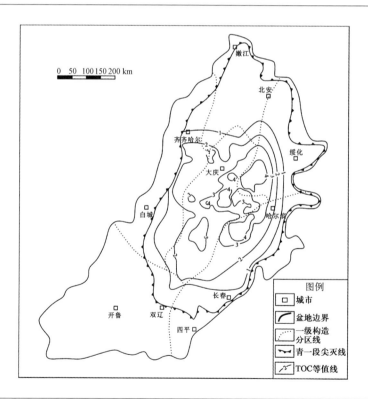

图 3-4 松辽盆地青一段页岩 TOC 等值线

图 3-5 松辽盆地青一段页岩 R_o 等值线

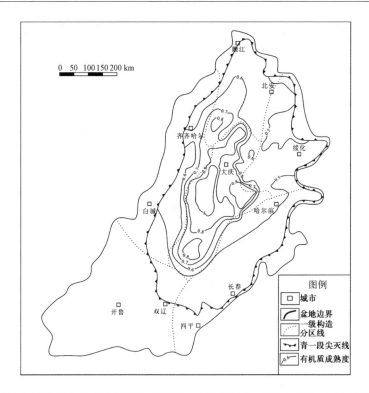

　　嫩江组：页岩有机质类型以Ⅰ型为主，少量Ⅱ型。TOC 大部分地区大于 1.0% ，可高达 4.0% ，一般为 1.6%～2.4% ；其中，嫩一段 TOC 平均值为 2.4% 。 R_o 为 0.4%～0.9% ，大于 0.7% 的成熟区范围较小，目前主要处于生油状态。

　　除此之外，火石岭组、登娄库组、泉头组也有一定的页岩气形成条件， R_o 相对较高且处于生气状态，但由于 TOC 较低，整体上影响了页岩气的资源条件。

　　2）储层特征

　　（1）岩石矿物

　　沙河子组：页岩以黏土矿物为主，含量为 30%～70% ，平均值大于 50% 。脆性矿物含量在 20%～60% ，平均值为 40% 。

　　营城组：页岩仍以黏土矿物为主，但分布相对集中，在 40%～65% 。脆性矿物含量多分布在 30%～50% 。

青山口组：松辽盆地南部的黏土矿物含量普遍大于50%且以伊/蒙混层和绿泥石为主。北部则以脆性矿物为主，石英和长石含量为37%~68%，其次为黏土矿物。

嫩江组：页岩以黏土矿物为主，含量为45%~55%，其次为石英、长石等脆性矿物。

（2）储集物性

沙河子组：页岩结构较为致密，可见少量微缝，孔隙度为3.6%~6.2%，渗透率为$(0.000\ 2 \sim 0.093\ 0) \times 10^{-3}\ \mu m^2$。

营城组：粒间孔、层理缝发育，页岩孔隙度为0.9%~5.8%，渗透率为$(0.000\ 1 \sim 1.540\ 0) \times 10^{-3}\ \mu m^2$。

青山口组：页岩裂缝十分发育，粒间溶蚀孔、晶间微孔也较发育。孔隙度为2.8%~9.4%，渗透率为$(0.000\ 1 \sim 0.874\ 7) \times 10^{-3}\ \mu m^2$。

嫩江组：页岩结构较为致密，层间缝、微裂隙、粒间孔、粒内孔、有机质孔等均较发育。孔隙度为3.6%~5.2%，渗透率为$(0.000\ 5 \sim 0.006\ 5) \times 10^{-3}\ \mu m^2$。

3）页岩含气性

沙河子组：在松辽盆地南部隆起区，目前已有多处钻井见良好的气测异常显示，最高气测值达84%。

营城组：位于梨树断陷的苏2井见气测全烃100%，其中甲烷含量为89.4%。现场解吸总气量为0.77~4.64 m³/t，平均值为2.5 m³/t（陈孔全等，2013）。

青山口组：在对英2、英72、英21、龙22等老探井复查中，青一段页岩段普遍具有较好的气测异常显示（冉清昌等，2013）。其中，英21井2 096~2 099 m井段全烃气体含量可达6.06%。

嫩江组：页岩气测异常显示普遍，甲烷含量高达80.3%。

3. 页岩气发育有利方向

松辽盆地页岩气资源前景广阔，但综合考虑页岩厚度、深度、TOC、R_o等主要参数，沙河子组、营城组、登娄库组、青山口组及嫩江组是松辽盆地最具有潜力的页岩层系。其中，沙河子组和营城组页岩厚度大、覆盖范围大、TOC相对较高（平均值均为1.5%），目前已在该两个层系中发现了多个常规气田和多套页岩地层气测异常，其页岩生气能力不容置疑，具备良好的页岩气资源条件。但从区域条件看，该两套地层的分布连片性稍差、埋藏深度普遍较大、有机质成熟度偏高，又为页岩气带来了不利影响。因此,埋藏深度适中、R_o 合适的地区将是页岩气发育的有利区(表 3 - 1)。

表3-1 松辽盆地
沙河子组页岩分布
(王志宏等, 2014)

断陷名称	页岩面积 /km²	页岩厚度 /m	TOC/%	R_o /%	平均生气强度 ×10⁻⁸ /(m³/km²)
徐家围子	2 230	200～500	1.14～3.76	1.80～4.00	63.83
双城西	1 233	100～500	1.07～2.00	1.40～2.20	46.75
梨 树	1 286	200～600	1.00～1.05	0.85～1.97	32.11
榆 树	1 124	100～200	1.76	0.87～0.95	28.82
古 龙	2 087	50～300	1.07	1.60～4.10	27.78
双城东	715	50～100	1.99～3.60	1.80～3.50	26.00
英 台	566	100～300	0.50～2.43	0.90～2.50	25.69
德 惠	1 739	100～300	1.3～3.3	1.09～1.70	25.42
长 岭	3 474	100～400	1.71	>2.00	23.73
王 府	749	200～400	1.49	1.79	23.63
林 甸	2 229	100～300	1.24	1.00～4.60	18.35

青山口组和嫩江组 TOC 为盆地内最高,平均值一般均在 2.0% 以上,厚度较大且分布稳定,但以偏生油型为主的有机质干酪根埋藏较浅,总体成熟度偏低,以发育页岩油为主。两套地层在深凹部位成熟度升高,在构造相对稳定、缺乏岩浆活动、无大规模性断裂破碎带发育的地方,譬如中央坳陷区的齐家-古龙凹陷和三肇凹陷,将具有形成页岩气的基础条件和资源潜力。

此外,火石岭组和登娄库组等地层也有较好的页岩发育和页岩气形成条件,在地质条件合适的地区,也可具有较好的页岩气资源潜力。

3.1.2 其他盆地中新生界

东北地区主要包括黑、吉、辽及蒙东,由西向东,可分为大兴安岭、松辽、黑吉东部以及位于三者南部的燕辽等地层分区。除松辽盆地外,其他盆地数量众多、规模差异较大,面积大于 200 km² 者多达 46 个。东北地区以侏罗、白垩及古近系为主要沉积地层,但受中新生代盆地沉降-沉积中心由西向东迁移和盆地差异性叠覆特点的控制,侏罗系、白垩系及古近系富有机质页岩发育时代明显具有由西向东迁移规律。环绕松辽盆地(松辽分区),东北地区尚有以侏罗和白垩系为主的松辽盆地以西(大兴安岭分区)和以南(燕辽分区)地区、以古近系为特点兼有侏罗和白垩系的松辽盆地以东(黑吉东部分区)地区。

尽管盆地面积较小,但东北地区盆地均以断陷或断坳为基本结构特点,以发育含煤建造为特色,先后在中下侏罗统、下白垩统及古近系地层中普遍发育了陆相煤层(如北票、下花园、白城、沙河子、腾格尔、沙海、大磨拐河、城子河、营城、阜新、赛汉塔拉、伊敏、老虎台、桦甸、梅河、珲春、双阳、永吉、古城子、虎林、依安、富锦等7期地层组)。在上侏罗和下白垩统地层(如七虎林、云山及珠山等地层组)中发育了3期海陆过渡相煤层。同时,油页岩也是该地区盆地矿产的重要特色,在腾格尔、大拉子、青山口、嫩江、桦甸、虎林及土门子等白垩系至新近系地层中,共发育了6套油页岩地层。

1. 松辽盆地西部中小型盆地群

松辽盆地西部中小型盆地群发育时代相对较早,地层以侏罗系和白垩系的火山岩、火山碎屑岩及煤系为主要特点,沉积厚度大。上侏罗统火山岩分布广、厚度大,上白垩统及新生界几乎不发育。中小型盆地主要包括有二连、海拉尔、根河、漠河、大杨树、拉布达林等盆地,由西向东,发育地层逐渐变新特点明显。

1) 二连盆地

位于内蒙古自治区东部(海西期褶皱基底)的二连盆地,是在燕山期拉张构造应力作用下所形成的区内最大盆地,面积约为 $10 \times 10^4 \ km^2$。目前已在阿南、阿北等10个凹陷获得工业油气流,发现12个油田。

盆地由多个早白垩世断陷所组成,北东向不规则长条状断陷单个面积较小但沉积水深变化较大(图3-6)。地层从侏罗系至第四系均有发育,暗色页岩最厚可达1 300 m,主要分布在下白垩统的大磨拐河组和伊敏组(图3-7)。

大磨拐河组地层厚度为900~2 600 m,暗色页岩厚度在300~1 500 m,目前最大埋深3 500 m,主要为半深湖、滨浅湖及三角洲相沉积。下部以湖相的大套深灰、黑灰色页岩为主体,夹有浅灰、褐色页岩和粉砂岩,是盆地内最重要的页岩。中部主要为扇

图3-6 二连盆地构造单元划分

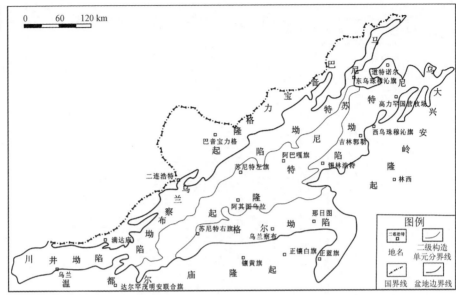

三角洲沉积,暗色页岩与灰色粉砂岩互层,夹煤层。上部主要为湖相沉积,由灰色、灰褐色粉砂岩和页岩组成;伊敏组下部主要为粉砂岩、砂砾岩夹页岩,中部为灰色页岩夹炭质页岩和煤层,上部为灰色砂岩夹页岩。该组地层厚度为200~500 m,最大可达800 m,埋深大约为1 000 m,页岩厚度为100~300 m(冯岩等,2013)。

大磨拐河组和伊敏组页岩有机质主要为II_2~Ⅲ型,TOC一般为1.0%~3.5%,部分地区可达4.5%,页岩有机质成熟度偏低,一般为0.4%~0.8%,坳陷深部可达1.5%。两套页岩有机质丰度较高,尽管成熟度普遍较低,但偏生气型有机质干酪根在面积较大、埋藏较深的凹陷内仍具有良好的页岩气资源潜力。

2)海拉尔盆地

海拉尔盆地位于内蒙古自治区东北部,总面积约为7×10^4 km²,其中中国境内面积约为4.4×10^4 km²。盆地经历了断陷、拗陷及萎缩消亡三阶段,形成了一系列北东向断陷群(图3-8)。暗色页岩在下白垩统发育较好,目前已在盆地中获得一批工业油流井并建成产能。

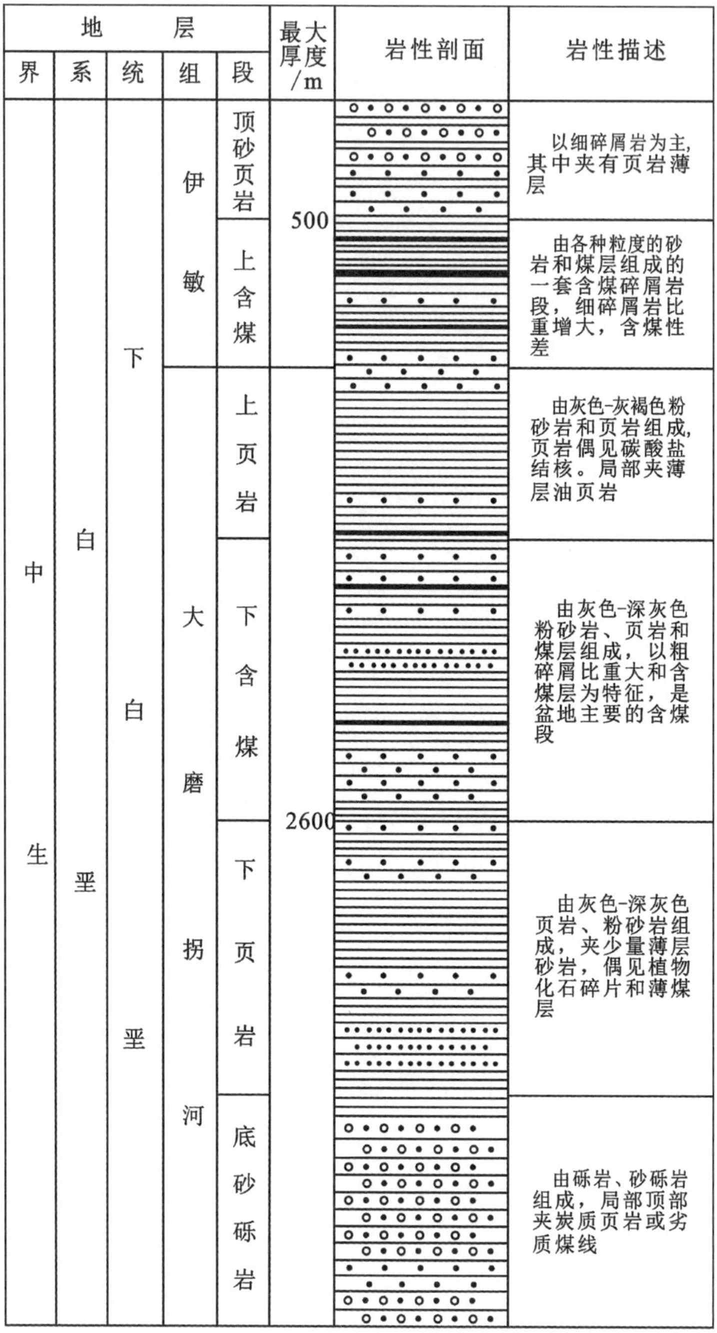

地层					最大厚度/m	岩性剖面	岩性描述
界	系	统	组	段			
中生界	白垩系	下白垩统	伊敏	顶砂页岩	500		以细碎屑岩为主,其中夹有页岩薄层
				上含煤			由各种粒度的砂岩和煤层组成的一套含煤碎屑岩一段,细碎屑岩比重增大,含煤性差
			大磨拐河	上页岩	2600		由灰色-灰褐色粉砂岩和页岩组成,页岩偶见碳酸盐结核。局部夹薄层油页岩
				下含煤			由灰色-深灰色粉砂岩、页岩和煤层组成,以粗碎屑比重大和含煤层为特征,是盆地主要的含煤段
				下页岩			由灰色-深灰色页岩、粉砂岩组成,夹少量薄层砂岩,偶见植物化石碎片和薄煤层
				底砂砾岩			由砾岩、砂砾岩组成,局部顶部夹炭质页岩或劣质煤线

图3-7 二连盆地下白垩统地层综合柱状图(王东东等,2013,有修改)

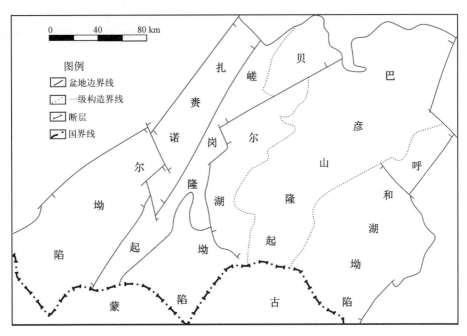

图3-8 海拉尔盆地（中国部分）构造单元分布

南屯组为一套滨浅湖-扇三角洲体系沉积，下段主要为灰黑色页岩、砂岩及油页岩，上段主要为灰黑色厚层状粉砂岩与黑色页岩，地层厚度为400～1 000 m，页岩厚度可达600 m；大磨拐河组主要为湖相沉积，下部主要为灰黑色页岩、粉砂质页岩，上部主要为厚层砂岩夹灰黑色页岩，地层厚度为500～1 500 m，页岩厚度为500～700 m；伊敏组以浅湖相和沼泽相沉积为主，下段主要为灰色页岩、粉砂质页岩与粉砂岩呈不等厚互层，含煤层，上段主要为灰、浅灰色、绿灰色页岩、粉砂质页岩，厚度一般为600～1 000 m，页岩厚度为300～400 m（图3-9）。

海拉尔盆地下白垩统页岩有机质类型主体为Ⅲ型，兼有部分Ⅱ型。南屯组页岩TOC为1.0%～3.0%，一般大于2.0%；R_o为0.5%～1.4%，具备页岩气形成的良好条件，可作为主要目的层。大磨拐河组页岩TOC一般为0.7%～2.4%，集中于1.5%～2.0%；R_o为0.4%～0.8%，具备一定的页岩气资源条件。伊敏组页岩TOC平均大于2.0%，但大部分均未成熟，页岩气形成条件较差。

此外，南屯组之下的铜钵庙组发育为一套杂色碎屑岩背景下的黑色至黑灰色页岩，

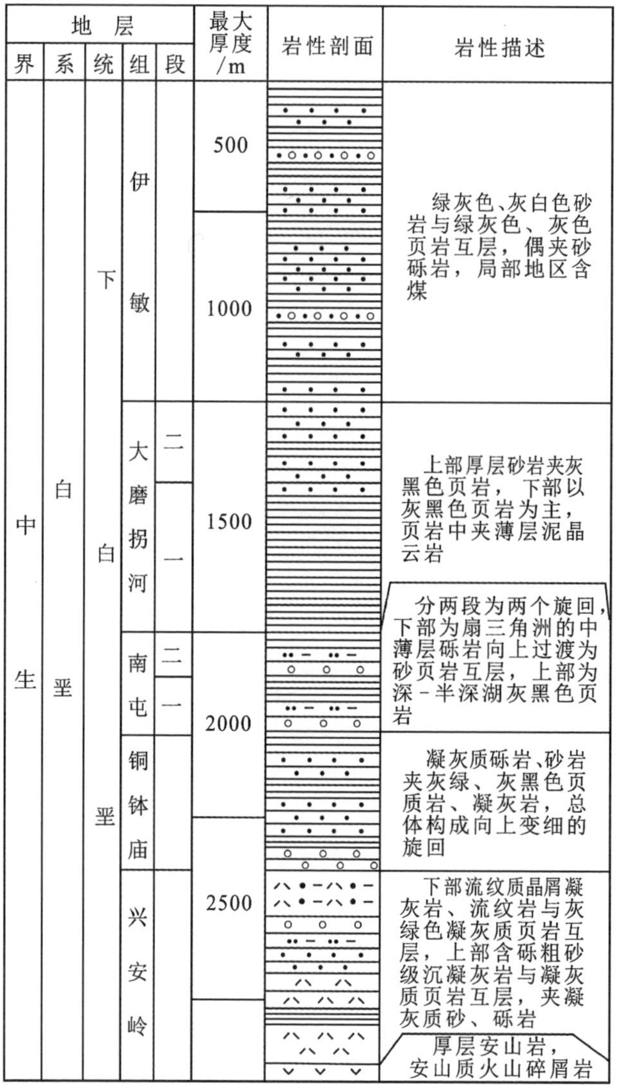

地 层					最大厚度/m	岩性剖面	岩性描述
界	系	统	组	段			
中 生 界	白 垩 系	下 白 垩 统	伊 敏 组		500		绿灰色、灰白色砂岩与绿灰色、灰色页岩互层，偶夹砂砾岩，局部地区含煤
					1000		
			大 磨 拐 河 组	二	1500		上部厚层砂岩夹灰黑色页岩，下部以灰黑色页岩为主，页岩中夹薄层泥晶云岩
				一			
			南 屯 组	二	2000		分两段为两个旋回，下部为扇三角洲的中薄层砾岩向上过渡为砂页岩互层，上部为深-半深湖灰黑色页岩
				一			
			铜 钵 庙 组				凝灰质砾岩、砂岩质岩夹灰绿、灰黑色页岩、凝灰岩，总体构成向上变细的旋回
			兴 安 岭 组		2500		下部流纹质晶屑凝灰岩、流纹岩与灰绿色凝灰质页岩互层，上部含砾粗砂级沉凝灰岩与凝灰质页岩互层，夹凝灰质砂、砾岩
							厚层安山岩，安山质火山碎屑岩

图3-9　海拉尔盆地地层综合柱状图（张帆等，2007，有修改）

Ⅲ型有机质的 TOC 也较高，特别是成熟度较南屯组更高，页岩气资源潜力也值得重视。

2. 松辽盆地南部中小型盆地群

松辽盆地南部中小型盆地主要包括阜新、金羊、彰武、黑山、建昌喀左、铁岭、赤峰等盆地,均主要为湖相断陷,在其中已发现了多个小型油气田。受区域构造和松辽盆地演化影响,各盆地地层发育时代具有从南到北、由西向东渐次变新的趋势(图3-10)。

图3-10 松南新区地层综合柱状图

界	系	统	组	最大厚度/m	岩性剖面	岩性描述
新生	古近	渐新		170		浅灰色砂砾岩
中生	白垩	上	明水	200		红色砂砾岩、泥质小砾岩、灰色长石砾岩
			四方	200		上部位棕红色砂质泥岩和泥质砂岩;下部紫红色、杂色砾岩、砂砾岩夹砖红色泥岩
			嫩江	75		上部为深灰色页岩;下部为介壳灰岩、鲕粒灰岩
			姚家	120		浅灰、杂色砾岩、砂砾岩为主,间夹砖红色泥岩
			泉头	400		紫红色、棕红色、杂色砾岩、砂砾岩、砂质泥岩
		下	阜新	830		深灰色、灰绿色页岩为主,夹薄层长石、岩屑砂岩、炭质页岩及煤层;下部为深灰色页岩与浅灰色细砂岩等厚互层
			沙海	770		以深灰色页岩为主夹浅灰色粉、细砂岩、砂砾岩,底部油页岩发育
			九佛堂	1 200		下部岩性为凝灰质页岩,凝灰质砂岩不等厚互层,上部主要为灰色砂岩、页岩互层,夹少量灰色砂砾岩
			义县	>1 000		灰黄色火山熔岩、集块岩、凝灰岩、凝灰角砾岩,上部夹有湖相沉积

下白垩统的义县组、九佛堂组、沙海组和阜新组四套地层分布极为广泛,但局限于各孤立的断陷盆地内。其中,义县组广泛分布于各中生代凹陷中,总厚度为700~4 000 m,以杂色火山岩类为主要特点。下部为玄武岩、安山岩、英安岩、流纹岩、角砾岩、凝灰岩等,厚度为300~500 m。上部为砂岩、页岩、夹煤层,厚度为1 000~1 500 m。其中,三角洲-湖相页岩厚度为300 m;九佛堂组一般厚度为200~2 700 m,为一套灰质

和凝灰质含量高的暗色湖相页岩和砂岩互层,夹油页岩、砾岩和煤层。下部为暗色凝灰质砂岩、砾岩夹暗色页岩和煤层,上部为暗色页岩与油页岩夹砂岩、砂砾岩,为湖泊、扇三角洲、河流相沉积;沙海组以浅湖、扇三角洲相为主,较细岩性组合,灰、浅灰色砂砾岩、砂岩、含砾砂岩与紫红色、深灰色页岩互层。下部为大段灰黄色砂砾岩、砂岩夹深灰色、黑色、紫红色页岩,泥质粉砂岩薄层。上部为深灰色厚层状灰质页岩夹紫红色泥岩、砂岩及薄层粉砂岩;阜新组沉积时期,各断陷湖盆萎缩,在滨浅湖、扇三角洲、沼泽环境中形成了较为发育的煤系地层。九佛堂组、沙海组及阜新组地层总厚度可达3 000 m 以上,其中的页岩厚度可逾 1 000 m。上白垩统地层主要分布在西拉木伦河以北地区,向北厚度逐渐增大,是松辽盆地的主要含油气层位。

在各断陷中,富有机质页岩的厚度变化于 100～600 m 不等。垂向方向上,九佛堂组页岩较厚,为 100～600 m;沙海组次之,为 200～400 m;阜新组页岩较薄,为 50～350 m。

三套页岩有机质以 II 型和 III 型为基本特点,TOC 变化较大,高可达 6.0%,R_o 为0.4%～1.3%,具备了较好的页岩气形成条件。其中,九佛堂组页岩有机质以 II_1 型和 I 型为主,TOC 为 0.5%～3.0%,R_o 一般为 0.7%～1.0%;沙海组页岩主要为 II_1 型和 II_2 型,TOC 多为 1.5%～3.5%,R_o 一般为 0.5%～0.7%;阜新组页岩绝大部分为 III 型,TOC 一般为 0.3%～2.5%,R_o 一般为 0.5%。总之,该区三套页岩成熟度均相对偏低,均处于页岩生气的临界附近状态,具有形成页岩气和页岩油的良好地质条件,在埋藏较深的凹陷,形成页岩气的条件更好。若义县组页岩发育较好,则页岩有机质成熟度条件可使页岩进入大量生气阶段。

3. 松辽盆地东部中小型盆地群

大致以穆棱至尚志一线为界,松辽盆地东部中小型盆地区可分为地层时代偏老的北部和偏新的南部两部分。黑龙江以东的北部区主要包括了嘉荫、三江、虎林、勃利、鸡西、依兰伊通、鹤岗、佳木斯等盆地,该区域内盆地不同程度地发育了三叠系以新的地层,具有中生界以海相及海陆过渡相沉积的特点,新生界盆地则主要从始新世开始发育(如三江、虎林、依兰-伊通地堑等),为典型断陷盆地。黑龙江和吉林以东的南部区主要包括了宁安、延吉、桦甸、梅河、敦化、珲春、蛟河等盆地,其中主要发育了白垩系以来的中新生界地层,含有煤、油页岩等。

　　松辽盆地东部中小型盆地群主要发育有海陆过渡相及冲积扇相、河流相、扇三角洲、湖沼相、滨浅湖等陆相体系，中新生界页岩层系集中发育在冲积扇、湖沼和海陆过渡相中，所形成的页岩有机质类型多样，I、II、III 型有机质均有发育，页岩 TOC 变化大，成熟度变化也较大，从未成熟至过成熟均有存在，侏罗和白垩系的页岩有机质成熟度较高，甚至可达到高-过成熟阶段；而古近和新近系的页岩有机质成熟度偏低，多处于未成熟-成熟阶段。

　　三江和勃利盆地的上侏罗统东荣组和下白垩统城子河组均为海陆过渡相含煤层系，页岩主要发育在城子河组，该组地层厚度为 400～1 400 m，主体为砂岩和页岩互层夹煤层，页岩单层最大厚度为 25 m，页岩有机质类型为 II～III 型，TOC 为 0.9%～2.0%，R_o 为 1.0%～2.4%，具有页岩气形成条件和资源潜力。下白垩统穆棱组以湖相沉积为主，以灰黑色页岩、粉砂岩和灰白色细砂岩为主，夹中粗砂岩及凝灰岩。页岩在勃利盆地最为典型，厚度为 200 m，有机质以 III 型为主，TOC 为 0.3%～4.4%，R_o 为 0.5%～1.7%，平均值为 0.9%，达到成熟-高成熟阶段。

　　虎林盆地页岩主要发育在中侏罗统的七虎林组和古近系的虎林组。七虎林组主要为灰黑色、黑色厚层页岩、粉砂岩，夹凝灰岩，厚度约为 400 m，发育半深湖-深湖页岩。虎林组为河流和湖泊相沉积，为砂岩和页岩互层，夹薄煤层及炭质页岩，厚度为 200～400 m，虎林组页岩有机质以 II 型为主，TOC 主体介于 0.5%～2%，R_o 一般为 0.4%～0.7%，处于未成熟-低成熟阶段。

　　依兰伊通盆地页岩主要发育在古近系始新统的双阳组、奢岭组和永吉组。双阳组以湖沼至滨浅湖相沉积为主，主要为灰色、灰绿色至深灰色含砂质页岩、炭质页岩、粉细砂岩，页岩厚度较大，可达 300 m 以上。奢岭组为滨浅湖-半深湖沉积，页岩主要分布于盆地北段，厚度为 150～350 m。永吉组主要为半深湖沉积，页岩厚度巨大，为 400～700 m。页岩有机质以 II_2 型为主，兼有 III 型。TOC 为 0.3%～6.5%，一般大于 1.0%。R_o 多介于 0.4%～1.0%，凹陷深部位成熟度可达 1.3% 以上。

　　总之，在松辽盆地东部中小型盆地群中，侏罗和白垩系海陆过渡相煤系页岩有机质丰度高，多处于成熟-高成熟阶段，具备形成页岩气的地质条件，页岩气资源潜力较大，如三江、勃利等盆地。古近系页岩虽然有机质丰度也较高，但成熟度偏低，页岩气形成地质条件较差，在深凹部位可具备一定的资源潜力，如依兰伊通、虎林等盆地。

3.1.3　东北地区古生界

　　东北地区古生界地层普遍发育,但由于该地区曾发生强烈的火山作用及变质作用,大部分地区古生界地层均已发生变质,形成了砂岩、中-酸性火山岩、板岩、大理岩、火山凝灰岩等。尽管如此,仍有部分未变质页岩得以残留,譬如主要分布在吉西至蒙东的下志留统页岩、广布于蒙东-辽中-吉西-黑中一带的石炭-二叠系页岩等。

　　上古生界的石炭-二叠系地层最厚可达 7 000 m,其中的页岩主要发育在上石炭统阿木山组、下二叠统寿山沟组和上二叠统林西组地层中。上石炭统阿木山组为一套浅海-半深海相碎屑岩、厚层灰岩、暗色页岩沉积序列,地层厚度大于 1 300 m,其中页岩厚度可达 130 m,TOC 为 0.1%~1.5%;下二叠统寿山沟组地层为滨浅海、海陆过渡相沉积,为一套碎屑岩组合,以深灰色和黑灰色粉砂岩、页岩或板岩为主,碳酸盐岩不发育,地层厚度大于 2 000 m,页岩厚约为 300 m,TOC 一般小于 0.5%。上二叠统林西组以湖相、潟湖相沉积为主,下部为海陆过渡相沉积,是一套轻微变质的灰黑色粉砂岩、页岩及板岩组合(图 3-11),厚度一般为 2 000~4 000 m,在林西官地和扎鲁特盆地厚度超过 3 000 m,其中的页岩厚度为 100~600 m,最厚可达 800 m,林西组页岩 TOC 为0.2%~2.1%,官地地区大于 1.0%。

图 3-11
内蒙古东部
林西组野外
露头

(a) 林西官地黑色页岩　　　　　　　(b) 阿鲁科尔沁旗林西组黑色板岩

　　石炭-二叠系页岩石英含量一般大于 40%,黏土矿物含量普遍小于 40%,含有少量的斜长石和黄铁矿等。页岩结构较为致密,孔隙度介于 0.7%~7%,渗透率为

$(0.006\,5 \sim 0.1) \times 10^{-3} \mu m^2$。页岩有机质类型主要为 II~III 型,有机质丰度偏低,但有机质成熟度整体较高,R_o 集中分布在 $2.0\% \sim 4.0\%$,局部地区 R_o 不足 2.0%,整体处于高成熟-过成熟阶段,具备一定的页岩气资源潜力。

3.2 华北地区

3.2.1 鄂尔多斯盆地上古生界-中生界

鄂尔多斯盆地是中国第二大沉积盆地,面积约为 $25 \times 10^4 \ km^2$,跨陕、甘、宁、蒙、晋五省区,呈矩形轮廓,是中国最早开展陆相页岩气勘探的地区。陕西延长石油集团、中国石化、中国石油等石油公司,内蒙古地调院及中国地质调查局等单位在盆地腹地及周缘展开了页岩气勘探工作。

1. 页岩发育地质基础

1) 地层特征

除志留系和泥盆系之外,鄂尔多斯盆地从中上元古界(长城系、蓟县系、震旦系)至新生界地层均有发育。页岩可见于奥陶、石炭、二叠、三叠及侏罗等层系地层中。其中,石炭-二叠系的太原、山西组和三叠系的延长组等地层页岩发育最好(图 3-12)。

本溪组下部为黄褐色铁质结核透镜体及灰白色铝土质黏土岩,上部为深灰色粉砂质页岩和页岩,夹煤线,局部夹灰岩,厚度约为 40 m,与下伏地层呈不整合接触。

太原组底部为灰白色石英砂岩,向上过渡为粉细砂岩,中上部为黑色页岩、细粉砂岩夹石灰岩及煤层,厚度为 50~1 100 m。

山西组为灰白色砂岩与灰绿色页岩不等厚互层,厚度为 100~1 150 m。

下石盒子组下部为灰绿、黄绿色块状含砾粗砂岩,上部为黄绿色砂岩与页岩互层,盆地南部常夹暗色页岩及煤线,厚度为 100~1 200 m。

延长组可分为 5 段 10 层,底部的长 10 为一套肉红色、灰绿色长石砂岩夹粉砂质

地层						最大厚度/m	岩性剖面	岩性描述
界	系	统	组	段	亚段			
中生	侏罗	中	直罗			360		河流相砂页岩互层
		下	延安			400		底部为砾岩,上部为页岩中夹煤线,顶部为红色岩
			富县			150		厚层块状砂砾岩夹紫红色页岩或两者呈相变关系
	三叠	上	延长	一	长1	90		瓦窑堡煤系灰绿色页岩夹粉砂岩,炭质页岩夹煤层
					长2	50		灰绿色块状中、细砂岩夹灰绿色页岩 浅灰色中细砂岩夹灰色页岩 灰、浅灰色中、细砂岩夹暗红色页岩
				二	长3	135		浅灰色、灰褐色细砂岩夹暗色页岩
					长(4+5)	50		暗色页岩、炭质页岩夹煤线薄层粉-细砂岩 浅灰色粉、细砂岩,暗色页岩互层
				三	长6	45		绿灰、灰绿色细砂岩夹暗色页岩 浅灰绿色粉-细砂岩夹暗色页岩
					长7	100		灰黑色页岩、泥质粉砂岩,粉砂-细砂岩互层夹薄层凝灰岩 暗色页岩、油页岩夹薄层粉-细砂岩
				四	长8	85		暗色页岩、砂页岩夹灰色粉细砂岩
					长9	120		暗色页岩夹灰色粉-细砂岩
				五	长10	280		肉红色、灰绿色长石砂岩夹粉砂质页岩
		中	纸坊			530		上部灰绿、棕紫色页岩夹砂岩,下部为灰绿色砂岩、砂砾岩
			和尚沟			170		浅灰色、灰褐色细砂岩夹暗色页岩
			刘家沟			420		浅灰色、灰褐色细砂岩夹暗色页岩
			石千峰			300		浅灰色、灰褐色细砂岩夹暗色页岩
古生	二叠	下	下石盒子			110		浅灰绿色、灰白、灰黄色块状含砾粗-中砂岩、细砂岩夹棕褐及灰绿色页岩、粉砂质页岩组成
			山西			100		底部多为砂砾岩和砂岩,向上多为中、薄层砂砾岩、砂岩与暗色页岩、炭质页岩及煤层互层
	石炭	上	太原			60		砾岩、含砾石英砂岩与暗色页岩互层,夹炭质页岩及煤层
		中	本溪			40		页岩、砂岩,局部夹煤线
下古生界及前寒武	奥陶		赵老裕-冶里			1 000		碳酸盐岩,上部部分夹钙质页岩
	寒武		凤山-辛集			1 000		碳酸盐岩及页岩层系
	青白口					180		紫红色页岩、泥灰岩,底部为石英砂岩、砾岩
	蓟县					2 210		灰色、含燧石团块白云岩
	长城					430（未穿）		白色石英砂岩,下部夹紫红色页岩

图3-12 鄂尔多斯盆地地层综合柱状图

页岩,长9和长7均以富有机质暗色页岩为主夹粉砂岩(图3-13),长8主要为一套粉-细砂岩,长6～长1为砂岩、灰绿色砂质页岩。

图3-13
鄂尔多斯盆地延长组页岩露头

(a) 张家湾路边长9段　　　　　　　　　　　　　　　(b) 长7段

2）沉积特征

鄂尔多斯盆地早古生代主要为陆表海环境,晚古生代为海陆过渡相环境。中生代以后,海水完全退出,进入陆内坳陷阶段,主要发育河流相和湖相沉积。

本溪、太原、山西组是在海陆过渡环境向陆相环境转换背景下沉积的一套含煤碎屑岩建造,主要发育有潮坪、潟湖、沼泽和三角洲沉积体系。进入晚石炭世,盆地发生海侵,本溪期和太原期发育了以混合坪和砂坪为主的潮坪沉积。早二叠世的山西期海水由北向南退出,广泛发育三角洲沉积,盆地东部主要发育湖沼相沉积。受海西运动影响,华北地块整体抬升,海水从盆地东西两侧迅速退出,沉积环境转变为陆相(图3-14)。

从晚三叠世开始,盆地进入内陆拗陷发育阶段。延长组沉积期为湖盆全盛期,发育了河流、三角洲和以湖泊相为主的碎屑岩沉积,形成了东北以河流三角洲为主、西南以扇三角洲为代表的两大沉积体系。长9期为湖盆发展期,湖盆范围扩大,浅湖-深湖相沉积发育。长7期,盆地进一步下沉,水体加深,湖盆发育达到鼎盛。

3）构造特征

鄂尔多斯盆地是华北克拉通的一部分,也是其中最稳定的一个块体。在太古代-早元古代形成的结晶基底上,鄂尔多斯盆地的形成经历了中晚元古代坳拉谷、早古生

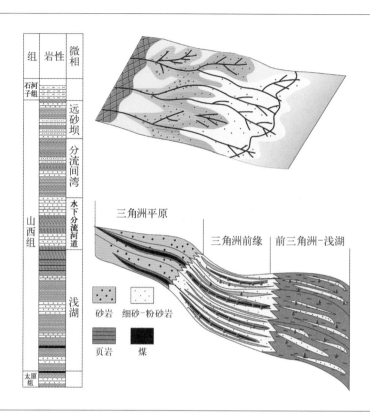

图 3 - 14　鄂尔多斯
盆地山西组页岩发育
模式

代陆表海与古隆起、晚古生代克拉通内拗陷、中晚中生代拗陷成盆、新生代周缘活化断陷等 5 个阶段,页岩层系主要发育于克拉通内拗陷阶段和拗陷成盆阶段。

　　鄂尔多斯盆地可划分为伊盟隆起、渭北隆起、西缘冲断带、晋西挠褶带、天环坳陷、伊陕斜坡等六个一级构造单元(图 3 - 15)。其中伊陕斜坡为一个东缓西陡、倾角很缓的大斜坡。

　　4) 页岩分布

　　本溪、太原、山西组页岩累计厚度最大为 200 m,一般为 60～150 m,在东西和南北方向上分别表现为两端厚中间薄和两端薄中间厚的变化趋势,形成马鞍状形态特点。纬向上,盆地西部地区的厚度为 200 m,盆地中部的厚度快速减小至不足 90 m,向盆地东部厚度又开始增加,为 100～140 m,最厚可达 140 m 以上。经向上,盆地北部厚度不足 30 m,盆地中部的厚度迅速增加至接近 90 m 并稳定延伸,至盆地南部又重新减小到

图 3 - 15 鄂尔多斯盆地
构造单元划分

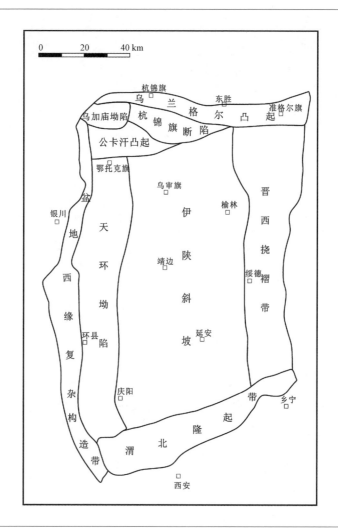

30 m 以下(图 3 - 16)。

　　三叠系延长组页岩一般厚度为 50 ~ 150 m,平均厚度为 100 m,最大厚度位于盆地
西南部,向北东方向消失。延长组页岩最大厚度为 170 m,厚度中心呈北西-南东走向,
分别向北东和南西方向减薄,至渭北隆起大部分缺失。不同层位的页岩厚度变化较
大,但长 7 页岩发育最好,一般厚度为 10 ~ 40 m,最厚可达 80 m 以上,主要集中在富
县、吴旗一线。

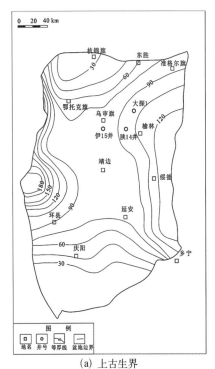

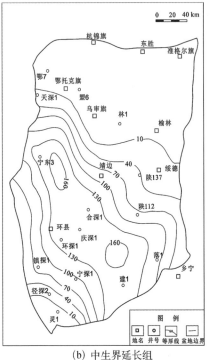

| (a) 上古生界 | (b) 中生界延长组 |

图3-16 鄂尔多斯页岩分布平面图

2. 页岩气形成地质条件

1）页岩有机地球化学

（1）石炭-二叠系

本溪、太原和山西组页岩干酪根中的镜质组和惰质组含量较为丰富,部分高碳页岩以镜质体为主,出现大量丝质体碎屑,而壳质组较少见。干酪根元素分析结果显示,O/C 为 0.02~0.101,H/C 为 0.2~0.7,表现为Ⅲ型有机质的特征。

石炭-二叠系煤系页岩有机质丰度普遍较高,TOC 一般在 2% 左右。东西盆缘及盆地中南部页岩有机质丰度最高,其次为中北部和西南缘,东北部相对较低。盆地南部页岩 TOC 为 1.8%~4.5%,平均值为 3.5%;西南缘页岩 TOC 为 0.4%~3.0%,平均值为 1.6%;西缘页岩 TOC 为 1.2%~4.0%,平均值为 2.0%;北部页岩 TOC 为 0.1%~7.0%,平均值为 1.8%;东北部页岩 TOC 为 0.2%~1.9%,平均值为 1.0%。

盆地大部分地区的石炭—二叠系页岩均已进入高成熟阶段,其中盆地南部庆阳-富县-延长一带最高,处于过成熟生干气阶段,R_o值大于2.8%。以此为中心,向南北两边和盆地边缘呈环带状降低,至西部横山堡地区和东北部东胜-准格尔旗一带,成熟度最低,R_o为0.6%~1.0%。局部地区受地史期岩浆活动影响,R_o值最高可达4.0%以上。盆地东南部R_o主要分布在2.2%~2.5%,处于高-过成熟阶段。

(2)延长组

延长组页岩干酪根主要包括镜质组和惰质组两种组分,少数样品壳质组和无定形含量较高,有机质以Ⅱ型为主,含Ⅲ型(图3-17)。长9段页岩干酪根以Ⅱ型为主,含Ⅲ型。页岩有机质丰度较低,TOC一般为0.6%~0.8%。R_o主要在0.7%~1.5%,主体处于生气阶段。由于TOC较低,限制了页岩气的资源条件;长7段无定形颗粒和壳质组含量较高,Ⅰ~Ⅲ型均存在,但以Ⅱ$_1$型为主。页岩TOC可高达5.8%。R_o主要在0.7%~1.2%,主体处于形成页岩气阶段,是盆地内陆相页岩气资源条件最好的层系。

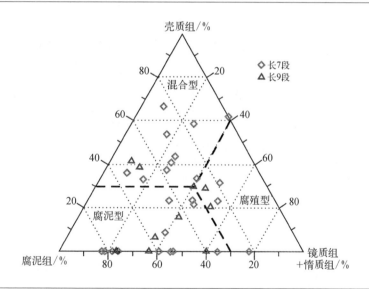

图3-17 鄂尔多斯盆地延长组长7和长9段干酪根显微组分三角图

此外,长4+5段以Ⅱ型干酪根为主,部分含Ⅲ型;页岩TOC为0.8%~2.0%;R_o主要分布于0.5%~1.1%,普遍达成熟阶段,也是潜在的页岩气资源层系。

2）储层特征

（1）岩石矿物

鄂尔多斯盆地海陆过渡相和陆相页岩均表现为黏土矿物含量高、脆性矿物含量相对较低的特点。其中,本溪组页岩石英平均含量为 21%、黏土矿物含量为 66%,黏土矿物中伊利石含量最多,其次为高岭石和绿泥石。此外,还含有一定量的菱铁矿、黄铁矿和钾长石。山西组页岩石英平均含量为 33%、黏土矿物含量为 64%。

延长组页岩储层的矿物成分主要为石英和黏土矿物,含少量长石、碳酸盐和黄铁矿。其中,石英含量为 24%~56%,平均值为 31%;黏土矿物含量为 20%~58%,平均值为 44%。黏土矿物主要为伊利石和伊/蒙混层矿物,以及少量的绿泥石,伊利石含量在 3%~20%,平均值为 11%;伊/蒙混层含量为 6%~31%,平均值为 22%;绿泥石平均含量为 9.5%。

（2）储集物性

石炭-二叠系页岩储集空间类型多样,其中孔隙主要有粒内孔、粒间孔、黏土矿物晶间孔、溶蚀孔和有机孔;岩心中存在多种类型的裂缝,以滑脱裂缝和水平层理缝最为普遍,薄片中构造裂缝最多(赵可英和郭少斌,2015;唐玄等,2016)。太原组页岩孔隙度平均值为 4.7%,山西组页岩平均孔隙度为 4%。页岩渗透率主要集中于(0.001~0.1)×10^{-3}μm^2。

延长组页岩主要储集空间类型为晶间孔、粒间孔、有机孔、粒内孔、片理缝、微裂缝等(图 3-18、图 3-19)。其中,晶间孔占 37%,粒间孔占 30%,其他孔隙类型比例较小,共占 33%。延长组页岩储层孔隙度一般为 1%~6%,主要分布在 3%~4%。其中,长 9 段和长 7 段页岩孔隙度分布在 3.0%~8.0%,总体呈南低北高的分布趋势。

3）页岩含气性

（1）石炭-二叠系

鄂尔多斯盆地海陆过渡相页岩含气量总体较高,延页 1 井、柳评 177 井、延 108 井均气测异常活跃。对山西组和本溪组 26 个样品开展的等温吸附实验测定,以延 313 井样品为例,当实验压力达到 10 MPa 的压力,页岩气体吸附量最低 0.2 m^3/t,最高接近 2.5 m^3/t,气体吸附能力差异较大。

图 3-18
鄂尔多斯盆
地上三叠统
延长组微观
孔隙结构

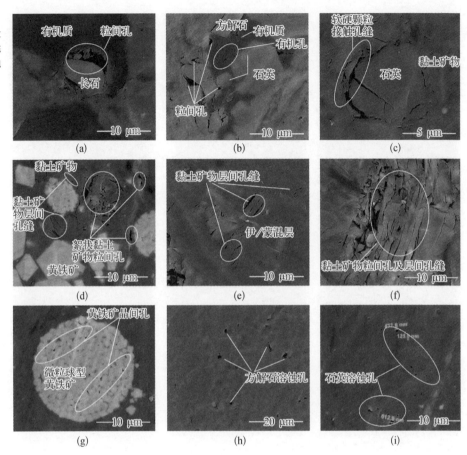

(a)(i)柳评 179,长 9 段;(b)万 169,长 9 段;(c)(d)(e)(h)延页 4,长 7 段;(f)延页 6,长 9 段;(g)柳评 177,长 9 段

以盆地东南部延 313 井 4 个样品的解析过程为例。解吸体积随时间平方根变化,通过恢复损失气量,总含气量为 0.59 ~ 4.05 m³/t,平均值为 1.30 m³/t。其中山西组样品炭质页岩含气量最大,太原组不同样品含气量差异大,显示页岩储层内部非均质性较强。

（2）延长组

延长组页岩在钻井过程中气测异常活跃,庄 167 井在长 7 段下部页岩段（1 840 ~ 1 870 m）出现了明显的气测异常。延长油矿柳评 123、柳评 176、柳评 177、柳评 179、柳

图 3 - 19
延长组岩心
裂缝照片

(a) 延页 7 井,1 143.71 m,长 7 段,黑色页岩,垂直剪性构造缝,方解石充填;

(b) 延页 4 井,1 371.62 m,长 7 段,黑色油页岩,一组平行剪切构造缝;

(c) 柴 109 井,868.60 m,长 7 段,粉砂质泥岩,张性缝;

(d) 延页 1 井,1 532.93 m,长 9 段,黑色页岩,滑脱缝,有擦痕;

(e) 延页 1 井,1 338.43 m,长 7 段,黑色页岩,滑脱缝,有镜面特征;

(f) 延页 1 井,1 358.7 m,长 7 段,黑色页岩,层理缝;

(g) 延页 1 井,1 401.55 m,长 7 段,黑色页岩夹砂岩,层间缝,炭质充填;

(h) 桦 36 井,1 376.40 m,长 7 段,黑色页岩,异常压力缝,沥青充填;

(i) 桦 36 井,1 376.40 m,长 7 段,黑色页岩,异常压力缝,缝面见沥青

评 180、新 57、新 59 等井在长 7、长 9 段均见到了较好的气测显示。

盆地东南部地区延长组长 9 段页岩东南-西北两侧吸附气含量较低,约为 2.0 m³/t;中间吸附气含量高,为 2.5 ~ 3.0 m³/t。下寺湾西部地区发育吸附气含量高值区,新 33 井、芦 45 井以西,吸附气含量可达 4.0 ~ 4.5 m³/t。而长 7 段吸附气量平面展布呈西南高东北低的趋势,下寺湾区普遍较云岩区高,下寺湾西南部含气量可达到

$4.4 \text{ m}^3/\text{t}$, 云岩区拓家川地区含气量偏低, 约为 $1.6 \text{ m}^3/\text{t}$。

对万 169 井, 柳评 194, 延页 5 井等多口井现场解析实验表明, 解吸气量一般为 $0.8 \sim 1.8 \text{ m}^3/\text{t}$。经过损失气和残余气恢复, 总含气量一般为 $1.9 \sim 4.8 \text{ m}^3/\text{t}$(表 3-2)。压裂试气结果显示了很高的含气量, 例如泾河 4 井长 7 段油页岩累获天然气 $1\,040 \text{ m}^3$, 中富 53 井长 7 页岩压裂出口气可燃, 火焰为橘黄色, 高 10 cm。此外, 作为中国首个国家级陆相页岩气示范区, 截至 2015 年, 已建成页岩气年产能为 $2\,000 \times 10^4 \text{ m}^3$。多方面研究均表明, 延长组页岩含气量较高, 具备形成丰富页岩气资源潜力的基础。

表 3-2 现场解析实验含气量统计

井号	层位	深度/m	总含气量/(m^3/t)		损失气量/(m^3/t)		自然解吸气量/(m^3/t)	残留气量/(m^3/t)
			直线法	多项式法	直线法	多项式法		
万 169	长 7	973.00	1.880	2.892	0.780	1.792	0.791	0.309
	长 7	974.40	3.706	5.884	0.773	2.95	1.178	1.756
	长 7	976.70	4.760	5.398	2.498	3.136	1.764	0.498
柳评 194	长 7	1 515.63	2.500	7.920	0.920	6.340	1.410	0.170
	长 7	1 516.30	2.270	7.250	0.690	5.670	1.420	0.160
	长 7	1 527.89	3.050	8.100	1.150	6.200	1.770	0.130
延页 5	长 7	1 455.60	2.125	4.838	0.910	3.623	0.972	0.243
	长 9	1 603.40	1.909	2.042	0.512	0.645	1.153	0.244
	长 9	1 604.18	2.107	2.927	0.523	1.343	1.365	0.219
	长 9	1 604.60	2.685	2.536	1.093	0.944	1.461	0.131

另外, 不同井不同深度的游吸比都是有差别的, 例如东探 005 井, 深度在 684.07 m 处, 以游离气为主, 占 81.4%, 吸附气含量占 18.6%, 游吸比较大; 而深度在 678.12 m 处, 以吸附气含量为主, 占 70.1%, 游离气含量占 29.9%, 游吸比较小。柳评 177 井, 深度较大, 孔渗性较好, 以游离气含量为主, 因此游吸比较大; 万 169 井, 随深度加深, 孔隙度总体较好, 渗透率较差, 总体以吸附气含量为主, 游吸比较小。东探 005 井浅层以游离气为主, 深层以吸附气为主; 东探 018 井吸附气含量较高, 以吸附气为主。

3. 页岩气发育有利方向

1）发育地质特点

与海陆过渡相高成熟页岩不一样,鄂尔多斯盆地陆相长 7 段与长 9 段页岩成熟度较低,处于成熟生油气阶段,应首先把页岩有机质成熟度高值区作为优先突破方向。通过岩心观察和测井等信息表明本区长 7 段和长 9 段页岩普遍含油,具有典型的页岩油与页岩气共生的现象。长 7 段和长 9 段页岩中天然气的同位素分析表明页岩气成因类型为原油伴生气。此外,长 8 段和长 6 段还发育有致密油,在长 5 段~长 2 段还分布有常规油气资源。因此,延长组各类油气类型的发育模式与干酪根的演化阶段及各阶段的产物密切相关,形成典型的页岩油气陆相湖盆聚集模式:有机质类型从沉积沉降中心向盆地斜坡和边缘由 I 型向 III 型规律性变化;成熟度由浅及深逐渐增加,从未熟-低熟-成熟-高熟演化序列;油气产物在湖盆纵向和横向上有规律变化,纵向上从深到浅显示为页岩气-页岩油气-页岩油-常规油气的纵向规律性分布,横向上从坳陷沉积中心向盆地斜坡及边缘显示为从页岩油渐变为页岩气的特点。

2）分布有利区

上古生界页岩气主要发育在太原组和山西组地层中,根据各方面参数综合分析,太原组页岩气有利区主要分布在盆地西北部、中南部(如安塞-延安等)和东北部(如神木等)地区,山西组页岩气有利区主要分布在盆地东部。本溪组也有一定的页岩气资源潜力,盆地西部的天环凹陷西北、中部的云岩-安塞-神木一带、北部的乌审旗以北等区域,页岩气资源条件相对较好。鄂尔多斯盆地已经在上古生界发现了苏里格、靖边等大型致密砂岩气田,天然气主要来源于上古生界的煤系页岩地层,预示着上古生界页岩气资源丰富[图 3-20(a)]。

中生界页岩气主要发育在延长组的长 7 段和长 9 段地层中,平面上以盆地中南部为优。长 7 段页岩气在盆地内的分布范围较大,有利区大致位于盆地的西南部,即伊陕斜坡、天环坳陷南部(陕西华池-富县-洛川一带),有利中心区位于陕西的下寺湾和富县之间。长 9 段页岩气分布于伊陕斜坡南部的庆阳-延安-富县之间,有利区位于伊陕斜坡南部的吴旗-延安-富县一线,其中下寺湾西部为良好的资源条件区[图 3-20(b)]。此外,盆地中奥陶统的平凉组页岩有机质丰度较高、成熟度高,页岩气资源潜力和勘探前景同样值得期待。

图3-20
鄂尔多斯盆
地页岩气分
布有利区

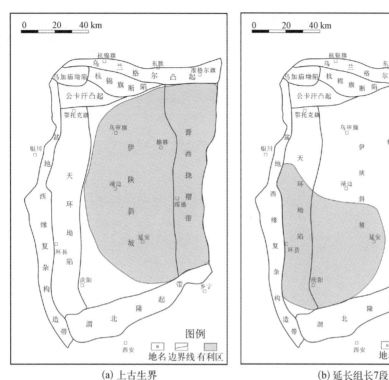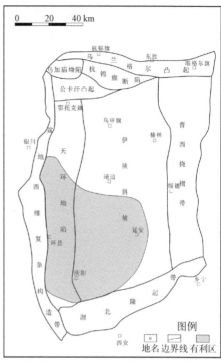

(a) 上古生界　　　　　　　　　　(b) 延长组长7段

3.2.2　　　渤海湾盆地上古生界-新生界

　　渤海湾盆地位于华北地区中北部,涵盖了辽、冀、京、津、鲁、豫等省市,面积约为 20×10^4 km²,油气资源非常丰富。自20世纪50年代在下辽河和济阳坳陷开展油气勘探、60年代发现油气田以来,该区域已成为中国最重要的油气生产基地之一。目前,在辽河坳陷、济阳坳陷已开展了大量页岩油气资源调查和评价工作。

　　1. 页岩发育地质基础

　　以太古和下元古界变质岩系结晶为基底,中、新生代渤海湾盆地叠置在中晚元古代-古生代基础之上。

1）地层特征

渤海湾盆地沉积岩厚度超过 10 000 m，涉及的层位包括前古生界（Ar - Pt）、古生界（Є - O、C - P）、中生界（J - K）和新生界（E - Q）（图 3 - 21）。

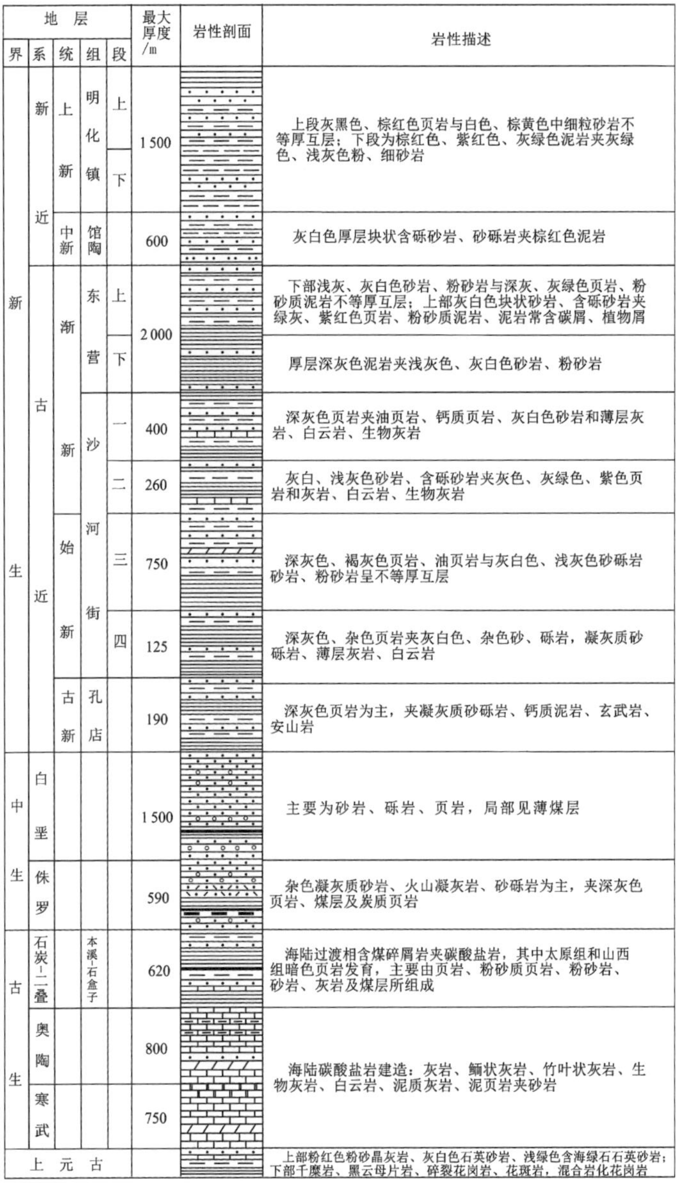

地层					最大厚度/m	岩性剖面	岩性描述
界	系	统	组	段			
新生界	新近	上新	明化镇	上	1 500		上段灰黑色、棕红色页岩与白色、棕黄色中细粒砂岩不等厚互层；下段为棕红色、紫红色、灰绿色泥岩夹灰绿色、浅灰色粉、细砂岩
				下			
		中新	馆陶		600		灰白色厚层块状含砾砂岩、砂砾岩夹棕红色泥岩
	古近	渐新	东营	上	2 000		下部浅灰、灰白色砂岩、粉砂岩与深灰、灰绿色页岩、粉砂质泥岩不等厚互层；上部灰白色块状砂岩、含砾砂岩夹绿灰、紫红色页岩、粉砂质泥岩、泥岩常含碳屑、植物屑
				下			厚层深灰色泥岩夹浅灰色、灰白色砂岩、粉砂岩
		始新	沙河街	一	400		深灰色页岩夹油页岩、钙质页岩、灰白色砂岩和薄层灰岩、白云岩、生物灰岩
				二	260		灰白、浅灰色砂岩、含砾砂岩夹灰色、灰绿色、紫色页岩和灰岩、白云岩、生物灰岩
				三	750		深灰色、褐灰色页岩、油页岩与灰白色、浅灰色砂砾岩砂岩、粉砂岩呈不等厚互层
				四	125		深灰色、杂色页岩夹灰白色、杂色砂、砾岩，凝灰质砂砾岩、薄层灰岩、白云岩
		古新	孔店		190		深灰色页岩为主，夹凝灰质砂砾岩、钙质泥岩、玄武岩、安山岩
中生界	白垩				1 500		主要为砂岩、砾岩、页岩，局部见薄煤层
	侏罗				590		杂色凝灰质砂岩、火山凝灰岩、砂砾岩为主，夹深灰色页岩、煤层及炭质页岩
古生界	石炭-二叠		本溪、石盒子		620		海陆过渡相含煤碎屑岩夹碳酸盐岩，其中太原组和山西组暗色页岩发育，主要由页岩、粉砂质页岩、粉砂岩、砂岩、灰岩及煤层所组成
	奥陶				800		海陆碳酸盐岩建造：灰岩、鲕状灰岩、竹叶状灰岩、生物灰岩、白云岩、泥质灰岩、泥页岩夹砂岩
	寒武				750		
上元古							上部粉红色粉砂晶灰岩、灰白色石英砂岩、浅绿色含海绿石石英砂岩；下部千糜岩、黑云母片岩、碎裂花岗岩、花斑岩、混合岩化花岗岩

图 3 - 21 渤海湾盆地地层综合柱状图

元古界以海相碳酸盐岩为主,夹暗色页岩,在冀北–辽西一带厚度逾6 000 m。

下古生界主要包括寒武系和中下奥陶统,岩性主要为海相碳酸盐岩和碎屑岩。上古生界的石炭系和二叠系主要为海陆过渡相含煤碎屑岩夹碳酸盐岩,其中太原组和山西组暗色页岩发育,主要由页岩、粉砂质页岩、粉砂岩、砂岩、灰岩及煤层所组成。

在中生界地层中,中下三叠统主要为一套紫红色页岩和砂岩。侏罗系主要为火山岩、火山凝灰岩、凝灰质砂岩。白垩系主要为砂岩、砾岩、页岩,局部见薄煤层。

新生界地层发育厚度较大,古新统主要为大套玄武岩、棕红色砂岩、粉砂岩、页岩互层夹炭质页岩,始新和渐新统可划分为沙河街组和东营组。沙河街组可划分为四段:最下部的沙四段主要为绿色页岩夹玄武岩、褐灰色页岩夹泥灰岩、灰白色砂岩、灰黑色页岩与钙质页岩、云质灰岩等;沙三段为灰褐、深灰色页岩夹砂岩及薄层油页岩、泥灰岩(图3–22);沙二、沙一段为灰绿色、绿灰色页岩及浅灰色、灰白色砂岩、含砾砂

图3–22　渤海湾盆地辽河坳陷沙河街组沙三段页岩岩心照片

(a) 杜22井,1 374.31 m,黑褐色页岩,页理发育;
(b) 冷94井,2 643.1 m,灰褐色泥页岩;
(c) 曙103井,3 103.1 m,黑色块状页岩;
(d) 曙古165井,3 007.4 m,灰色油页岩

岩及砂砾岩夹紫色、深灰色页岩。东营组主要为页岩、粉砂岩及砂岩等。新近系和第四系主要为泥岩、砂岩及砾岩组合。

2）沉积特征

自中晚元古代至早古生代的奥陶纪,盆地所在区域整体表现为海相沉积。晚古生代以海陆过渡相沉积为主,太原期主要为偏海相沉积,发育台地和障壁海岸沉积体系,泥炭坪、沼泽以及潟湖沉积发育;山西期主要发育浅水三角洲沉积体系,形成泥炭沼泽、泛滥盆地与间湾沉积环境。中生代盆地进入陆相沉积阶段,主要发育了火山喷发相和河流、浅湖相沉积。

新生代主要发育断陷湖相、三角洲及河流相沉积。古近纪经历了三个沉积旋回,即沙四-三段、沙二-一段和东营组沉积旋回,其中与富有机质页岩发育密切相关的旋回是盆地扩张阶段的沙四段和深陷阶段的沙三段;沙四段地形起伏大,湖盆小且分割性强,形成以湖泊为代表的陆相沉积;沙三段湖水面积扩大,水系发育,在箕状结构内形成了湖泊、三角洲、河流等多类型的沉积体系,在陡坡区发育了近岸水下扇和扇三角洲,缓坡区发育了三角洲和滩坝沉积;沙二、沙一段沉积转变为浅湖、三角洲沉积体系,东营组河流相沉积发育。

3）构造特征

渤海湾盆地主要经历了中晚元古代-古生代地台、晚侏罗世-古近纪断陷和新近纪拗陷三个构造演化阶段,目前被华北台坳、燕山台褶带、胶辽台隆、鲁西隆起和太行山台隆所包围。

古生代末期以前,以近东西向延伸为特点的纬向构造体系控制了本区构造格局。中生代的印支和燕山运动形成了大规模的火山活动,太平洋板块的俯冲和挤压导致了近东西向应力场向北东向的偏转,末期开始形成断陷雏形。古近纪块断活动强烈,在盆地内形成了以郯庐断裂带为界的东部走滑、中部拉分和西部走滑三个构造区,形成了辽河、渤中、济阳、黄骅、冀中及临清等一系列沉积坳陷(图3-23)。

4）页岩分布

在渤海湾盆地中,海陆过渡相富有机质页岩主要发育在石炭-二叠系的太原组和山西组地层中,陆相富有机质页岩主要发育在古近系的沙河街组地层中。

渤海湾盆地太原组和山西组广泛分布,在各坳陷中均有发育,推测页岩分布面积

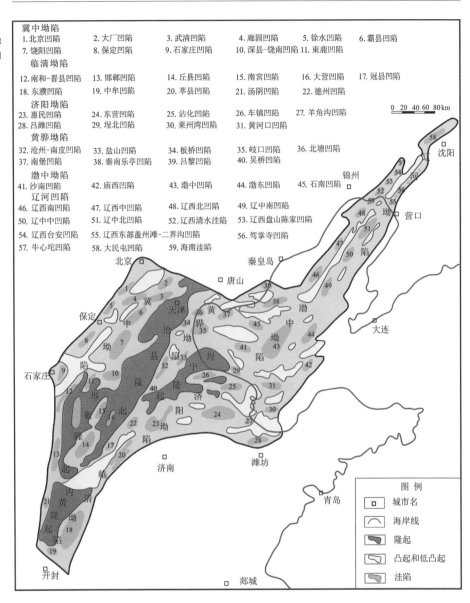

图3-23
渤海湾盆地
构造单元划
分

冀中坳陷
1.北京凹陷　　2.大厂凹陷　　3.武清凹陷　　4.廊固凹陷　　5.徐水凹陷　　6.霸县凹陷
7.饶阳凹陷　　8.保定凹陷　　9.石家庄凹陷　　10.深县-饶南凹陷　11.束鹿凹陷
临清坳陷
12.南和-晋县凹陷　13.邯郸凹陷　　14.丘县凹陷　　15.南宫凹陷　　16.大营凹陷　　17.冠县凹陷
18.东濮凹陷　　19.中牟凹陷　　20.莘县凹陷　　21.汤阴凹陷　　22.德州凹陷
济阳坳陷
23.惠民凹陷　　24.东营凹陷　　25.沾化凹陷　　26.车镇凹陷　　27.羊角沟凹陷
28.吕滩凹陷　　29.埕北凹陷　　30.莱州湾凹陷　　31.黄河口凹陷
黄骅坳陷
32.沧州-南皮凹陷　33.盐山凹陷　　34.板桥凹陷　　35.岐口凹陷　　36.北塘凹陷
37.南堡凹陷　　38.秦南乐亭凹陷　39.吕黎凹陷　　40.吴桥凹陷
渤中坳陷
41.沙南凹陷　　42.庙西凹陷　　43.渤中凹陷　　44.渤东凹陷　　45.石南凹陷
辽河凹陷
46.辽西南凹陷　47.辽西中凹陷　48.辽西北凹陷　49.辽中南凹陷
50.辽中中凹陷　51.辽中北凹陷　52.辽西清水洼陷　53.辽西盘山陈家凹陷
54.辽西台安凹陷　55.辽西东部盖州滩-二界沟凹陷　56.驾掌寺凹陷
57.牛心坨凹陷　58.大民屯凹陷　59.海南洼陷

图例
□ 城市名
⌒ 海岸线
▨ 隆起
◇ 凸起和低凸起
▨ 洼陷

大于 5×10^4 km^2。页岩残留厚度较大,一般为40~100 m。太原组暗色页岩厚度具有
从北向南逐渐变小的趋势,在辽河、华北、大港及胜利油气区,沉积厚度一般为60~
100 m,向南到中原油气区减薄为40~80 m;山西组暗色页岩厚度相对较小,厚度一般

分布在50～80 m。从页岩厚度分布及变化看,华北油气区最厚,其次是胜利、辽河、大港及中原油气区。特别需要指出的是,在沧县、呈宁、邢衡和内黄等隆起区也有太原组和山西组暗色页岩分布,在本溪-渤中-沾化-济南、天津-沧州-临清-濮阳、邢台-衡水沿线清晰可见(图3-24)。

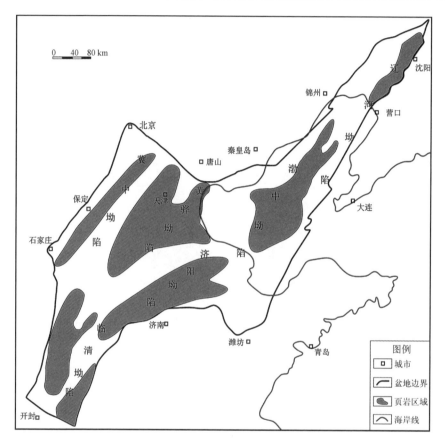

图3-24 渤海湾盆地二叠系山西组页岩分布

新生界主要为沙三段和沙四段湖相暗色页岩,平面分布受断陷控制明显,沙三段页岩在各个坳陷内均有分布,沙四段页岩主要分布在辽河、济阳和冀中坳陷(图3-25、表3-3)。

辽河坳陷:沙三段在坳陷内大面积分布,在清水、驾掌寺、牛居长滩、荣胜堡洼陷等沉积中心厚度最大,最大值分别为800 m、750 m、700 m 和600 m。沙四段页岩主要

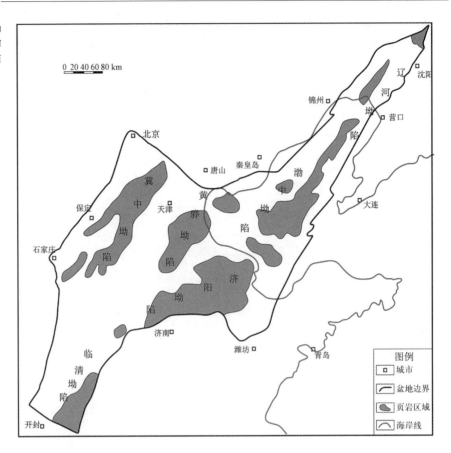

图3-25 渤海湾盆地沙河街组沙四段页岩分布

表3-3 渤海湾盆地沙河街组主要页岩发育情况

坳 陷	层 位	凹 陷	厚度/m
辽 河	沙四段	大民屯	100~700
		西 部	350~700
	沙三段	大民屯	50~600
		西 部	50~800
		东 部	150~750
济 阳	沙四上亚段	东 营	250~300
		车 镇	100
		沾 化	250~300
		惠 民	200~400

（续表）

坳 陷	层 位	凹 陷	厚度/m
济阳	沙三下亚段	东营	250
		车镇	400～450
		沾化	400～450
		惠民	250
黄骅	沙三段		10～600
冀中	沙四段		50～700
	沙三段		50～800
临清	沙三下亚段	东濮	50～250
	沙三中亚段		200～350
	沙三上亚段		50～300

分布在大民屯和西部凹陷,西部凹陷牛心坨、陈家、盘山等洼陷以及齐家地区的暗色页岩较厚,一般大于100 m,向南部有效厚度较小;大民屯凹陷主要分布在大民屯至东胜堡一线,最大厚度达300 m。

济阳坳陷:沙三下亚段全区发育,沙四上亚段主要发育于东营和沾化凹陷,全区暗色页岩厚度一般均大于300 m。

黄骅坳陷:沙三段页岩主要分布在北部的岐口、板桥、北塘、南堡等凹陷,平均厚度为10～600 m,呈北厚南薄的趋势。

冀中坳陷:沙三段页岩分布范围广,厚度平均为50～800 m,东厚西薄,饶阳、霸县、廊固等凹陷厚度最大;沙四段页岩厚度平均为50～700 m,西厚东薄,在保定、廊固、晋县等凹陷厚度最大。

临清坳陷:沙三段页岩在东濮凹陷的前梨园、濮卫、柳屯-海通集等洼陷最发育,厚度为300～900 m。

2. 页岩气形成地质条件

1）页岩有机地球化学

（1）石炭-二叠系

研究区石炭-二叠系页岩有机质类型以 II_2-III 型为主,页岩有机质成熟度多处于成熟和高成熟阶段,R_o 多分布于1.3%～3.0%,部分样品 R_o 大于3.0%,已达到过成熟阶段。

129

太原组暗色页岩TOC介于0.1%~5.3%，主要分布于1.5%~2.5%。其中，冀中、黄骅、济阳、辽河、渤中坳陷TOC平均值依次为2.4%、2.0%、1.8%、1.8%及1.1%。在平面上呈西高东低特点，最大值位于冀中坳陷。

山西组暗色页岩TOC略低，一般在0.1%~4.2%，主要分布在1.0%~2.0%（表3-4）。其中，从济阳、辽河、黄骅、渤中坳陷到冀中坳陷，TOC平均值依次降低，分别为1.5%、1.4%、1.3%、1.1%和0.7%。

表3-4 渤海湾盆地页岩有机地化参数统计

地区	页岩层位	有机质类型	TOC/%	R_o/%
辽河坳陷	沙一段	II	0.5~3.0	0.5~0.7
	沙三段		0.5~3.0	0.5~2.0
	沙四段		2~6.3	0.5~1.0
	山西组	II_2-III	0.5~2.6/1.4	0.7~2.0
	太原组	II_2-III	0.6~3.8/1.8	0.7~2.0
济阳坳陷	沙一段	I-II_2	2~7	0.3~0.7
	沙三中亚段		1.5~3	0.5~1.3
	沙三下亚段		2~5	0.5~1.3
	沙四上		1.5~6	0.5~1.6
	山西组	II_2-III	0.1~4.2/1.5	1.3~3.0
	太原组	II_2-III	0.1~4.3/1.8	0.7~2.0
冀中坳陷	沙一段	I-II_2	0.3~2.0	0.5~1.5
	沙三段		0.5~3.0	0.8~2.5
	沙四段		0.3~1.5	0.8~2.5
	山西组	II_2-III	0.1~3.1/0.7	0.7~2.0
	太原组	II_2-III	0.1~5.3/2.4	0.7~2.0
黄骅坳陷	沙一段	I-II_2	0.5~5.0	0.7~2.0
	沙二段		0.5~2.5	0.7~2.0
	沙三段		0.5~2.5	0.5~2.5
	山西组	II_2-III	0.1~3.5/1.3	0.7~2.0
	太原组	II_2-III	0.1~4.5/2.0	0.7~2.0
临清坳陷	沙三段	II	0.1~3.0/0.7	0.4~2.3
	山西组	II_2-III	1.0~4.2	0.7~4.0
	太原组	II_2-III	1.0~3.0	0.7~4.1

（2）沙河街组

沙河街组页岩有机质主要为Ⅰ、Ⅱ型，局部发育Ⅲ型。在济阳和辽河坳陷沙河街组主要为Ⅰ-Ⅱ₂型，在冀中、黄骅和渤中坳陷沙河街组以Ⅱ型为主（表3-4）。从下到上、从沉积中心到边缘，有机质类型具有从Ⅰ型转变为Ⅲ型的趋势。

沙河街组沙三、沙四段页岩TOC变化较快、差异较大。沙四段页岩TOC略高于沙三段，其TOC一般分布于1.5%~6.5%，最高可达12%，可因地质条件不同而变化，譬如辽河坳陷TOC主要变化于2%~6.3%，冀中坳陷TOC分布于0.3%~1.5%；沙三段页岩TOC分布于0.5%~3%且变化较快。在济阳坳陷，沙三下亚段页岩TOC主体为2%~5%，最高达16.7%，沙三中亚段页岩TOC主体为1.5%~3%，最高达7.5%。而在冀中、黄骅及辽河，沙三段页岩TOC一般介于0.5%~3.0%，平均值总体较低。

沙河街组页岩的有机质成熟度变化范围较宽，从未成熟到过成熟阶段均有分布，R_o主要分布在0.5%~2.0%。在济阳坳陷，沙三段页岩R_o为0.5%~1.3%，沙四段页岩为0.5%~1.6%。冀中坳陷R_o为0.7%~1.3%，黄骅坳陷R_o为0.5%~2.5%，辽河坳陷R_o为0.5%~2.0%。

2）储层特征

（1）岩石矿物

太原和山西组页岩中，由石英、长石等所组成的脆性矿物含量相对较低，一般为20%~60%，平均值约为45%，其中石英含量为40%，碳酸盐含量较少。黏土矿物含量相对较高，一般为40%~80%，平均值为55%。

沙四-沙三段湖相页岩矿物成分变化较大（表3-5）。在辽河坳陷，黏土矿物含量最高，介于39%~75%，平均值达50%以上，其次为石英和长石，含量一般超过30%，碳酸盐矿物含量偏低。济阳和临清坳陷页岩矿物含量与辽河坳陷差异很大，主要为碳酸盐矿物，方解石和白云石平均含量分别超过40%和5%，其次为黏土矿物和石英，平均含量均超过20%。这些差异可能和湖水咸度有关，一般淡水湖相页岩矿物成分主要为石英、长石、黏土矿物、黄铁矿等，而半咸水-咸水湖相页岩碳酸盐矿物含量比较高。

表3-5 渤海湾盆地古近系页岩矿物含量统计

坳 陷	页岩层位	石英/%	长石/%	方解石/%	白云石/%	黄铁矿/%	黏土矿物/%
辽 河	沙一段	9～13/11	7～8/7.5	3～5/4		4～7/5.4	67～74/69
	沙三段	16～36/24	7～26/16	0～4/1.6	0～4/1.6	0～2/0.6	39～61/51
	沙四段	10～40/19	1～20/9	0～15/3.1	0～28/2.8	0～11/2.3	44～75/58
济 阳	沙一段	15～48/26	0～14/5	1～70/40	0～10/2.5	1～13/4	8～44/22
	沙三段	0～66/23	0～35/3	1～89/46	0～78/5	0～16/3.5	1～54/22
	沙四段	0～66/25	0～42/3.5	0～92/37	0～87/9	0～14/3	2～72/21
临 清	沙三段	3～25/16	2～52/16	1～46/24	1～45/13	0～5/3	5～52/26

（2）储集物性

上古生界暗色页岩的孔隙类型多样，镜下可见粒间孔、溶蚀孔及铸模孔等，其中粒间微孔大量存在于黏土矿物、石英、云母等矿物颗粒之间。微裂缝分布不规则，可见定向组合特点，为矿物结构缝、构造缝和成岩缝。

沙三-沙四段页岩储集空间以微孔为主，微裂缝为辅（图3-26）。微孔包括粒间孔、粒内孔、晶间孔、溶蚀孔和有机孔。有机孔多呈分散的凹坑状，孔径变化范围较大，多为5～150 nm，属于中孔及宏孔。微裂缝可分为小型简单微裂缝、平行微裂缝和脆性矿物裂开缝。页岩孔隙直径分布范围为1～4 μm，平均孔径为5.6～17 nm，主体为中孔，页岩孔隙度为1%～8%，渗透率为$(0.001～0.3)×10^{-3}$ μm²。

3）页岩含气性

（1）古生界

对盆地内及周缘太原-山西组页岩等温吸附测试结果表明，盆地外缘剥蚀区页岩吸附气能力变化较大，但太原组普遍优于山西组。盆地内，辽河东部凸起山西组页岩最大吸附气量为4.22 m³/t（表3-6）。对辽河东部凸起上古生界钻孔进行现场解析，解吸含气量为1.14～1.27 m³/t（表3-7），具有良好的页岩气资源潜力。

（2）沙河街组

页岩气气测显示均表现为高全烃、高甲烷异常、锯齿-箱状结构特点，气测显示全烃含量多在10%以上。辽河坳陷曙古165井沙三段页岩气测全烃值为20%～100%，

图3-26 渤海湾盆地古近系页岩储集空间类型

(a) 粒间孔

(b) 粒内孔

(c) 晶间孔

(d) 溶蚀孔

(e) 有机孔

(f) 微裂缝

样品号	层　位	岩　性	V_L/(m³/t)	p_L/MPa
冷94-2	沙三段	页岩	1.75	2.41
双202	沙二段	页岩	1.85	2.14
牛23	沙三段	页岩	2.18	1.5
冷97	沙三段	页岩	4.11	1.73
雷36-2	沙四段	页岩	1.66	2.33

表3-6 渤海湾盆地辽河坳陷页岩等温吸附实验结果统计

（续表）

样品号	层 位	岩 性	$V_L/(m^3/t)$	p_L/MPa
杜223	沙四段	页岩	2.56	2.03
曙111	沙四段	页岩	3.65	2.18
沈166	沙四段	页岩	5.58	2.73
沈309	沙四段	页岩	7.47	3.08
佟3-3	山西组	页岩	1.38	0.31
佟3-1	山西组	页岩	2.39	1.62
佟2905-5	山西组	页岩	2.44	1.87
辽M1-4	山西组	页岩	4.22	1.29
佟2905-8	太原组	页岩	2.00	1.10
佟2905-10	太原组	页岩	2.07	0.99

表3-7 渤海湾盆地辽河坳陷页岩现场解析含气量测试结果

井 号	井深/m	含气量/(m^3/t)	层 位
曙古165	2 735	1.40	沙三段
雷84	2 761	8.60	沙四段
雷84	2 766	1.10	沙四段
雷84	2 780	11.80	沙四段
佟2905	1 152	1.20	山西组
佟2905	1 185	1.20	山西组
佟2905	1 253	1.30	太原组

后效点火火焰高度在5～6 m,等温吸附测试表明了页岩具有较高的吸附含气能力,兰氏体积可变化于1.75～7.47 m^3/t,现场解析含气量值为1.4～8.6 m^3/t。雷84井沙三段2 780 m深度样品的含气量高可达11.8 m^3/t,其中绝大部分为甲烷(83.5%～92.5%)。在双兴1井,当深度超过4 500 m时,含气量可达5.44 m^3/t(表3-8)。

表3-8 双兴1井岩心现场含气量现场解析测试

深度/m	岩 性	总含气量/(m^3/t)
4 066.5	页岩	4.00
4 074.5	页岩	3.80

（续表）

深度/m	岩 性	总含气量/(m³/t)
4 077.0	页岩	2.90
4 190.8	页岩	3.27
4 191.5	页岩夹砂质条带	3.50
4 191.8	页岩	4.00
4 211.8	含砾中砂岩	2.83
4 216.2	砂质页岩	3.58
4 858.8	黑色页岩	5.29
4 864.8	黑色页岩	5.44

3. 页岩气发育有利方向

1）沙河街组页岩气资源特点和模式

盆地沙河街组页岩含气明显、显示活跃,气测、等温吸附测试、现场解析等方面均可说明页岩气的存在。在早期油气勘探过程中,页岩层段见到多处油气显示,均归为"页岩裂缝"油气,其中的部分页岩裂缝油气可能是存在页岩油气的更直接证据。2011 年以来,通过钻、录、测、试方式不同程度见到页岩油气显示,页岩油气的勘探取得突破性进展,辽河坳陷西部凹陷曙古 165 井、济阳坳陷沾化凹陷渤页平1 井分别获得页岩油气流。

尽管渤海湾盆地各坳陷有一定的差异性,但箕状结构为其共有特征,它不仅控制了页岩的空间展布,而且还影响着有机质的类型和丰度,与构造特点匹配,进一步还控制着不同类型有机质的成熟度及其生油气程度,影响着断陷内页岩气的发育和分布。目前一般认为,渤海湾盆地有机质类型主要为偏生油型,有机质成熟度较低,不利于页岩气的规模性发育,虽然页岩油是该盆地的重要特色,但页岩气的资源潜力仍然不可忽视,并且随着勘探程度的深入和认识程度的提高,页岩气将不断成为未来的资源重点。渤海湾盆地中有机质类型从底部到上部地层,从断陷沉积沉降中心向盆地斜坡和边缘均出现从腐泥型有机质向腐殖型有机质的规律性变化,成熟度纵向上由浅及深逐渐增大,呈现未熟-低熟-成熟-高熟演化序列,加上不同有机质类型生烃演化模式和产物的差异致使页岩油气在断陷湖盆纵向和横向上的规律性发育,在有机质类型和成熟度联合控制下,纵向上从盆地底部到上部地层出现了页岩气、页岩油气和页岩油的规律性分布;横向上从断陷沉积中心向盆地斜坡及边缘往往具有从页岩油渐变为页岩气的特点,平面上具有盆地中心区为油、中间页岩油气共生、边缘为页岩气的平面发育特征(图3-27)。

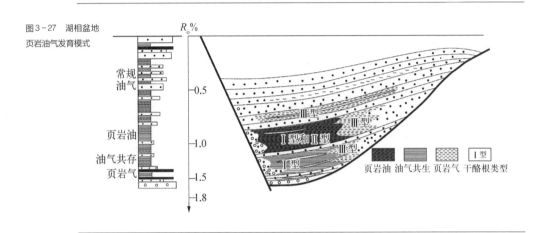

图3-27 湖相盆地页岩油气发育模式

辽河坳陷是渤海湾盆地的典型代表。在辽河坳陷,各凹陷均在剖面和平面上发育了从深湖-半深湖相向浅湖相、三角洲相、河流相逐渐变化的陆相沉积相序,控制沉积有机质类型从偏生油型向偏生气型方向过渡。在西部凹陷,深湖和半深湖相页岩发育Ⅰ-Ⅱ₁干酪根,页岩埋深较大,超过5 000 m,R_o值大于1.3%,有机质生烃产物以凝析油和原油裂解气为主,是页岩油气共生的潜在发育区。在洼陷中心,沙三段底部和沙四段埋深超过5 600 m,R_o值超过1.6%,有利于页岩气的形成。向浅部层位,R_o值不足0.7%,有机质位于生油窗内并以生油为主,为页岩油聚集的区域。在平面上,从沉积中心向边缘方向,有机质类型逐渐由偏生油的Ⅰ-Ⅱ₁型过渡为偏生气的Ⅱ₂-Ⅲ型干酪根,由于腐殖型有机质热演化过程中生气早,整个演化阶段皆以生气为主,因此在边缘部位尽管R_o较低,但经常发育有页岩气。同时,斜坡区在沉积旋回的控制下其沉积环境类型过渡渐变,在剖面上表现为频繁的交互变化,剖面上的有机质类型也表现为互层特征,因此,在斜坡区钻井过程中常常具有钻遇页岩油气频繁互层的现象(图3-28)。

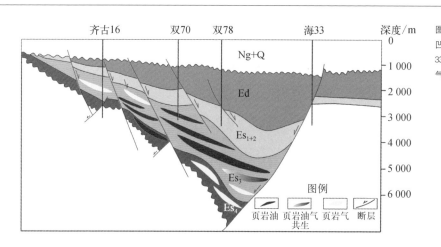

图3-28 西部
凹陷齐50井-海
33井剖面页岩油
气分布

2）页岩气分布有利区

由于断陷内特有的有机质类型与现今的成熟度对应关系,沙四和沙三段页岩气一般均发育在凹陷中深度较大、成熟度较高的区域中,在渤海湾盆地的北部和西部页岩气条件比较有利。譬如辽河坳陷的西部凹陷南部、东部凹陷中北部的黄于热、桃园、牛居-长滩及南部的中央深陷带等地区,以及冀中坳陷的饶阳凹陷和霸县凹陷等。

渤海湾盆地页岩气潜在勘探目标层系比较多,除了沙河街组四段和沙三段主要目的层外,其他页岩层段也具备页岩气的资源潜力。

沙一、二段和东营组页岩在坳陷内具有最广泛的分布,厚度稳定,有机质丰度较高,埋藏较浅,有机质成熟度较低,在条件较好的部分凹陷中,有望成为生物成因-低熟成因页岩气的重要方向。

在凹陷深部,孔店组(房身泡组)页岩成熟度高、保存条件较好,页岩含气量相对较高,是盆地内页岩气勘探的又一重要领域。在辽河坳陷,双兴1井页岩在超过4 500 m时的含气量在5 m³/t以上,为页岩气评价深度范围扩大提供了依据。

上古生界的太原组和山西组,甚至本溪组和石盒子组页岩气资源条件也较为良好。根据上古生界地层沉积分布与新生代地层沉积分布之间的非直接继承关系,渤海湾盆地的相对构造高部位是太原组和山西组地层页岩气分布的有利场所,在盆地的隆起区、凸起-低凸起区、浅部凹陷之下较为有利,譬如济阳坳陷的车镇凹陷西部、惠民凹陷南部、东营凹陷南部等地区,冀中坳陷的霸县凹陷东部和深县凹陷,辽河坳陷的东部凸起等。

此外,盆地内还发现了中上元古界洪水庄组页岩,在冀北和辽西等地区有稳定分布,为一套海相陆棚沉积的灰黑色页岩,厚度为 60 ~ 120 m,有机质类型以 I 型为主,TOC 为 1.0% ~ 3.0%,R_o 为 1.0% ~ 2.8%,目前仍处于生气阶段。钻井见气测异常,现场解吸含气量为 1.2 m³/t,具备页岩气发育的地质条件,有望成为页岩气下一步勘探的有利方向。

3.2.3　　南华北盆地上古生界-中生界

南华北盆地位于华北地台南部,地处中原和两淮地区,包括豫皖大部、苏西北部及鲁西南。盆地主体位于河南省中东部,总面积约为 15 × 10⁴ km²。研究表明,石炭-二叠系是盆地页岩气资源分布的重点。截至 2016 年,在盆地内已钻探牟页 1 井、尉参 1 井、郑西页 1 井等 30 页岩气勘探井。

1. 页岩发育地质基础

1) 地层特征

南华北盆地基底为太古界和古元古界变质结晶岩系,沉积地层主要为长城系、蓟县系、震旦系至第四系,缺失志留系和泥盆系。页岩地层主要发育在石炭系的本溪、太原组,二叠系的山西、下石盒子及上石盒子组,三叠系的椿树腰组等地层中(图 3-29)。

(1) 本溪组

本溪组主要由页岩、铁铝岩,夹煤层组成。主要分布于三门峡-郑州-鄢陵-阜阳-寿县一线以北地区,在豫北地区出露较好,厚度受基底风化壳地形控制,厚度一般为 10 ~ 30 m,呈西南薄、东北厚的趋势,角度不整合于奥陶系之上。

(2) 太原组

太原组主要由页岩、灰岩、砂岩及煤层组成,底部为灰白、浅灰色厚层中粒含砾石

地　　层				最大厚度/m	岩性剖面	岩性描述
界	系	统	组			
中生	三叠		谭庄	1 000		黄绿色页岩和灰黄色长石砂岩互层，夹炭质页岩、泥灰岩和煤
			椿树腰	1 350		黄绿色长石砂岩、粉砂岩和暗紫色黏土岩互层，夹泥灰岩和煤层
			油房庄	900		黄绿色长石砂岩与黏土岩不等厚互层
			二马营	1 100		灰紫色黏土岩和石英砂岩互层，夹灰绿色泥灰岩
			和尚沟	450		紫红色黏土岩和粉砂岩为主，夹细粒砂岩和页岩
			刘家沟	260		紫红色细砂岩夹薄层黏土岩
古生	二叠		孙家沟	450		紫红色泥质灰岩、灰白色中-粗砂岩
			上石盒子	650		黄绿色砂岩、页岩夹煤
			下石盒子	350		灰黄色页岩、粉砂岩、灰黄色页岩夹煤
			山西	100		细砂岩、页岩和煤互层
	石炭	上	太原	170		泥质灰岩、页岩、砂岩夹煤
			本溪	50		铝土岩、页岩夹煤
	奥陶	中	马家沟	>400		灰黄色白云岩、灰白色泥质灰岩、灰黄色白云岩

图3-29　南华北盆地地层综合柱状图

英砂岩，顶部为灰黑色灰岩［图3-30、图3-31(a)(b)(c)(d)］，呈东北及东部厚、西南部薄趋势，厚度为20～170 m，平均约70 m，三门峡-郑州-鄢陵-阜阳-寿县一线以北

图3-30
南华北盆地
太原组地层
剖面

地区连续沉积于本溪组之上,该线以南与下伏本溪组呈微角度不整合接触。

(3) 山西组

山西组为华北南部最主要的含煤地层之一,岩性主要为页岩、粉砂岩、中细砂岩和煤层,底部为浅灰色厚层状中细粒石英杂砂岩,顶部为煤层[图 3-31(e)(f)],呈北厚南薄,东厚西薄之势,整合于太原组灰岩或黑色页岩之上。

图 3-31
南华北盆地
牟页 1 井太
原组-山西
组岩心照片

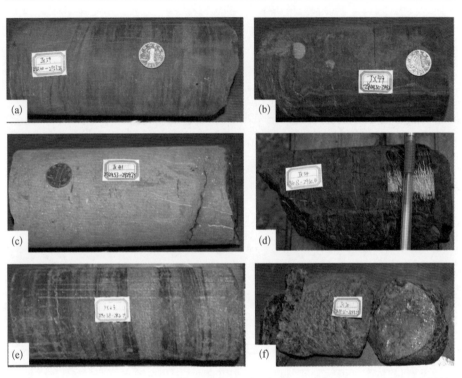

(a) 太原组,2 923.00 m,灰黑色粉砂质页岩;(b) 太原组,2 948.32 m,灰黑色页岩;(c) 太原组, 2 929.53 m,灰岩;(d) 太原组, 2 960.13 m,炭质页岩;(e) 山西组,2 853.58 m,灰黑色薄层砂泥互层;(f) 山西组,2 849.51 m,煤

(4) 下石盒子组

下石盒子组底部岩性主要为砂岩,中下部为灰绿、灰白色砂岩与灰黄色页岩,中部岩性为灰黄色砂岩、页岩夹煤线(层),上部为绿黄色砂岩、含菱铁矿结核页岩夹煤线(层),总体呈南厚北薄趋势,厚度为 110 ~ 250 m,页岩和煤层(线)多在黄河以南分布,黄河以北基本不含煤。

（5）上石盒子组

上石盒子组主要为页岩、粉砂岩夹白色砂岩、紫斑页岩、灰黄色硅质海绵岩及煤层，总体特点为南薄北厚，厚度为350～650 m。

（6）椿树腰组

椿树腰组为一套灰绿色粉、细砂岩与灰色、深灰色页岩不等厚互层，夹黑色炭质页岩及煤层（线）。厚度为800～1 200 m，在渑池-义马-石陵-洛阳一带，最厚可达1 350 m。

2）沉积特征

南华北盆地震旦-奥陶纪以台地、潮坪-潟湖相沉积为主。晚泥盆世开始，海水由西向东侵入北秦岭地区，发育了晚期弧后前陆盆地；中石炭世起，海水从北东方向侵入并不断向西南方向扩展，沉积了一套滨浅海相地层；从晚石炭世到二叠纪，海平面逐渐下降，本溪组主要沉积了滨海相、太原组沉积了潮坪-潟湖相地层，山西组沉积了潮坪-三角洲沉积，最后形成了上、下石盒子组的三角洲-潟湖相沉积；三叠纪时期海水退出，主要发育了河流和湖相沉积。

二叠纪的太原组沉积期，中条古陆和洛固古陆范围缩小，沉积环境发生对应变化，平面上的沉积相变相对活跃。受水下高地所制约，豫西地区为潮下环境，郑州、淮南及淮阳等地为潮间环境，阜南、汝阳等地为潮上环境。

山西组下部主要为潮坪及泥炭沼泽沉积，海岸线较太原期明显向南迁移，潮坪沉积向南推至平顶山。从岩性变化看，北部以泥坪为主，向南部砂质含量增多，而豫西等地以砂泥混合坪为主。山西组上部沉积环境主要为河流-三角洲-潟湖相，北部属三角洲沉积环境，汝南、阜阳及淮南地区为潟湖相（图3-32）。

3）构造特征

自元古代以来，南华北盆地经历了多期构造运动，与油气资源息息相关的构造运动主要包括印支期的挤压冲断、燕山期的走滑拉伸及喜山期的拉张断陷活动。印支运动期，盆地内表现为沉积区由东向西的转移，秦岭-大别造山带北侧发育了近东西向的褶皱-冲断带，造成了大量的逆冲推覆构造，形成了现今的隆-坳相间构造格局。燕山运动时期，郯庐断裂发生强烈地走滑活动，受其影响，南华北盆地形成了众多的分割性中生代陆相断陷盆地群。喜山运动期，南华北盆地整体处于拉张的构造背景中，形成

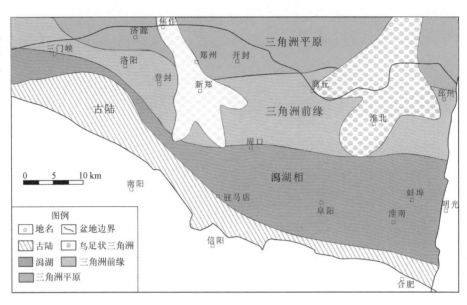

图3-32
南华北盆地
山西组沉积
相(郑求根
等, 2012,
有修改)

了华北南部和造山带内的新生代断陷盆地群。

现今的南华北盆地主要受秦岭-大别造山带所控制,东可至郯庐断裂带,西接豫西隆起,南抵栾川-确山-固始-肥中断裂,并与秦岭-大别造山带东段相邻,北以焦作-丰沛大断裂为界。南华北盆地从南至北可划分为卢氏-周口坳陷带、嵩箕太康隆起带和三门峡开封坳陷带(图3-33)。

4)页岩分布

南华北盆地石炭-二叠系共发育八套含煤页岩层系,但重要的富有机质页岩段主要为太原组和山西组,分布面积较大,约为 $6.8 \times 10^4 \ \text{km}^2$。

太原组页岩主要分布在太康隆起、鹿邑凹陷和沈丘凹陷,向其他地区减薄。其中牟页1井和郑西页1井揭示太原组暗色页岩累计厚度分别为82 m和50 m。埋深主要集中在2 000 m以上,最大深度主要分布在开封坳陷和周口坳陷,可达6 000 m。

山西组页岩厚度为5~100 m,厚度中心集中在盆地北部,主要分布在太康隆起、鹿邑凹陷、洛阳盆地和襄城凹陷一带,其他地区厚度多在30 m左右,其中牟页1井和郑西页1井钻遇暗色页岩厚度分别为91 m和70 m。山西组页岩埋深主要在2 000 m以

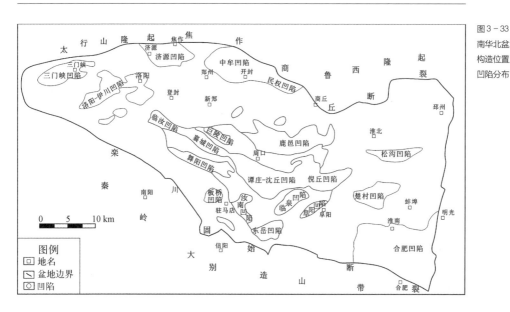

图 3 - 33
南华北盆地
构造位置及
凹陷分布

上,最大埋深段主要集中在开封和周口坳陷附近,盆地东南部的蚌埠地区埋深也较大。

2. 页岩气形成地质条件

1）页岩有机地球化学

山西组和太原组页岩有机质类型主要为Ⅲ型,兼有Ⅱ$_2$型。有机质丰度较高,高值区位于倪丘集-鹿邑-洛阳地区,向东北、西南方向有所降低。有机质成熟度相对较高,总体上呈环带状分布,向东西两侧逐步降低。

太原组页岩 TOC 较高,一般介于0.9%~12.0%。R_o整体大于1.5%,总体处于成熟-过成熟阶段,牟页1井所处太康隆起北部和开封坳陷南部一带有机质成熟度较高,R_o达到3.0%以上,多处于3.4%左右,仅西部有部分地区R_o较小,可能处于未熟-低熟阶段(表3-9)。

山西组页岩 TOC 较高,一般介于0.3%~13.0%。R_o整体大于1.4%左右,总体处于成熟-过成熟阶段,焦作、新乡、郑州、开封以及尉氏等中部地区R_o达到3%以上,处于过成熟阶段,与太原组类似,仅有西部部分地区R_o小于0.5%,处于未成熟阶段(表3-9)。

表3-9 南华北盆地太原-山西组页岩地化参数统计

地 区	井 号	太原组		山西组	
		TOC/%	R_o/%	TOC/%	R_o/%
太 康	太参3	2.50	2.5~4.5	1.56	2.3~4.5
	太参2	0.88		1.07	
	新太参1	1.84		0.76	
	牟页1井	2.79		2.15	
鹿 邑	周参7	2.99	1.3~2.0	2.13	1.5~2.0
	周参8	3.76		0.79	
	周参13	2.98		3.05	
倪丘集	南6	1.68	0.6~2.0	1.09	0.5~1.5
谭 庄	周16	0.95	0.7~1.5	1.49	0.6~1.4
襄 城	襄5	1.45	0.7~1.75	1.98	0.7~1.5
	新襄6	2.93		3.33	

2）储层特征

（1）岩石矿物

太原组页岩的石英平均含量为40%,黏土矿物平均含量为43%,其中伊利石相对平均含量为58%,高岭石平均含量为14%,伊/蒙混层平均含量为20%。

山西组页岩的石英平均含量为45%,黏土矿物平均含量为39%,其中伊利石相对含量平均为60%,高岭石含量平均为14%,伊/蒙混层含量平均为17%（图3-34）。

太原组和山西组页岩黏土矿物均以伊利石和伊/蒙混层为主,含少量的绿泥石,伊利石含量较高,说明页岩成岩作用较高,与高成熟度相对应。

（2）储集物性

太原-山西组页岩的储渗空间类型可分为基质孔隙和裂缝。基质孔隙分为残余原生孔隙、有机质生烃形成的微孔隙、黏土矿物伊利石化形成的微裂(孔)隙和不稳定矿物（如长石、方解石等）溶蚀形成的溶蚀孔等(图3-35)。页岩平均孔径为2.3~14.4 nm,以中孔为主,主要为细颈广口孔等无定形孔隙,页岩BET比表面积为1.2~19.2 m^2/g,平均为8.9 m^2/g。

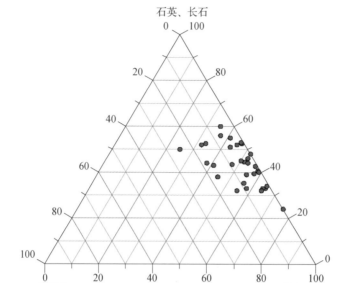

图3-34 南华北
盆地二叠系山西组
页岩矿物含量

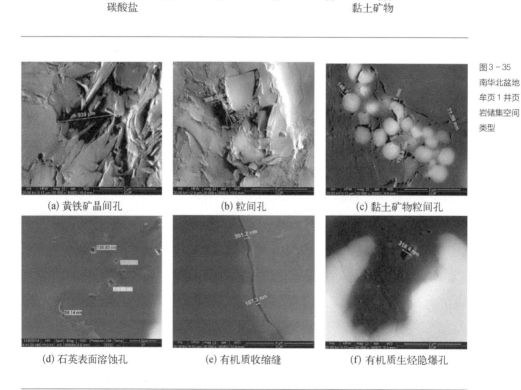

(a) 黄铁矿晶间孔　　　　　(b) 粒间孔　　　　　(c) 黏土矿物粒间孔

(d) 石英表面溶蚀孔　　　　(e) 有机质收缩缝　　　(f) 有机质生烃隐爆孔

图3-35
南华北盆地
牟页1井页
岩储集空间
类型

页岩裂缝较为发育。在牟页 1 井岩心中,页岩的中等长缝占绝对优势,达 76%,裂缝长度最长可达 100 cm。整体岩心裂缝的宽度较大,1~2 mm 的宽缝占比高达 66%。裂缝以低角度切割缝为主,比值高达 98%。

太原组页岩有效孔隙度介于 1%~3.8%,平均孔隙度为 2.6%;渗透率介于 $(0.004\ 9 \sim 0.374\ 1) \times 10^{-3}\ \mu m^2$,平均渗透率为 $0.169\ 2 \times 10^{-3}\ \mu m^2$。

山西组页岩有效孔隙度介于 1%~8.8%,平均值为 2.8%;渗透率平均值为 $0.014\ 9 \times 10^{-3}\ \mu m^2$。

3）页岩含气性

2014 年,南华北盆地成功钻探了本区第一口页岩气探井——牟页 1 井,2015 年和 2016 年又分别完成了尉参 1 井和郑西页 1 井等的页岩气钻探工作,证实了石炭—二叠系存在较高的页岩含气量。这也进一步说明,太原组页岩的含气量整体高于山西组页岩。

郑西页 1 井录井显示太原组下部全烃含量较高(图 3-36),等温吸附实验显示最

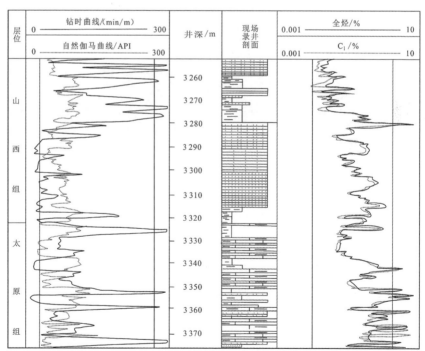

图 3-36　郑西页 1 井录井

大吸附气能力介于 $0.6 \sim 4.0 \ m^3/t$。现场解析结果显示,牟页 1 井含气量介于 $0.6 \sim$ $4.3 \ m^3/t$,尉参 1 井解吸含气量为 $0.2 \sim 2.9 \ m^3/t$,郑西页 1 井太原组含气量介于 $0.6 \sim 3.8 \ m^3/t$,甲烷平均含量约为 93%。对牟页 1 井采用直井压裂排采试气,获得了稳定的页岩气流。

3. 页岩气发育有利方向

1) 发育地质特点

南华北盆地太原组和山西组中砂岩、粉砂岩、煤、灰岩和页岩频繁互层,地层普遍含气。页岩生成的天然气除原地成藏以外,还进行了短距离的运移,形成了特有的砂、页、煤、灰岩气藏体系(图 3 - 37)。不同的岩性组合导致了含气量的不同,砂煤互层和砂页互层中的含气性变化较大,相同夹层厚度下,砂煤互层的总含气量一般大于砂页互层(煤层的吸附能力更强)。

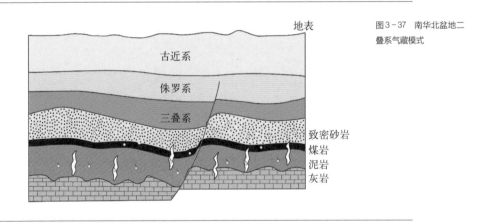

图 3 - 37 南华北盆地二叠系气藏模式

2) 分布有利区与勘探前景

南华北盆地海陆过渡相地层特殊的古沉积环境是页岩气富集的基础,成岩过程中的矿物组成、有机质热演化程度及所形成的孔缝组合是页岩气富集的重要保障,多期次的生烃史、构造沉降运动以及岩相组合是页岩气富集的关键。

南华北盆地的页岩气勘探工作目前主要针对太原组和山西组,集中于北部的太康隆起和济源凹陷周围。据此可以认为,山西组和太原组页岩气分布有利区主要是济源-荥阳、通许-太康和郸城一带(孙军等,2014),盆地中部的周口坳陷和西部的渑池等地区也是页岩气的有利区方向。但实际上,由于盆地勘探程度较低,符合 TOC 高、R_o 低、厚度稳定、埋深适中等条件的地区,在盆地内尚有更多的分布,还有待进一步研究和确定。

南华北盆地本溪组页岩厚度可达 15 m 以上,页岩含气量较高,郑西页 1 井现场解吸含气量最高可达 4.5 m^3/t,宜作为页岩气资源分布的重点目的层系。

此外,在二叠系的上、下石盒子组以及三叠系的椿树腰组和谭庄组等地层中,暗色页岩、炭质页岩及煤系地层也有不同程度发育,页岩气资源条件也值得重视。

3.2.4 沁水盆地上古生界

沁水盆地位于山西省东南部,面积约为 3×10^4 km^2,是华北克拉通内典型的海陆过渡相中小型含煤盆地。页岩主要分布在上石炭统太原组和下二叠统山西组地层中。中联煤层气有限责任公司 2012 年在沁水盆地施工 3 口页岩气参数井及生产试验井,均见到良好的页岩气显示。

1. 页岩发育地质基础

1)地层特征

沁水盆地最早的沉积盖层为中-晚元古代裂陷槽环境下的碎屑岩、碳酸盐岩、基性火山岩组合,其上不整合覆盖的寒武系为一套碳酸盐岩沉积。奥陶系仅发育中下统的灰岩和含燧石灰岩地层,局部夹石膏层;三叠系为杂色碎屑岩沉积(图 3 - 38)。

太原组主要为铝土质页岩、石灰岩、粉砂岩、粉砂质页岩及砂岩,夹煤层。该组总厚度一般为 85 ~ 125 m,平均值约为 100 m,南厚北薄。

山西组主要为页岩、粉砂质页岩、粉砂岩、砂岩,夹煤层,同样具有南厚北薄的分布特征,厚度在 20 ~ 215 m,平均值约为 60 m,其中最厚处位于沁源一带。

下石盒子组底部为灰色砂岩,下部为灰色砂岩、页岩,夹煤线,中上部为灰色页岩和中、细粒砂岩,含铁锰质结核,顶部为含鲕粒紫红色铝质页岩,厚度为 70 ~ 360 m。

上石盒子组底部为灰绿色砂岩,下部为黄绿色砂质页岩、紫红色页岩,中部为杂色砂质页岩夹多层黄绿色含砾砂岩及少量灰色页岩,上部为杂色砂岩、页岩,顶部为黄绿

地层			最大厚度/m	岩性剖面	岩性描述
界	系	统 组			
新生			200		黏土、粉砂土
中生	三叠	上 黑峰	220		灰绿、灰黄色石英砂岩，砂砾岩
		延长群	140		灰红、灰绿色砂岩、页岩和淡水灰岩
		中 铜川	590		浅红、灰黄色长石砂岩夹砂质泥页岩
		二马营群	740		灰绿、紫红色长石砂岩、泥岩及页岩
		下 和尚沟	475		紫灰色长石砂岩夹紫红色泥岩
		刘家沟	595		灰紫红色长石砂岩夹页岩及砾石
上古生	二叠	上 石千峰	220		黄绿色长石砂岩与紫红色泥岩互层
		上石盒子	2 220		灰绿色石英砂岩与紫红色粉砂岩互层
		下 下石盒子	360		
		山西	2 150		灰绿色石英砂岩及页岩、灰岩和煤层
	石炭	上 太原	140		灰色石英砂岩、页岩、灰岩及煤层
		本溪	35		杂色铁铝岩、黏土岩及灰岩，底部有铁矿
下古生	奥陶	中 峰峰	175		中层豹皮灰岩、白云质及黑色灰岩
		上马家沟	310		白云质泥灰岩、豹皮及角砾状灰岩
		下马家沟	210		厚层灰岩、角砾状泥灰岩，钙质页岩
		下 亮甲山	105		浅灰色厚层白云岩、含燧石及结核白云岩
		冶里	50		下部泥质及竹叶状白云岩
	寒武	上 凤山	110		厚层状结晶、竹叶状及鲕状白云岩
		长山	35		竹叶状灰岩、白云岩及黄绿色页岩
		崮山	40		泥质页岩、竹叶状灰岩与泥灰岩
		中 张夏	245		青灰色鲕状灰岩，底部薄层灰岩及页岩
		徐庄	170		鲕状与条状灰岩互层，底部砂页岩
		毛庄	90		紫红色页岩夹灰岩、泥岩，顶部为鲕状灰岩
		下 馒头	85		黄绿色页岩、泥灰岩，底部含砾石英岩
		辛集	55		白云岩夹致密灰岩，下部红色石英砂岩

图 3-38 沁水盆地地层综合柱状图

色砂岩与紫红色页岩互层，厚度一般介于 60~550 m，最大厚度超过 2 000 m。

2）沉积特征

沁水盆地总体上经历了海相、海陆过渡相和陆相的沉积演化。奥陶纪之前主要为海相沉积；经过从晚奥陶世到中石炭世初期的沉积间断，石炭和二叠纪发生沉降，主要形成了海陆过渡相沉积，发育了富有机质的含煤页岩沉积；三叠纪以来的中新生代，海水退去,陆地抬升,主要发育陆相的河流和湖泊沉积。

晚古生代富有机质页岩主要为海陆过渡相沉积环境。太原组页岩在盆地北部为三角洲平原沉积,中部和南部为障壁岛-潟湖沉积;山西组页岩在盆地北部以三角洲平原分流河道相为主,中部以分流间湾相为主,南部则以河口沙坝相为主;下石盒子组沉积环境为分流河道与泛滥盆地并存,局部有泥炭沼泽沉积。

3)构造特征

沁水盆地主要经历了古生代海相克拉通和中新生代陆相复式向斜两个主要演化阶段。早古生代晚期,沁水盆地所在的华北克拉通发生抬升剥蚀(志留-泥盆纪),至石炭-二叠纪时发生区域性沉降;中生代开始,受到太平洋和印度板块俯冲和碰撞的影响,沁水盆地开始形成并进行独立演化;三叠纪时期,盆地处于稳定的构造发展阶段;三叠纪末以来,盆地发生抬升构造运动,沉积终止并发生剥蚀作用,逐渐形成了现今的复向斜构造,在盆地西侧形成了晋中断陷。在盆地内部,东北部和南部以东西向和北东向褶皱为主,中部褶皱以北北东-北东向为主,而盆地西部则以中生代褶皱和新生代断陷叠加为特点。

沁水盆地可划分为两大部分,即作为盆地主体的盆内平缓褶皱带和环绕盆地主体的盆缘陡褶带。在盆缘陡褶带中,盆地西北部边缘表现为时代较新的断陷特点。

4)页岩分布

沁水盆地发育海陆过渡相富有机质页岩,主要分布于太原组、山西组和下石盒子组。该盆地具有页岩单层厚度相对较薄,横向变化较大,在纵向上与泥灰岩、致密砂岩和煤层互层等特点。

太原组页岩主要位于太原组上部,厚度介于 45 ~ 65 m,在沁源、高平-樊庄一带较厚,具有北厚南薄的特点;山西组页岩厚度多在 30 ~ 70 m,在沁源、和顺-左权一带厚度最大;下石盒子组页岩厚度多介于 20 ~ 70 m。

2. 页岩气形成地质条件

1)页岩有机地球化学

(1)太原组

太原组页岩绝大部分氢指数都小于 120 mg/g,有机质以Ⅲ型为主,少数为Ⅱ$_2$型。页岩 TOC 介于 0.3% ~ 23.0%,平均值约为 3.3%,并且具有从盆地中心向边缘逐渐降低的趋势,盆地东北缘的寿阳-阳泉一带和东南缘的沁源-端氏-长子一带为两个 TOC 高值区,均在 3.2% 以上。太原组页岩 R_o 介于 1.2%~3.2%,一般处于高成熟-过成熟阶段。在盆地中部及南部地区,R_o 整体较高,均在 2.5% 之上;在盆地东北部的阳泉-寿阳一带,R_o 介于 1.0%~2.0%。

（2）山西组

山西组页岩有机质类型主要为Ⅲ型。有机质丰度较高但其等值线变化趋势与现今的盆地轮廓没有直接关系,TOC 一般在 0.3%~4.0%,最高可超过 30%。盆地的北部、中部和南部分别为三个 TOC 高值区,TOC 平均值可达 2.5% 以上。页岩 R_o 在盆地东西两侧较低,中部和南部较高,在盆地南端的阳城、晋城一带高达 3.0%。

（3）下石盒子组

下石盒子组下二段页岩有机质类型主要为Ⅲ型。有机质丰度较太原组和山西组均偏低,TOC 介于 0.1%~5.0%,平均值约为 2.4%。盆地南部 TOC 一般高于北部,中部 TOC 也较高。整体 R_o 均小于 2.0%,绝大多数区域为 1.2%~2.0%,主要处于高成熟阶段。

2）储层特征

（1）岩石矿物

沁水盆地石炭-二叠系页岩黏土矿物含量高,平均含量可达 55% 以上,石英、长石平均含量约为 40%,除此之外,还存在一定数量的黄铁矿和菱铁矿。太原组黏土矿物含量为 55%~60%,平均值为 57%,石英、长石含量为 38%~45%,平均值为 40%;山西组黏土矿物含量为 50%~63%,平均值为 58%,石英、长石含量为 35%~50%,平均值为 40%;下石盒子组黏土矿物含量为 57%~62%,平均值为 60%,石英、长石含量为 40%~45%,平均值为 42%。

（2）储集物性

太原组页岩储集空间主要为有机质孔、粒内孔、黄铁矿晶间孔和粒间孔等类型,岩心上可见以 2~10 cm 为主的小型裂缝较为发育,多数被石英脉或黏土、有机质充填。页岩孔隙度介于 0.5%~9.0%,平均值约为 4.5%;渗透率平均值约为 $0.007 \times 10^{-3} \mu m^2$。山西组页岩微孔隙和微裂缝发育,共识别出 7 种储集空间类型,即粒间孔、粒内孔、晶间孔、溶蚀孔、有机孔、应力缝、层间缝;孔隙度为 0.7%~13.6%,平均值约为 4.2% ;渗透率平均值约为 $0.036 \times 10^{-3} \mu m^2$。下石盒子组页岩孔隙度介于 0.3%~12% ,平均值约为 4.2% ;渗透率平均值为 $0.015 \times 10^{-3} \mu m^2$。

3）页岩含气性

气测录井、测井解释、等温吸附实验和现场解析均表明,沁水盆地石炭–二叠系页岩具有良好的页岩气显示。太原组页岩气测异常明显,全烃气测异常可达 9.1% ,在压力为 1.14~10.92 MPa 时,最大吸附气能力为 $1.1~10.1 m^3/t$,解吸气量为 $1.03~2.53 m^3/t$,太原组页岩含气量整体较高。山西组页岩气测显示,全烃异常可达 8.2% ,最大吸附气能力约为 $5.5 m^3/t$,解吸气量为 $1.5~3.5 m^3/t$。下石盒子组页岩气测异常可见有 12 层,最大吸附气能力约为 $3.2 m^3/t$,解吸气量为 $0.4~2.8 m^3/t$,总体含气量较低。

3. 页岩气发育有利方向

沁水盆地石炭–二叠系页岩不仅分布广泛、厚度稳定、有机质丰度高、成熟度适中,而且埋藏适中,脆性矿物含量相对较高,易于压裂形成大量裂缝,其中的太原组、山西组、下石盒子组是页岩气发育的有利层位。页岩气发育有利区主要沿北东向分布在盆地中部,主要为寿阳、太谷、榆社、武乡、沁源、安泽、沁水一线。

除此之外,寒武系、奥陶系及石炭系的本溪组也有不同程度的页岩发育,具有一定的页岩气资源条件。

3.2.5　南襄盆地中新生界

南襄盆地是一个发育在东秦岭褶皱带上的中新生代含油气盆地,总面积为 $1.7 \times 10^4 km^2$,沉积地层厚度达 9 000 m,主要发育白垩系和古近系。泌阳和南阳凹陷油气显示丰富、勘探程度较高、生气潜力较大,具备形成页岩气的基本地质条件。

1. 页岩发育地质基础

1）地层特征

南襄盆地沉积地层主要分布在泌阳、南阳和襄枣凹陷中,从下到上分别为上白垩统的胡岗组,古近系的玉皇顶组–大仓房组、核桃园组、廖庄组以及新近系的上寺组等。页岩段主要发育在核桃园组地层中(图 3–39)。

地 层					最大厚度/m	岩性剖面	岩性描述
界	系	统	组	段			
新生	古近	渐新	廖庄				棕黄、棕红、紫红色泥岩与灰白色砾岩、含砾砂岩互层
			核桃园	一	600		主要为页岩,夹薄层砂岩和含砾砂岩
				二	950		砂岩和页岩互层,夹薄层灰岩,顶部夹含砾砂岩
				三	2 300		砂岩和页岩互层,上段见薄层灰岩
		始新～古新	玉皇顶～大仓房				上部以页岩、砂岩为主,夹薄层含砾砂岩;下部为页岩、含砾砂岩夹薄层砾岩
中生	白垩	上	胡岗				棕红色、暗紫色砾岩与同色泥岩、含砾泥岩、砂岩互层

图3-39 南襄盆地地层综合柱状图

核三段是泌阳凹陷的主力生油气层,地层厚度为1 500～2 300 m,以灰黑色、深灰色页岩为主,夹泥质白云岩、白云岩和砂岩,顶部夹薄层钙质页岩。南阳凹陷核三段主要为砂岩和页岩互层,上段见薄层灰岩。

核二段在泌阳凹陷的厚度为110～950 m,岩性主要为灰、深灰色页岩、泥质白云岩夹灰褐色、浅褐色白云岩、页岩、砂岩,向上部页岩增多。南阳凹陷岩性主要为砂岩和页岩互层,夹薄层灰岩,顶部夹含砾砂岩。

泌阳凹陷的核一段厚度不超过600 m,岩性以灰绿色页岩为主,夹油页岩和砂岩。南阳凹陷核一段最大厚度约为2 500 m,岩性主要为页岩,夹薄层砂岩和含砾砂岩。

2）沉积特征

南襄盆地是一个燕山运动晚期发育起来的中新生代陆相断陷含油气盆地。白垩纪时期，盆地处于快速沉积阶段，盆地内主要发育了扇三角洲相沉积。进入古近纪，盆地凹陷中心持续沉降，水体加深，湖平面加大，盆地开始进入湖泊相沉积，并在凹陷边缘发育了河流相沉积。

核桃园期沉积了巨厚的页岩，由于各凹陷区域构造背景条件有所不同，沉积环境差异较大。核桃园期为泌阳凹陷的最大湖泛期，由凹陷中心到边缘，发育了一套湖泊、水下扇、辫状河三角洲、扇三角洲、河流相的沉积体系。南阳凹陷核桃园组页岩主要为深湖相和半深湖相，自下而上可分为三个阶段，即核三段主要为河流、泛滥平原、滨浅湖、半深湖、深湖相，核二段主要为深湖、半深湖、滨浅湖相，核一段主要为滨浅湖相沉积。

3）构造特征

南襄盆地的形成主要经历了白垩纪至古近纪的断陷和新近纪拗陷两大阶段。白垩纪晚期，秦岭岩石圈发生区域性断裂并形成南北方向上的差异块断活动，产生了近东西向延伸的活动断裂，出现了盆地雏形。古新世和始新世时期，盆地断裂继续活动，南阳和泌阳凹陷连成一片。渐新世时期，盆地先稳定沉降后发生缓慢抬升，沉积范围缩小。新近纪开始，盆地整体进入拗陷发展阶段，普遍发生了区域性沉降，全盆统一接受沉积，逐渐形成了现今构造格局。

南襄盆地横跨在秦岭褶皱带和扬子地台北缘块断带之上，主要分为北部的南阳、东部的泌阳和南部的襄枣等三个凹陷，其间及围缘分别为新野、师岗、社旗凸起及唐河低凸起围限（图3-40）。

4）页岩分布

泌阳凹陷页岩主要分布在核三段。核三段下部页岩最大厚度中心位于安店地区，可达40 m，毕店地区厚度次之。核三段中部安店地区泥岩厚度最大，达45 m，双河地区页岩厚度也达到35 m。核三段上部页岩仍主要分布在安店和双河地区，但分布范围扩大。

南阳凹陷泥页岩主要在核三段及核二段发育四套页岩，核三段下部页岩厚度在120 m以上，核三段上部泥页岩厚度在为60～100 m，核二段上、下部页岩厚度均在100 m以上。平面上，在凹陷中南部较厚，主要位于牛三门洼陷、东庄和焦店等地区。

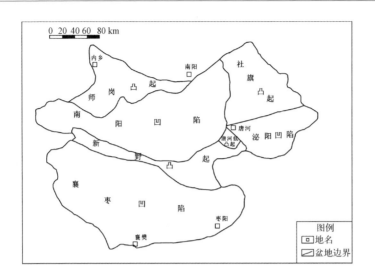

图 3 - 40　南襄盆地
构造单元划分

2. 页岩气形成地质条件

1）页岩有机地球化学

（1）核三段

核三段页岩有机质以Ⅱ型为主,少量Ⅰ和Ⅲ型。其中泌阳凹陷核三段上部主要为Ⅱ₁型及少量Ⅰ型和Ⅱ₂型,核三段下部多为Ⅱ₁型、Ⅱ₂型及Ⅲ型。南阳凹陷主要为Ⅱ₁型和Ⅱ₂型,少量Ⅰ和Ⅲ型。

核三段页岩有机质丰度在盆地不同凹陷差别较大。其中,泌阳凹陷 TOC 多大于1%,最高接近 10%。核三段中下部页岩 TOC 最高,平均值可达 4.2%,顶部 TOC 较小,但平均值也达到了 3.6%。TOC 高值区一般在双河、毕店、安店、安棚等地区;南阳凹陷核三段顶部页岩 TOC 最高,为 0.3%~2.9%,平均值约为 0.9%,向下 TOC 逐渐降低,TOC 高值区在凹陷南缘深坳陷带。

核三段页岩成熟度大部分处于低成熟-成熟阶段,但在不同地区,有机质成熟度差别较大。泌阳凹陷深凹区核三段下部 R_o 为 0.8%~1.7%,处于成熟-高成熟阶段,安棚、梨树地区处于高成熟阶段;核三段上部的 R_o 为 0.6%~1.1%,主要处于以形成页岩油为主、兼有少量页岩气的成熟阶段。

（2）核二段

核二段页岩有机质类型以 II_1 型为主,少量 I 和 II_2 型。

有机质丰度较核三段低,泌阳凹陷页岩 TOC 为 0.5%～3.3%,平均值约为 1.8%。南阳凹陷核二段底部 TOC 最高,可达 3.6%,向上逐渐减小。

核二段页岩有机质成熟度偏低,泌阳凹陷核二段页岩 R_o 介于 0.3%～0.75%,处于未成熟-低成熟阶段。南阳凹陷核二段底界页岩 R_o 为 0.8%～0.9%,主要处于形成页岩油的低成熟阶段。

2）储层特征

（1）岩石矿物

南襄盆地深凹区页岩整体脆性矿物含量高,沁阳凹陷核桃园组页岩脆性矿物成分主要有石英、斜长石、钾长石、铁白云石、方解石等,石英含量为 10%～30%,方解石含量为 10%～20%,白云石含量也比较高,最高可达 30%,含少量菱铁矿和黄铁矿,以上全部脆性矿物总含量在 55%～75%。黏七矿物含量偏低,其中泌页 HF1 井黏土矿物含量为 25%～45%。

与泌阳凹陷相比,南阳凹陷核桃园组页岩脆性矿物含量偏低,石英含量约占 28%,方解石含量介于 10%～15%,白云石含量为 10%～20%,含有少量的黄铁矿和菱铁矿,脆性矿物总含量介于 50%～65%。黏土矿物含量相对较高,其中红 12 井黏土矿物含量在 35%～50%。

（2）储集物性

核桃园组页岩主要的孔隙类型为晶间孔、有机孔和微裂缝,孔径一般在 30～1.7 μm,平均值为 0.5 μm,以宏孔为主。页岩储层孔隙度为 3.9%～8.9%,平均值为 6.8%。渗透率一般为 $(0.000\ 22～0.007)\times10^{-3}\ μm^2$,平均值为 $0.001\times10^{-3}\ μm^2$,页岩储层物性较好。

3）页岩含气性

核桃园组页岩在部分老井复查中发现了多处油气显示,如泌 270 井气测异常明显,全烃最高值达 2.0%。等温吸附实验表明,在压力 10.8 MPa 时,安深 1 井页岩的最大吸附气能力为 1.5～4.6 m^3/t,现场解析安深 1 井页岩总含气量为 0.86～2.8 m^3/t,平均约为 2.1 m^3/t。泌阳凹陷的安深 1 井、泌页 HF1 井两口页岩油气探井获工业油气流。南阳凹陷的红 12 井也发现了明显的气测异常。

3. 页岩气发育有利方向

泌阳、南阳凹陷深凹区核二-核三段页岩具有纵向厚度大、横向分布广、有机质丰度高、有机质类型好、热演化程度适宜、脆性矿物含量高、含油气性好等特征,具有良好的页岩油气资源远景。其中泌阳凹陷核三段下部由于埋藏较深、成熟度较高,具备了形成页岩气的有利条件,深凹部位可作为有利区;南阳凹陷深凹区核三段页岩成熟度也较高,亦为页岩气资源有利区。核二段页岩整体处于成熟生油阶段,生气量较小,页岩气资源潜力受限。

南襄盆地襄枣凹陷的勘探研究较少,但襄枣凹陷白垩系沉积了一套连续性较好、分布范围较广的湖相页岩,厚度达 150 ~ 200 m,凹陷中心厚度可能增大,有机质成熟度可能更高。因此,襄枣凹陷内的白垩系具有一定的页岩气资源潜力。

3.2.6   其他盆地中新生界

华北地区其他盆地还包括张北、张家口、大同、宁武、太原、胶莱、莱芜、汶蒙等盆地,主要位于蒙、晋、冀、鲁范围内。华北地区中小型盆地中新生界页岩研究薄弱,但其中蕴含了不同程度的页岩气资源条件,特别是那些面积不大但沉积古水深较大、沉积地层总厚度较大的中生代盆地。本书仅以胶莱盆地为例简作说明。

胶莱盆地是一个拉分断陷盆地,可分为诸城、高密、莱阳、海阳等凹陷和大野头、柴沟等凸起(翟慎德,2003)。盆地内主要沉积了自白垩纪以来的中新生代地层,其中的白垩系厚度最大可达 4 000 m 以上,从下至上分别为下白垩统的莱阳群、青山群和上白垩统的王氏群,主要为湖相及水下扇、三角洲和河流相沉积体系。

湖相页岩见诸莱阳群的逍仙庄组和水南组,前者以灰黑色、黄绿色页岩为主,夹白云岩,炭质页岩发育,厚度可达 100 m,仅见于诸城、莱阳凹陷及牟平-即墨断裂一带;后者主要为灰黑色页岩、粉砂岩和细砂岩,夹灰岩,分布广泛,诸城凹陷最厚可达 500 m。

逍仙庄组页岩有机质主要为 Ⅱ-Ⅲ 型,有机质丰度普遍偏低,大部分 TOC 小于

0.5%；有机质成熟度较高，R_o 为 1.3%～2.5%，主要处于高成熟-过成熟阶段，页岩气资源条件较差。水南组页岩有机质以 I 型为主，兼有 II 型，页岩 TOC 可达 1.0%，R_o 一般介于 0.8%～1.8%，处于成熟-高成熟阶段，具备一定的页岩油气资源潜力（谢康珍等，2015）。

3.2.7　华北地区中上元古界-古生界

华北地区中上元古界和古生界地层分布广泛，除盆地内有不同程度地钻遇以外，在缺乏中新生界地层覆盖的抬隆区也有广泛地发育。尽管它们的有机质丰度低、热演化程度高、后期构造变动强烈，但仍具有一定的页岩气资源条件。

1. 中上元古界

华北地区中上元古界页岩主要发育在长城系的串岭沟组、铁岭组、洪水庄组和青白口系的下马岭组，区域分布广泛。

中上元古界地层底界不整合于太古宙变质岩之上，顶界被寒武系所覆盖，为一套未变质或轻微变质的碳酸盐岩和碎屑岩组合，是以局限海湾相为主的沉积。页岩主要分布在内蒙古隆起以南、五台隆起以东和郯庐断裂带以西的广大区域内，其中，华北北部和建昌-喀左盆地西部地区页岩出露较好，并已有钻井揭示。

中上元古界页岩可见于北京（昌平、房山和门头沟等地）、天津（蓟县、宝坻等地）以及河北的迁西县等地，但最大厚度以蓟县为中心，向周边逐渐减薄。在华北北部的蓟县地区，中上元古界地层最大厚度可达 6 000 m 以上，页岩厚度大且分布稳定。其中，串岭沟组地层为滨浅海沉积，岩性以灰-灰黑色页岩、粉砂质页岩和白云岩为主，厚度为 80～400 m；洪水庄组地层沉积环境与串岭沟组相似，为浅海静水沉积，岩性以黑色或灰黑色页岩为主，夹薄层白云岩，页岩最大厚度在 140 m；铁岭组地层以深灰色白云岩和灰岩为主，夹薄层状黑色页岩，厚度为 150～300 m；下马岭组页岩地层主要发育在潮坪和浅海陆棚相中，以绿色、黑色或灰色页岩为主，页岩厚度为 100～300 m。

位于辽宁省西部地区的建昌-喀左盆地，在区域上属于燕山构造带的东段，也发现了中上元古界，地层最大厚度在 5 000 m 以上，页岩地层主要发育在洪水庄组、铁岭组和下马岭组,主要分布在凌源和北票等地。整体上看,洪水庄组页岩分布比较稳定且面积较大,其次为铁岭组和下马岭组页岩。洪水庄组地层为相对封闭的海湾相沉积,岩性以灰黑、灰绿色页岩为主,岩性和展布较稳定,厚度为60~190 m;铁岭组为潮上和潮间带沉积,下部岩性为白云岩,上部主要为白云质页岩和黑色页岩,局部见叠层石,地层最大厚度为330 m,由北向南逐渐减薄;下马岭组页岩地层分布相对局限,岩性主要为砂质、钙质和硅质页岩,属潮间带沉积,地层厚度为20~240 m。

中上元古界页岩有机质主要为低等细菌和藻类形成的腐泥组,有机质类型为I-II$_1$型。不同层位页岩有机质丰度差异明显,串岭沟页岩 TOC 较低,平均值仅为0.2%;洪水庄组平均值为1.8%,最高为5.6%;铁岭组最高达4.5%;下马岭组平均为2.2%,最高可达11.0%。从层位上看,下马岭组和洪水庄组页岩有机质丰度较高,串岭沟组和高于庄组相对较低(表3-10)。平面上,有机质丰度较高的地区主要分布在天津的蓟县、宝坻和北京的房山、门头沟等地区。洪水庄组、铁岭组和下马岭组页岩的沥青反射率(R_b)分别为1.38%、1.28%和1.01%,演化程度相对较低,在大部分地区均已达到成熟-高成熟阶段。

地 层	TOC/%		氯仿沥青 "A"×10^6	总烃含量 /(mg·L^{-1})
	平 均	最 大		
下马岭组	2.21	10.98	305	6.37
铁岭组	1.59	4.52	876	8.24
洪水庄组	1.85	5.60	1 018	6.59
高于庄组	0.46	0.94	33	0.36

表3-10 华北北部地区中、上元古界页岩有机质丰度统计(荆铁亚等,2015)

在建昌-喀左盆地,中上元古界页岩干酪根碳同位素为-33.85‰~-29.40‰,洪水庄组、铁岭组和下马岭组页岩有机质类型均以I-II$_1$型为主。洪水庄组有机质丰度最高,TOC 平均值可达3.1%,而热演化程度较低,处于凝析油生成阶段。

华北北部中上元古界页岩地层厚度大,分布稳定且连续性好,具有较好的生气条件。其中,洪水庄组页岩气地质条件较好,其次为下马岭组和铁岭组。平面上,埋深较浅、TOC 较高、R_o 较低的地区,无疑将是该套地层页岩气资源前景区。

2. 古生界

华北地区古生界页岩主要发育在上石炭统太原组和下二叠统山西组、石盒子组地层中,主要为浅海相、海陆过渡相沉积,为晚古生代时期的广覆型沉积,其分布不受后期中新生代盆地的影响和控制。山西组和太原组是主要的煤系页岩地层,具备页岩气形成的地质条件,资源潜力值得期待。

宁武盆地是华北地区中小型盆地的典型代表,为在古生代克拉通盆地基础上叠加的中新生代断陷盆地。其太原组和山西组为海陆过渡相含煤岩系,太原组一般厚 70～100 m,最大可达 120 m,为灰黄色粗粒和中粒砂岩、砂质页岩及页岩等互层,夹薄煤层;山西组地层厚度一般为 50～70 m,局部可达 80 m,以深灰、灰黑色、黑色页岩、黏土页岩及灰白色砂岩为主,局部夹薄煤层。太原组和山西组页岩有机质主要为Ⅲ型,TOC 一般都在 10% 以上,R_o 为 0.9%～1.2%。页岩储层孔隙度为 2%～8%,渗透率为 $(0.01～0.1) \times 10^{-3} \mu m^2$,适于形成页岩气。

第 4 章

西北地区页岩气
地质基础及特点

西北地区指贺兰山以西、昆仑山以北的广大区域,面积约为 $270 \times 10^4 \ km^2$。该区横跨西伯利亚、塔里木、华北等板块,处于亚洲大陆腹地几大构造的交会处,地质构造复杂(图 4 - 1)。

图 4 - 1
西北区沉积
盆地分布

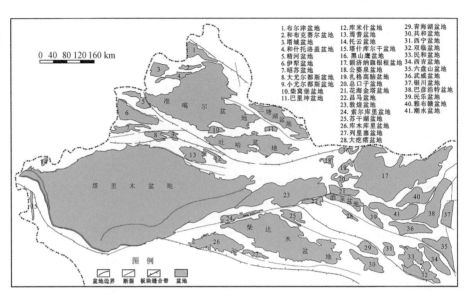

1.布尔津盆地	12.库米什盆地	29.青海湖盆地
2.和布克赛尔盆地	13.焉耆盆地	30.共和盆地
3.塔城盆地	14.托云盆地	31.西宁盆地
4.和什托洛盖盆地	15.塔什库尔干盆地	32.双临盆地
5.昭苏盆地	16.黑山鹰盆地	33.民和盆地
6.伊犁盆地	17.额济纳旗银根盆地	34.西吉盆地
7.昭苏盆地	18.扎格高脑盆地	35.六盘山盆地
8.大尤尔都斯盆地	19.总口子盆地	36.武威盆地
9.小尤尔都斯盆地	20.花海金塔盆地	37.银川盆地
10.柴窝堡盆地	21.花海金塔盆地	38.巴彦浩特盆地
11.巴里坤盆地	22.昌马盆地	39.民乐盆地
	23.敦煌盆地	40.雅布赖盆地
	24.索尔库里盆地	41.潮水盆地
	25.苏干湖盆地	
	26.木库里盆地	
	27.列里塞盆地	
	28.大疙瘩盆地	

4.1　塔里木盆地古生界-中生界

塔里木盆地位于新疆南部,面积约为 $56 \times 10^4 \ km^2$,是中国最大的含油气盆地。盆地内页岩具有沉积类型多样、埋深大、成熟度高、碳酸盐岩夹层多等特点。2015 年,中石化实施了塔里木盆地的第一口页岩气探井——孔深 1 井。

4.1.1　页岩气发育地质基础

1. 地层特征

塔里木盆地是一个多旋回的大型叠合盆地,沉积地层齐全,从震旦系至第四系均有发育,页岩发育层位主要为寒武、奥陶、石炭、二叠、三叠和侏罗等层系(图4-2)。

(1) 寒武系

寒武系是塔里木盆地分布最为广泛的层系之一,其岩石组合特征为灰、紫灰、褐灰色的白云岩、灰岩夹页岩和砂岩。页岩主要发育于下寒武统的玉尔吐斯组,以富含有机质的页岩为主,局部含硅质。

(2) 奥陶系

奥陶系地层主要由灰岩、白云岩以及灰质页岩组成。页岩发育主要为塔东地区中下奥陶统的黑土凹组和盆地西部中上奥陶统的萨尔干、印干组,为含钙质、含粉砂质页岩,夹沥青质粉晶灰岩。

(3) 石炭系

石炭系上部为小海子组灰岩,厚度在0~28 m。中部卡拉沙依组岩性主要为一套灰绿、浅紫、褐色膏页岩和石膏,夹薄层页岩和细-粉砂岩。下部巴楚组可分为两段,下段为紫红、浅绿、灰白色粉砂岩和砂质页岩夹薄层灰岩,上段为灰岩、页岩和泥灰岩。页岩主要分布于卡拉沙依组以及巴楚组的中上部,主要为灰绿色、红棕色的石膏质、灰质页岩,总厚度超过100 m。

(4) 二叠系

二叠系为一套碎屑岩夹玄武岩沉积,以浅灰、灰黄、暗紫、深灰色粉砂质页岩为主,常与砂岩、灰岩不等厚互层。其中,下二叠统分布在塔西南坳陷棋盘一带,厚度为800~1 200 m,在阿瓦提凹陷和满加尔凹陷西部夹煤线,厚度介于400~2 600 m。

(5) 三叠系

三叠系岩性主要为深灰、灰色页岩、粉砂岩和细砂岩,中统和上统下部夹含砾砂岩,厚度为300~500 m。

(6) 侏罗系

侏罗系主要分布在盆地内缘地区,岩性以频繁互层的砂岩、页岩为主,底部含煤层,

图4-2 塔里木盆地地层综合柱状图

界	系	统	群/组	最大厚度/m	岩性剖面	岩性描述
新生	新近	上新	库车	1770		黄灰、棕褐色砂岩、粉砂质页岩与灰色粉砂岩、细砂岩呈略等厚互层
	新近	中新	康村	740		黄灰、棕褐色页岩与灰色细砂岩、粉砂岩略等厚互层，页岩中常见分散状石膏
	新近	中新	吉迪克	595		上部灰黄、棕褐色页岩段，中部蓝灰色页岩段，下部黄棕色含膏页段夹灰白色粉细砂岩及泥质粉砂岩
	新近	中新	苏维依	120		棕红色细砂岩夹棕红色泥岩
	古近	渐新		675		棕色、棕红色细砂岩为主，夹棕褐、棕红色泥岩，顶部有一层灰白色粉砂岩
中生	白垩	上				
	白垩	下	卡普沙良群	390		上、中部为棕色泥岩与浅灰、浅棕色细砂岩、粉砂岩不等厚互层，下部灰白色含砾粗砂岩、细砂岩夹棕色泥岩
	侏罗	下		55		灰白色砂岩、含砾砂岩，间夹炭质页岩、煤层，顶部为炭质页岩
	三叠	上	哈拉哈塘	115		上部为深灰色灰色细砂岩、炭质页岩；下部为灰白色中粒长石岩屑砂岩，夹深灰色页岩
	三叠	中	阿克库勒	300		上部为深灰、灰色砂岩，粉砂岩，中上部为深灰色细砂岩，浅绿灰色含砾砂岩，中下部为灰色页岩，下部为浅绿色细砂岩，含砾砂岩夹深灰色页岩
	三叠	下	柯吐尔	80		深灰色页岩、局部夹粉砂岩、细砂岩
	二叠	上	沙井子	95		上部为棕褐色页岩、浅灰色细砂岩夹粉砂岩，下部为灰白凝灰质含砾砂岩夹棕红色泥岩，底部为杂色细砾岩
	二叠	下	开派兹雷克	325		灰褐、深灰、灰绿色英安质凝灰熔岩夹灰绿色凝灰质砂岩，底部为黑色玄武岩
	二叠	下	库普库兹满	285		上部为棕褐色页岩、砂质页岩夹浅灰色粉细砂岩，中下部为浅灰色粉砂岩夹紫色泥岩和泥质粉砂岩，底部为深灰色砂岩
	二叠	下		90		褐灰、深灰色英安玄武岩
古生	石炭	上	小海子	90		深灰、灰白色角砾状生物碎屑灰岩和泥灰岩
	石炭	下	卡拉沙依	510		深灰、灰绿色页岩与浅灰、棕褐色粉-粗砂岩互层
	石炭	下		100		棕褐、深灰色页岩
	石炭	下	巴楚	25		黄灰色泥质灰岩，夹灰色页岩
	石炭	下	巴楚	120		上部为厚层盐岩、石膏岩夹薄层含泥膏盐岩；下部为厚层棕色泥岩
	石炭	下	巴楚	60		灰白长石岩屑砂岩，杂色中-粗砾岩
	泥盆		东河沙	80		灰白色中砂岩和褐色粉砂页岩
	泥盆		克兹尔塔格	240		上部粉砂岩夹细砂岩，中下部为厚层细砂岩夹粉砂岩、泥质粉砂岩及中砂岩
	志留			165		绿灰色页岩、粉砂质页岩、底部为长石岩屑细砂岩
	奥陶	上	桑塔木	120		上部为灰绿色、暗棕色粉砂质页岩，下段为灰褐色粉砂岩、粉砂质页岩、角砾状灰岩、泥晶生屑灰岩互层
	奥陶	上	印干	100		灰黑色页岩夹灰灰岩
	奥陶	中	萨尔干	150		黑色页岩夹薄层状灰岩及灰岩透镜体
	奥陶	中下	黑土凹	60		下部为页岩夹灰岩，中部为黑色炭质页岩，上部是易破裂的黑色硅质页岩
	奥陶	下	蓬莱坝	>260		浅灰色白云质灰岩，灰质白云岩
	寒武		下丘里塔克-玉尔吐斯	490		生物屑灰岩，灰色亮晶砂屑灰岩，泥晶灰岩，灰黑色白云岩，下部为灰白云岩与灰色、灰黑色页岩，硅质页岩互层

顶部为炭质页岩。在库车坳陷和塔西南的喀什凹陷,厚度最大可达1 600～2 200 m,满加尔-孔雀河斜坡厚度为100～800 m,于田-若羌坳陷厚度为50～500 m。

2. 沉积特征

自寒武纪开始至今,塔里木盆地经历了一个海水逐渐退出的过程,沉积环境由海相、过渡相逐渐演化为陆相。其中,寒武-奥陶纪为主要的海侵时期,主要发育深海、半深海相以及台地相。进入志留纪以后,随着盆地内部局部隆起,沉积环境逐渐向浅海陆棚相过渡。到了泥盆纪之后,滨浅海相逐渐扩大,潮坪相沉积开始发育,且沉积范围在石炭纪达到最大。在早二叠世时期,海水开始退出,塔里木盆地逐渐转变为湖泊-洪泛平原为主的陆相沉积环境。三叠-侏罗纪时期,广泛发育河流-三角洲沉积。

寒武纪时期,塔里木盆地为典型的克拉通盆地,经历了快速海侵-缓慢海退的完整旋回。其中,在早寒武世的快速沉降时期,盆地发生海侵,发育了一套含磷沉积,盆地东部为深海-陆棚相区,西部为台地相区,中西部为广阔的斜坡相区。

早奥陶世继承了寒武纪的沉积格局,盆地东部地区水深逐渐增大,由台地相逐渐过渡为半深海-深海相。其中台地相以碳酸盐岩沉积为主,而在半深海-深海相则发育了欠补偿沉积。而到中晚奥陶世,受大规模海平面上升的影响,台地范围明显向西收缩。至晚奥陶世末期,台地整体被淹没。

早二叠世时期,海水向西南方向退缩,沉积中心主要分布在塔西南坳陷的棋盘一带。坳陷在原隆坳格局的背景下,继续接受海陆过渡相沉积;三叠纪时期,主要发育三角洲、半深湖和深湖相沉积,沉积中心位于库车坳陷;侏罗纪时期,沿塔里木盆地内缘主要发育了一套河流、湖泊相沉积。其中,塔西南地区主要为滨浅湖相沉积,塔东北、北缘库车及维马克地区主要发育冲积扇、河流沉积。

3. 构造特征

塔里木盆地的形成演化主要受南侧昆仑山和北侧天山两个造山带演化的控制,其中昆仑山起着主控作用。塔里木盆地以前震旦纪陆壳为基底,可以划分为寒武纪-早奥陶世的早期被动陆缘、中晚奥陶世-志留纪(中泥盆世)的周缘前陆盆地、石炭纪-早二叠世的晚期被动陆缘、晚二叠世-三叠纪的弧后前陆盆地、侏罗纪-白垩纪-古近纪的断陷-拗陷及新近纪以来的再生前陆盆地等阶段。

盆地基本构造格架为"三隆四坳",包括塔北、中央、塔南等隆起和库车、北部、塔西南和塔东南等坳陷(图4-3)。

图4-3
塔里木盆地
构造分区

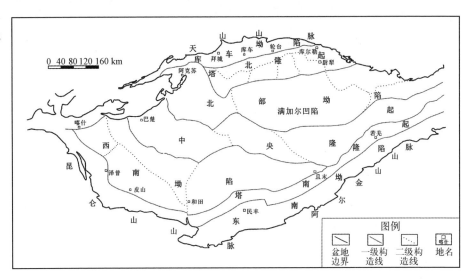

4. 页岩分布

1) 下寒武统

下寒武统是塔里木盆地页岩最为发育的层位之一,其中的玉尔吐斯组页岩最大厚度在200 m左右,主要分布在盆地东部地区且向东厚度逐渐增加。页岩埋深普遍较大,基本大于4 500 m,如星火1井页岩埋深大于5 830 m,库南1井大于5 200 m,塔东1井大于4 650 m,塔东2井大于4 840 m。

2) 奥陶系

黑土凹组页岩主要分布于满加尔凹陷东部,厚度在50~150 m;萨尔干组页岩分布在盆地西部的柯坪-阿克苏一带,厚度一般不足50 m;印干组页岩主要分布在盆地西部柯坪的印干村一带,厚度一般小于100 m(图4-4)。奥陶系页岩埋藏深度较大,盆地西部一般均超过4 000 m,东部一般超过6 000 m。

3) 三叠系

三叠系页岩主要分布在库车坳陷,厚度一般在400~600 m,靠近南天山山前一带的厚度可达700~800 m。在阿瓦提凹陷-顺托果勒隆起地区,厚度通常在200 m以下。

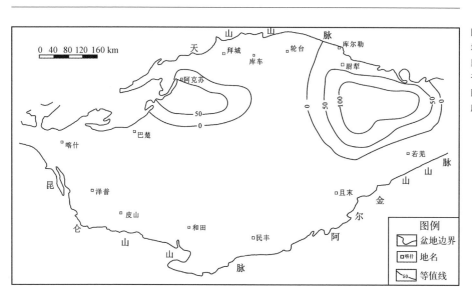

168

中国
页岩气地

图 4 - 4
塔里木盆地
奥陶系萨尔
干组和黑土
凹组页岩厚
度分布

第 4 篇

三叠系页岩埋深介于1 000～11 000 m,其中塔北-塔中地区埋深较浅,多介于1 000～5 000 m,库车坳陷埋深多为6 000～10 000 m,拜城凹陷大于10 000 m。

4)侏罗系

侏罗系页岩主要发育在库车坳陷、塔西南、塔东南和库鲁克塔格地区。库车坳陷侏罗系暗色页岩厚度一般在300～600 m,靠近南天山山前一带厚度不断增加,可达700～800 m,其中,炭质页岩主要分布于库车坳陷,厚度可达100 m。侏罗系页岩埋藏深度介于1 000～9 000 m。其中,塔东、塔西南和塔东南地区页岩埋藏深度小于4 000 m,库车坳陷埋深多介于6 000～9 000 m。

4.1.2　页岩气形成地质条件

1. 页岩有机地球化学

1)中下寒武统

中下寒武统有机质主要来源于藻类及浮游生物等低等水生生物,类型以 I 型为主。TOC 主要为 0.5%~5.5%,最高可达 14%,TOC 高值区分布在塔东地区尉犁-若羌一带,普遍在 1.0% 以上。中下寒武统页岩由于埋藏深度大,有机质成熟度普遍较高,露头及浅井样品实测 R_o 介于 1.5%~3.0%,属于高-过成熟阶段,在塔西喀什、塔中-巴楚一带以及塔东等地区,页岩的 R_o 可达到 4.0% 以上。

2) 奥陶系

奥陶系暗色页岩有机质以 I 型为主。TOC 介于 0.5%~3.0%,最高可达 7% 以上,TOC 的平面变化趋势与中下寒武统页岩相似,在塔东及塔中-巴楚地区达到高值,普遍在 1% 以上(图 4-5)。奥陶系页岩有机质成熟度明显较低,目前实测 R_o 介于 0.8%~1.8%,除塔东及塔中的局部凹陷区 R_o 可能高于 3.0% 以外,大部分地区均在 2.0% 以下,总体处于成熟-高成熟阶段(图 4-6)。

3) 三叠系

三叠系页岩有机质以 Ⅲ 型为主,TOC 主要在 0.5%~3.0%。其中,库车坳陷较高,最高可达 3% 以上;塔北、塔中地区 TOC 较低,多小于 1%。有机质成熟度变化较大,在阿瓦提凹陷-顺托果勒隆起地区 R_o 一般在 0.5%~0.7%,处于低成熟阶段;在库车坳陷的露头区,R_o 可达 1.9%;在坳陷中心一带,埋深一般在 9 000 m 以上,估计 R_o 可达到

图 4-5
塔里木盆地
奥陶系暗色
页岩 TOC
分布

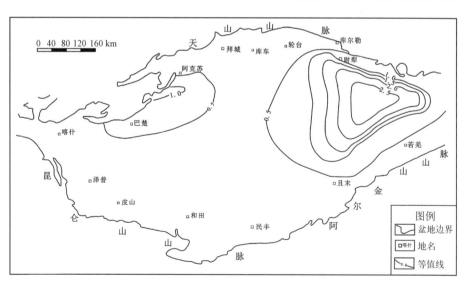

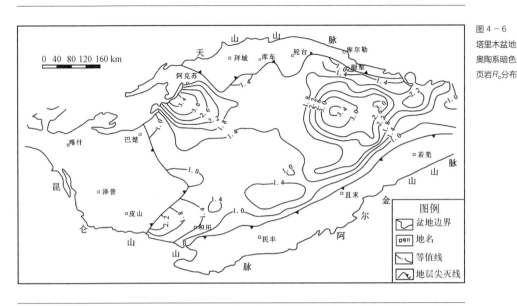

图 4 - 6
塔里木盆地
奥陶系暗色
页岩R_o分布

2.5% 以上,已经进入过成熟阶段。

4）侏罗系

侏罗系暗色页岩的有机质具有湖泊-沼泽相特征,有机质以Ⅲ型为主。TOC 一般为 0.5%~2.3%。其中,库车坳陷页岩 TOC 整体较高,主要分布在 1.5%~3.0%,最高可达 6%,炭质页岩则多大于 10%;塔东地区页岩 TOC 相对坳陷总体偏低,多介于 0.5%~2.0%;塔西南地区页岩 TOC 较塔东地区高,多在 1.0%~2.0%,最高可达 10%。成熟度变化较大,一般介于 0.5%~3.0%,但大部分地区处于高-过成熟阶段,在库车坳陷和塔西南地区成熟度较高,R_o 多大于 1%;在沙雅隆起、满加尔凹陷-孔雀河斜地区的成熟度较低,R_o 多介于 0.5%~1.0%;塔东南地区成熟度最低。

2. 储层特征

1）岩石矿物

玉尔吐斯组页岩以石英和碳酸盐矿物为主,含量可超过 70%,其余为石膏以及少量黏土矿物、钾长石、斜长石;萨尔干组页岩以石英为主,含量超过 60%,其次为黏土矿物（含量小于 25%）以及少量斜长石。在较高程度的成岩作用下,寒武-奥陶系页岩中的黏土矿物大部分被伊利石化,部分页岩中也含有少量的伊/蒙混层。

三叠系和侏罗系陆相页岩中的黏土矿物含量高,多大于30%,部分页岩在50%以上,黏土矿物中伊/蒙混层和伊利石含量相对较高,从而有利于与黏土矿物有关的微孔隙发育,以增强页岩的吸附能力。此外,石英含量一般为20%~70%,长石含量相对较低,多小于10%,部分样品含有黄铁矿、菱铁矿等矿物,个别样品碳酸盐矿物含量较高。

2)储集物性

尉犁1井下寒武统西大山组页岩中的孔隙主要赋存于黏土基质中,页岩、灰质页岩的孔隙度一般在6%以下,渗透率为$(0.05 \sim 5.4) \times 10^{-3} \, \mu m^2$,面孔率一般为0.1%~1.5%;奥陶系页岩储集空间主要包括微裂缝、有机孔、粒间孔、溶蚀孔等,页岩露头孔隙度为0.1%~21.7%,平均值为7.8%,以中孔和宏孔为主(乔锦琪等,2016);侏罗系页岩孔隙主要为纳米级晶间孔、溶蚀孔、收缩缝以及微米级孔缝,孔隙度主要介于0.5%~4%,渗透率均小于$0.01 \times 10^{-3} \, \mu m^2$(高小跃等,2013)。

3. 页岩含气性

塔里木盆地页岩含气性数据较少,主要利用等温吸附实验分析页岩含气性,结果显示了良好的吸附性能。中下寒武统页岩等温吸附最大含气量一般为1.2~3.4 m^3/t;奥陶系页岩最大吸附气量一般介于1~5 m^3/t;侏罗系虽然TOC偏低,但黏土矿物含量较高,最大吸附气量一般集中于1~2 m^3/t(高小跃等,2013)。

4.1.3 页岩气发育有利方向

盆地中下寒武统页岩气的资源条件主要受控于埋藏深度。孔雀河斜坡带的尉犁地区与塔东低凸起带中下寒武统页岩埋藏深度通常在5 000 m以内,TOC适中,成熟度较高,是页岩气资源发育的有利方向。

与低有机质丰度的印干组页岩相比,萨尔干组为高有机质丰度页岩,更有利于页岩气的富集。其主要分布在柯坪-阿克苏一带。

三叠系页岩主要分布于塔北、塔中一带,与寒武系和奥陶系海相页岩相比,有机质丰度较低,孔雀河斜坡部位的页岩气资源条件相对较好。

侏罗系页岩除了库车坳陷埋藏较深外,其他地区埋藏相对较浅,成熟度适中,页岩气资源条件有利区主要分布于塔东低凸起带和塔西南地区,其次为库车坳陷。

4.2　准噶尔盆地上古生界-中生界

准噶尔盆地平面呈南宽北窄的三角形,总面积约为 $13 \times 10^4 \ km^2$。盆地自晚石炭世以来均有沉积地层发育,富有机质页岩分布较为普遍。目前已发现了以克拉玛依为代表的一系列油气田,这预示着盆地具有良好的页岩气资源条件。

4.2.1　页岩气发育地质基础

1. 地层特征

准噶尔盆地大部分地区均沉积了厚层状的陆源碎屑岩地层(图 4-7)。

（1）石炭系

下石炭统主要为深灰、灰色页岩,厚度可达 1 450 m。中上石炭统主要为炭质页岩、砂岩、硅质岩、凝灰岩、火山岩、火山碎屑岩及变质岩等。地层累计厚度可超过6 000 m,火山岩夹层多,见页岩或板岩。页岩可见于下石炭统的滴水泉组(主要为深灰色页岩)和上石炭统的祁家沟组(柳树沟组)。

（2）二叠系

二叠系地层累计厚度超过 3 000 m。下二叠统主要为佳木河组和风城组的砾岩与细砂岩、粉砂岩不均匀互层,局部夹钙质砂岩和灰岩层。其中,佳木河组主要为火山岩、砾岩、砂岩、页岩及火山碎屑岩等;风城组主要为黑灰色白云质页岩、凝灰质页岩、凝灰质碳酸盐岩与凝灰岩等。中二叠统主要为芦草沟组和红雁池组(两套地层合并也称为下乌尔禾组或平地泉组)的页岩、粉砂岩、砂岩及砾岩,不均匀互层。其中,芦草沟组发育灰绿色砂岩和炭质页岩,共可分为 4 个岩性段,下部的第四岩性段为纸片状油

图4-7 准噶尔盆地地层综合柱状图

地层				最大厚度/m	岩性剖面	岩性描述
界	系	统	组			
中生	白垩	下	吐谷鲁			页岩、泥质砂岩夹薄层砂岩
	侏罗	上	齐古	680		中段发育厚层砂岩、砾岩及页岩
		中	头屯河			粗粒的砂岩、砾岩为主，上段沉积页岩
			西山窑			上段沉积页岩，下段以粗粒的砂岩、砾岩为主，发育煤层
		下	三工河	880		上段沉积页岩、中段沉积粗粒砂岩，发育煤层
			八道湾	625		顶部发育煤层，中段沉积厚层页岩，夹薄层砂岩
	三叠	上	白碱滩			发育厚层页岩，夹薄层砂岩
		中	克拉玛依			砂岩、砾岩、泥质砂岩、页岩互层发育
		下	百口泉	580		砂、砾岩沉积为主，夹薄层页岩
古生	二叠	上	上乌尔禾			上段沉积页岩、泥质砂岩，下段发育厚砾岩
		中	下乌尔禾			页岩、泥质砂岩夹薄层砾岩
			夏子街			砂、砾岩沉积为主，夹薄层页岩
		下	风城			上段发育页岩，下段发育凝灰岩
			佳木河			上段沉积砂岩，下段以凝灰岩为主
	石炭		祁家沟、滴水泉等			深灰色、灰色页岩、砂岩、碳酸盐岩、玄武岩等

页岩层，夹黑褐色层状含油砂质页岩、泥质页岩、薄层砂岩及薄层白云质灰岩，该段总厚可达220 m。第三岩性段为黑灰色至黑色层状油页岩，风化后表面多呈棕黄色，该段厚度可达160 m。上二叠统主要为滨海相灰绿色长石砂岩、凝灰质砂岩、凝灰岩等。

（3）三叠系

下三叠统的百口泉组又分为韭菜园组和烧房沟组，韭菜园组主要为紫红色页岩、灰绿色岩屑砂岩、粉砂岩不均匀互层，厚度在180～280 m；烧房沟组主要为紫红色、灰紫色夹灰绿色岩屑砂岩，粉砂岩、泥质粉砂岩夹少量砂砾岩，厚度在230～300 m。中三叠统的克拉玛依组主要为灰色、灰黄色、灰绿色砂岩、页岩、暗灰色炭质页岩夹薄煤层，含菱铁矿结核。中上三叠统的白碱滩组(至盆地东部为郝家沟组,南缘为黄山街组)发育厚层状页岩,夹薄层状砂岩。

(4)侏罗系

下侏罗统的八道湾组主要岩性为灰白色、灰绿色砾岩、砂岩和灰绿色、灰黑色页岩夹煤层,厚度一般在 100～260 m,向东厚度逐渐增加,最高可达 625 m;三工河组岩性为灰黄色、灰绿色页岩、砂岩夹炭质页岩及灰岩,总厚度为 880 m。中侏罗统的西山窑组主要为灰、灰绿色砂岩、砾岩,灰绿色、灰黑色页岩、炭质页岩夹煤层、菱铁矿薄层;头屯河组底部为厚层砾状砂岩,下部为杂色砂岩和页岩互层,上部为绿色砂岩和页岩互层,部分地区见炭质页岩和煤线,厚度在 200～650 m。上侏罗统的齐古组主要为一套紫红色、褐红色砂质页岩夹紫色、灰绿色砂质页岩、砂岩及凝灰岩,厚度为 140～680 m。喀拉扎组主要为砂岩和砾岩,厚度为 50～800 m。

(5)白垩系

白垩系主要岩性为灰绿色、棕红色页岩、砂质页岩、砂岩、粉砂岩组成的不均匀互层,总厚度为 220～2 400 m,在盆地东部、西部缺失。

(6)古近系

古近系主要为粉砂岩、砂岩及砾岩,盆地南缘山前断褶带的厚度可达 3 600 m。

2. 沉积特征

自石炭纪以来,准噶尔盆地沉积经历了早石炭世的海相、晚石炭世的过渡相和中新生代的陆相三大阶段。早石炭世时期,准噶尔地块被海水所包围,发育了河流、沼泽、浅海,甚至半深海相沉积。晚石炭世时期,北部水体逐渐变浅并导致海水逐渐退出,整体上形成了南部为海相、北部为过渡相的沉积格局。

从早二叠世开始,盆地整体进入过渡相演化阶段,局部发育浅湖、半深湖及深湖相。其中,风城组形成于残留海的潟湖环境中,芦草沟组沉积时期为半深湖-深湖相。至二叠纪末期,盆地内海水彻底退出,进入全新的陆相沉积阶段。

早三叠世开始,盆地主体开始接受大规模陆相沉积,湖盆沉积范围不断扩大,至晚三叠世时期,湖域范围达到最大。晚三叠世末期,盆地北部经受了一次构造抬升运动,造成了西北缘、东北缘和陆梁地区的部分地层缺失,奠定了盆地北高南低的基本格局。

　　进入早侏罗世,盆地整体构造较为稳定,早期水体相对较浅,八道湾组沉积时期,盆地北部主要发育了冲积扇、河流、沼泽、三角洲及滨浅湖相沉积,南部则主要发育了河流、三角洲、滨浅湖及半深湖相沉积,三工河组主要为河流、三角洲相。中晚侏罗世,盆地沉积范围逐渐收缩,西山窑组沉积时期主要形成了河流-沼泽相沉积,在南部地区发育了滨浅湖相沉积。

　　3. 构造特征

　　海西运动时期,准噶尔地块遭受挤压,导致地块边缘抬升,初步形成了准噶尔盆地基本轮廓。石炭纪时期,挤压作用进一步增强,随后盆地遭受掀斜运动,沉积水体逐渐退出。至二叠纪时期,盆地进入前陆发展阶段,页岩开始在中部和东部地区发育。三叠纪时期,盆地主体进入拗陷阶段。侏罗纪末期,盆地抬升,盆地大部分上侏罗统地层遭受剥蚀。白垩纪以来,盆地逐步形成现今格局。准噶尔盆地主要由南部坳陷、中央坳陷、乌伦古坳陷及其围缘隆起所组成(图4-8)。

图4-8
准噶尔盆地
构造单元划
分(杨海波
等,2004)

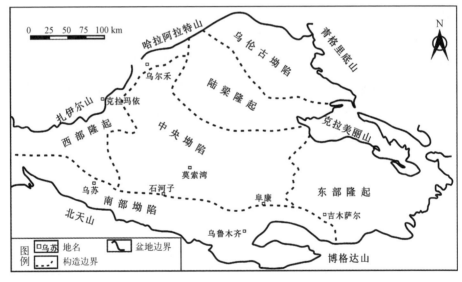

　　4. 页岩分布

　　准噶尔盆地主要在石炭、二叠、三叠、侏罗、白垩及古近系等5套层系中发育了页岩。其中,中二叠统的芦草沟组和下侏罗统的八道湾组等页岩条件为优。

石炭系页岩在盆地内的分布较为广泛,页岩分布总体连片性较差,厚度一般为50 m,最大超过150 m。在盆地中心部位埋藏深度一般均超过5 000 m,除盆地南部山前以外,靠近盆地边缘部分埋深一般小于4 000 m。

下二叠统佳木河组页岩主要分布在盆地中央坳陷内,向盆地西北缘方向,厚度可达250 m;风城组页岩主要分布于玛湖、昌吉凹陷及其周缘,页岩厚度较大。下二叠统平均埋深超过8 000 m。

中二叠统下乌尔禾组(平地泉组)页岩主要呈北北西-南南东方向分布于盆地中部地区(盆地西北缘和腹部地区,如玛湖、昌吉、吉木萨尔、石树沟等凹陷),分布较为连续,厚度一般为150 m,最大厚度约为600 m,位于盆地南部。地层埋藏深度大部分均超过4 000 m,仅在外围区域埋深为2 000~4 000 m。其中,芦草沟组分布比较稳定,平均厚度为250 m,最大厚度位于盆地中部,页岩厚度超过500 m。在博格达山北缘、盆地南缘和柴窝堡坳陷也有分布,在地面出露为一套油页岩。

中三叠统的克拉玛依组和上三叠统的白碱滩组页岩全盆分布,主要为湖相暗色页岩。克拉玛依组页岩分布特点与中二叠统相似,在位于盆地南部的厚度中心处,页岩厚度接近200 m,平均埋深在5 000 m,由南向北逐渐抬升。白碱滩组页岩分布面积较大,平均厚度为100 m,南厚北薄趋势明显,最厚超过了400 m,页岩平均埋深为4 500 m,南部一般均大于5 000 m,北部多浅于4 000 m。

下侏罗统的八道湾组主要发育富有机质的黑色页岩和炭质页岩,地层普遍含煤,分布面积广,厚度一般为50 m,最大超过450 m,页岩平均单层厚度为7 m,最大可达40 m,页岩平均埋深为4 000 m,盆地南部中心处普遍大于5 000 m,北部一般小于4 000 m。中侏罗统西山窑组页岩分布面积更广,尽管最大厚度可达200 m,但一般只有20 m左右,平均埋藏深度为3 500 m,仅盆地南部部分地区埋深超过4 500 m。三工河组页岩分布与八道湾和西山窑组页岩相似,平均厚度为150 m,平面上存在多个厚度中心,平均埋藏深度不足3 500 m。

下白垩统和古近系页岩主要分布于盆地南缘地区。

4.2.2　　页岩气形成地质条件

1. 页岩有机地球化学

下石炭系统的滴水泉组页岩有机质主要为 Ⅱ 型和 Ⅲ 型,有机质丰度低,TOC 一般为 0.5%~1.5%,局部可达 2.0%。热演化程度相对较高但变化较大,R_o 一般为 1.87%~2.62%,低的只有 0.8%,高的可致局部轻微变质。

下二叠统的佳木河组页岩有机质以 Ⅲ 型为主,TOC 平均为 0.6%,一般为 0.1%~2.0%,R_o 为 1.4%~1.9%,处于生气并形成页岩气阶段;风城组页岩有机质多为 Ⅰ 或 Ⅱ 型,TOC 一般介于 1.3%~2.0%,R_o 为 0.9%~1.2%,处于成熟-高成熟生油气并形成页岩油气阶段。

中二叠统的下乌尔禾组(平地泉组)页岩有机质主要为 Ⅱ 和 Ⅲ 型,TOC 一般在 0.7%~3.1%,平均为 1.5%,R_o 在 0.5%~1.8%,处于成熟-高成熟生气阶段。其中,芦草沟组页岩的氢指数(HI)介于 0~700 mg/g,干酪根氢碳原子比(H/C)分布在 0.25~1.70,氧碳原子比(O/C)分布在 0.03~0.23,有机质以 Ⅰ、Ⅱ 型为主。页岩 TOC 总体较高,多数样品大于 1.5%,最大可超过 10%,平均为 2.0%,高值区主要分布在盆地中部坳陷区。页岩 R_o 由东向西逐渐增加,从不足 0.5% 连续变化为 0.9%,局部大于 3.0%。在主体坳陷区,R_o 变化于 0.7%~3%,凹陷中心区域已进入干气阶段;红雁池组页岩有机质大多为 Ⅲ 型,TOC 变化介于 0.4%~5.2%,目前处于低成熟-成熟阶段。

中三叠统的克拉玛依组页岩有机质为 Ⅱ 和 Ⅲ 型,TOC 一般在 0.5%~2.5%,平均为 1.5%,R_o 平均为 1.2%。

上三叠统的白碱滩组页岩有机质为 Ⅲ 型,上段 TOC 平均为 1.5%,下段平均为 0.9%,有机质成熟度较低,R_o 平均值约为 1.1%。

中下侏罗系统的八道湾、三工河及西山窑组页岩 H/C 原子比分布在 0.25~1.45,O/C 原子比主要分布在 0.02~0.20。有机质主要为 Ⅱ 和 Ⅲ 型,有机质热演化程度普遍偏低,南高北低,成熟度平均约为 1.0%,但在凹陷中心部位,成熟度为 1.2%~2.0%,达到高成熟阶段,从八道湾组到西山窑组逐渐降低。其中,八道湾组页岩 TOC 一般为 0.5%~1.5%,最大可达 5.6%。三工河组页岩 TOC 变化于 0.5%~1.5%,平均不足 1.0%。西山窑组页岩 TOC 一般在 1.0% 左右,多变化于 0.5%~2.0%。

此外,下白垩统的吐谷鲁组页岩有机质以Ⅰ-Ⅱ型为主,TOC普遍较低,平均值可达1.3%,R_o一般均小于0.5%,在凹陷深处可达成熟阶段;古近系的安集海河组有机质为Ⅱ型,TOC变化较大,为0.1%~4.5%,有机质普遍处于未成熟阶段,但在埋深较大的凹陷区可达成熟。

2. 储层特征

芦草沟组页岩中石英和长石含量较高,最高可达50%,黏土矿物含量为5%~40%。除此之外页岩中碳酸盐含量偏高,主要为白云石。八道湾组页岩石英平均含量为36%,长石平均含量为10%,黏土矿物含量一般均大于50%。此外,在黏土矿物中,伊/蒙混层含量为20%~70%,高岭石、绿泥石、伊利石平均含量均低于18%。

芦草沟组页岩页理发育,微孔主要包括有机孔、微裂缝、黏土矿物溶蚀孔、粒间孔隙等,其中有机孔以宏孔为主,直径介于0.06~6μm,这一部分孔对微观孔隙度贡献较大。八道湾组页岩有机孔普遍不发育,但有机质边缘收缩缝较为发育。芦草沟组和八道湾组页岩孔隙度均在10%之下。

3. 页岩含气性

准噶尔盆地不同时代暗色页岩气测异常较为普遍,特别是在莫索湾及其以南地区,气测异常值明显提高。甲烷等温吸附实验表明,在30℃、1.6~3.5 MPa条件下,八道湾组页岩吸附气量为2.3 m³/t。现场解析实验也验证了准噶尔盆地暗色页岩含气,含气量可达2.5 m³/t。

4.2.3 页岩气发育有利方向

准噶尔盆地页岩发育层系较多,但二叠、三叠及侏罗系页岩油气地质条件良好。水西沟群(包括八道湾组和西山窑组)、下乌尔禾组(含芦草沟组)、风城组、白碱滩组及克拉玛依组等地层页岩厚度大、分布面积广、埋深条件适中、有机地球化学条件良好,页岩油气地质条件相对有利。受盆地地层结构和埋深变化影响,这些有利层系主要分布在盆地的中偏北部,以中央坳陷为中心,向西、向北、向东方向形成了三面环绕之势。

除上述层系之外,滴水泉组、三工河组、佳木河组以及红雁池组等地层页岩也相对发育,页岩气地质条件较好,有机质热演化生成油气、埋藏深度条件适中的地区,也将是页岩气资源发育的有利选择。下白垩统及古近系页岩只有在盆地南部埋藏深度较大的凹陷中才能达到成熟。

4.3 吐哈盆地上古生界-中生界

吐哈盆地位于新疆东部,面积约为 $5.3 \times 10^4 \ km^2$,是新疆维吾尔自治区境内第三大沉积盆地。吐哈盆地页岩普遍达到成熟阶段,有机质以生气为主,具有良好的页岩气资源潜力。2014 年,中国地质调查局油气资源,调查中心实施了该盆地第一口页岩油气调查井——朗页 1 井。

4.3.1 页岩气发育地质基础

1. 地层特征

二叠纪开始至今,盆地内发育了多套碎屑岩沉积,总厚度约为 8 000 m,其中包含多套富有机质页岩。自下而上,吐哈盆地连续发育了石炭至第四系的地层,富有机质页岩主要分布在上二叠统和中下侏罗统(图4-9)。

石炭系:上石炭统主要为火山岩和砂岩,向上过渡为砂岩、页岩及碳酸盐岩。

二叠系:下二叠统主要为火山碎屑岩、凝灰岩与砂岩。中二叠统下部为砂岩,上部为页岩,在七角井地区发育了巨厚的深灰色页岩、沥青质页岩及油页岩,夹薄层泥晶灰岩,含钙质结核。上二叠统下部为灰绿色砾岩与褐红色页岩互层,夹灰黑色页岩,上部主要为灰绿色页岩与砂岩不等厚互层,夹黑色页岩、煤线及石灰岩。

三叠系:厚层状红色、深灰色、黄绿色页岩夹薄层砂岩和泥晶灰岩,含钙质结核,含有两层共计15 m 厚的煤层,最大地层厚度可达2 000 m。

图 4 - 9
吐哈盆地地
层综合柱状
图

地 层				最大厚度/m	岩性剖面	岩性描述
界	系	统	群/组			
新生	古近		鄯善群			上部沉积页岩，下部沉积砂岩
中生	白垩	上	库木塔克			发育厚层砂岩
		下	吐谷鲁群			上部发育页岩，中部以杂色页岩为主，下部为厚层含砾砂岩
	侏罗	上	喀拉扎			页岩、粉砂岩和砂岩互层
			齐古			页岩沉积为主
		中	七克台	200		上部发育暗色页岩，下部为暗色页岩、杂色页岩夹砂岩
			三间房			上部为页岩和砂岩互层含煤，下部为厚层页岩
			西山窑	1 400		顶部为砂岩，中部为煤层、暗色页岩互层，底部为砂岩
		下	三工河	300		顶部为暗色泥页岩含煤层，底部为砂岩
			八道湾	900		上部为暗色页岩和煤层，夹砂岩，下部为砂岩
	三叠	上-中	郝家沟			暗色页岩与砂岩互层
			黄山街			上部为暗色页岩，下部为厚层砂岩
			克拉玛依	2 000		页岩与砂岩互层
		下	上仓房沟			上部为页岩夹砂岩,中部发育碳酸盐岩，下部为页岩
古生	二叠	上	下仓房沟			上部为杂色页岩夹砂岩，下部为厚层砂岩
			桃东沟群			上部为厚层的暗色页岩，下部为砂岩
		下	依尔希土			顶部为暗色页岩和砂岩，中部发育火山岩,下部为暗色页岩和碳酸盐岩
	石炭	上	苏穆克			顶部为暗色页岩和碳酸盐岩，底部为火山岩和砂岩

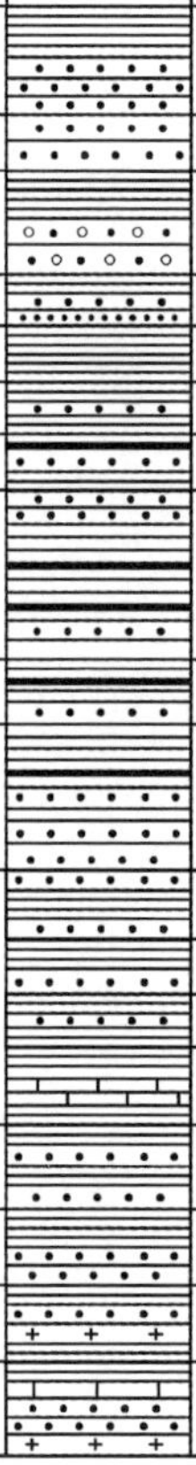

　　侏罗系：下侏罗统八道湾组主要为深灰绿色砂岩、砂质页岩、页岩及煤层,厚度变化于120～900 m;三工河组主要为灰绿色页岩和灰白色砂岩互层,夹钙质页岩,最大厚度为300 m。中侏罗统的西山窑组主要岩性为暗色砂岩、页岩,夹褐灰色砂岩和煤层,含菱铁矿,厚度变化在300～1 400 m;三间房组发育岩性为杂色砂岩、页岩夹灰白色砂岩,底部为灰绿色砾岩;七克台组上部暗色页岩局部夹薄层泥灰岩,下部为砂岩夹页岩,厚度为100～200 m。上侏罗统下部岩性以棕红色页岩夹细砂岩、粉砂岩为主,上部为棕红色块状砂岩夹泥灰岩,含钙质结核。

白垩系：从下到上可分为吐谷鲁群和库木塔克组，沉积厚度在 1 000 m 以上。其中，吐谷鲁群下段为厚层砂岩，中段为杂色页岩，上段为页岩。

古近系：主要为砂岩、砂质页岩和页岩沉积，最大地层厚度超过 2 600 m。

2. 沉积特征

结束了石炭纪时期的海相沉积后，吐哈盆地在早二叠世时期开始发生了大规模海退，海水向东南方向退出，在盆地中西部地区形成了海陆过渡相沉积。在二叠纪时期形成了河流、沼泽、扇三角洲和湖泊相沉积，台北凹陷中心为半深湖相沉积，其他大部分地区发育滨浅湖，北部和西部边缘为扇三角洲相沉积。其中托克逊凹陷主要发育扇三角洲相沉积，仅北部有小范围沼泽相。至中、晚三叠世，盆地进入陆相沉积阶段，并开始出现北深南浅的沉积格局，在盆地南部形成了滨浅湖和扇三角洲相。

从侏罗纪开始，盆地北部水体进一步加深。八道湾组沉积期形成了半深湖、滨浅湖及沼泽相沉积。台北凹陷出现了半深湖相，托克逊凹陷发育了沼泽、滨浅湖和半深湖相，哈密凹陷主要发育了河流相；西山窑组沉积时期，台北凹陷主要发育了滨浅湖、扇三角洲、沼泽及河流相沉积；七克台组沉积时期，在胜北凹陷及丘东凹陷北部发育了半深湖相，台北凹陷形成了滨浅湖相、三角洲相及冲积扇相。

白垩纪时期，盆地内的沉积范围有所缩小。经沉积范围较大的古近纪和新近纪之后，在第四纪湖盆消失。

3. 构造特征

石炭纪末期，吐哈盆地发生褶皱-冲断运动，盆地西北部抬升，海水向东南部退出。二叠纪末期，盆地发生以升降为主、掀斜为辅的构造运动，导致盆地北部博格达山前沉降加速，使盆地进入前陆阶段。三叠纪末，掀斜运动进一步发生，在盆地北部地区形成了沉降沉积中心，导致盆地内连续发生了长时期的快速沉降。中侏罗世开始的燕山运动对吐哈盆地也产生了一定影响，隆升作用导致了湖泊-扇三角洲体系沉积面积缩小。晚侏罗世末期，盆地发生以褶皱-冲断-抬升为特点的构造运动，结束了湖泊-扇三角洲体系沉积。白垩纪时期盆地沉积区域萎缩，沉降中心南移并进入残存坳陷萎缩阶段。新近纪时期，晚喜山运动使博格达山大规模崛起，发生强烈的逆掩冲断和褶皱，盆地构造面貌基本定型。

现今的吐哈盆地可分为吐鲁番坳陷、哈密坳陷及两者之间的了墩隆起。吐鲁番坳陷是吐哈盆地的主体,又可分为台北、科牙依、托克逊和台南等四个凹陷(图4-10)。

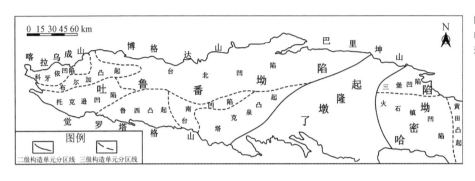

图4-10
吐哈盆地构造单元划分

4. 页岩分布

吐哈盆地主要发育了二叠系的桃东沟群、侏罗系的水西沟群及三叠系的小泉沟群页岩。其中,桃东沟群主要包括了大河沿组、塔尔朗组等,水西沟群包括了下侏罗统的八道湾组、三工河组和中侏罗统的西山窑组。

桃东沟群在盆地北部分布较广,尤其是在博格达七角井地区沉积了巨厚的深灰色页岩夹薄层泥晶灰岩。八道湾组暗色页岩厚度一般为40~100 m,主要发育在台北凹陷,其他地区页岩厚度减薄。西山窑组页岩主要分布在台北和托克逊凹陷,厚度为250 m左右。哈密坳陷暗色页岩厚度普遍较小(图4-11)。

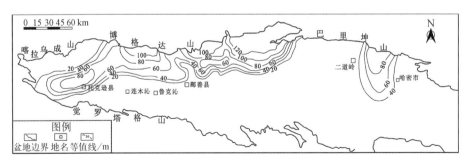

图4-11
下侏罗统八道湾组页岩厚度分布

4.3.2　　页岩气形成地质条件

1. 页岩有机地球化学

1) 桃东沟群

桃东沟群页岩有机质以Ⅲ型为主,TOC 多数高于 1.5%,最高可达 2.5% 以上,R_o 一般为 1.0%~2.0%。台北凹陷 TOC、R_o 均有由西向东逐渐变小的趋势,TOC 由 2.5% 开始向东逐渐减小,R_o 则由 2.0% 逐渐减小为 1.0%。

2) 水西沟群

在吐哈盆地的各凹陷中,水西沟群有机质主体为Ⅲ型。其中八道湾组页岩主要为 $Ⅱ_2$ 型,西山窑组页岩以Ⅲ型为主。

八道湾组页岩有机质丰度较高,TOC 一般为 0.5%~2.5%,两个高值区均位于盆地西部(胜北和托克逊凹陷),最高值为 3.9%。哈密凹陷 TOC 较低,一般仅为 1.0%(图 4−12)。西山窑组有机质丰度整体较低,TOC 平均值为 0.9%。

图 4−12 吐哈盆地侏罗系八道湾组页岩TOC 等值线

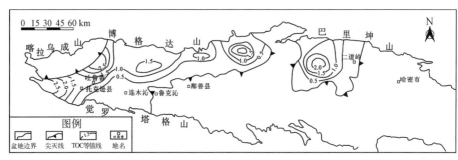

水西沟群页岩 R_o 在盆地西部的台北凹陷较高,局部可达 1.2%(图 4−13),向东逐渐降低。至小草湖洼陷,R_o 为 0.6%~0.8%,再向东的哈密坳陷,R_o 低至 0.4%~0.6%,整体处于低熟−成熟阶段。

3) 小泉沟群

三叠系湖相页岩在盆地内也有一定分布,TOC 为 0.3%~2.7%,热演化阶段为成熟−高成熟阶段,R_o 为 1.1%~1.4%,也具有一定程度的页岩气资源前景。

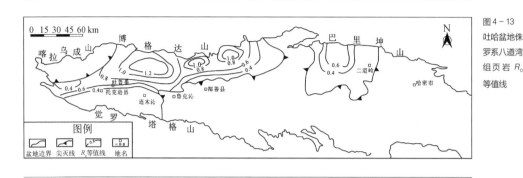

图 4 - 13
吐哈盆地侏
罗系八道湾
组页岩 R_o
等值线

2. 储层特征

吐哈盆地二叠系桃东沟群页岩石英含量约为 30%，黏土矿物含量大于 40%，其中伊利石、伊/蒙混层含量较高，绿泥石含量较低，高岭石含量极低。

侏罗系水西沟群页岩的脆性矿物含量较高，一般在 50%~60%，部分地区石英含量可达 50%，黏土矿物含量为 40%。八道湾组页岩伊利石、高岭石含量较高，绿泥石、伊/蒙混层含量较低，西山窑组页岩伊利石含量偏高。

桃东沟群和水西沟群页岩常见水平层理缝，部分裂缝见方解石充填，微观孔隙包括有机质裂缝、黏土矿物收缩缝、溶蚀孔、晶间孔等。页岩孔隙度一般为 1.0%~6.0%，受裂缝发育影响，渗透率差异性较大，一般都小于 $0.005 \times 10^{-3} \mu m^2$。

3. 页岩含气性

钻井在侏罗系水西沟群页岩地层中多次见到页岩气显示，气测异常一般在 0.5%~10%。采用现场解吸法，直接获得了解吸气，从而表明了页岩气资源的存在。

4.3.3　页岩气发育有利方向

在吐哈盆地，二叠和侏罗系页岩气地质条件有利区均主要位于台北凹陷。桃东沟群和水西沟群页岩是目前吐哈盆地各项指标和条件均为最好的页岩气目的层系，但目前勘探程度较低。

除此以外，上二叠统梧桐沟组、下侏罗统三工河组、上侏罗统七克台组以及三叠系小泉沟群均发育有不同厚度的富有机质页岩,特别是下石炭统亚满苏组发育炭质页岩,具有一定的页岩气资源潜力。

4.4 柴达木盆地上古生界-中生界

柴达木盆地是位于青藏高原东北部的叠合盆地,总面积约为 $12 \times 10^4 \ km^2$。2012年,国土资源部对该盆地的页岩气资源进行了调查与评价,2013 年,中国地质调查局油气资源调查中心实施了柴达木盆地的第一口页岩气调查井——柴页 1 井,在目的层侏罗系发现 3 套含气页岩层段。

4.4.1 页岩发育地质基础

1. 地层特征
柴达木盆地主要发育石炭系及侏罗系以新地层(图 4 - 14)。

(1)石炭系

石炭系主要为灰岩、页岩及砂岩等,夹煤线或煤层,厚度超过 1 900 m。其中,富有机质页岩主要发育在上石炭统克鲁克组,其下部为黑色、灰色粉砂岩、炭质页岩、煤层及灰岩的韵律沉积;上部为厚达 400 m 的灰白色砂岩与灰岩韵律。

(2)侏罗系

侏罗系地层分布广泛,总体具有西厚东薄、南厚北薄的沉积特征。

下侏罗统湖西山组:为黑色、深灰色页岩夹泥质粉砂岩、粉砂岩、灰岩、灰质页岩与煤层,厚度在 1 500 m 以上。

下侏罗统小煤沟组:为灰黄、灰绿色砾岩、砂岩及灰褐色、黑色页岩、油页岩、炭质页岩夹煤层,厚约 1 400 m。

中侏罗统大煤沟组:为灰黑色页岩、炭质页岩,灰绿色砂岩、砾状砂岩及砾岩,夹

地层			最大厚度/m	岩性剖面	岩性描述
界	系 统	组			
新生	新近 上新	狮子沟	700	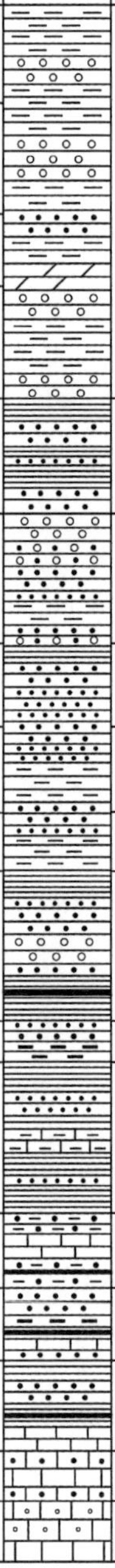	棕红色泥岩与灰色砾岩互层夹棕灰色砂质泥岩、泥质粉砂岩、泥灰岩
		上油砂山	1 125		
		下油砂山	440		
	中新	上干柴沟	740		
	古近 渐新	下干柴沟	830		棕灰色页岩与棕灰色粗砂岩互层夹粉砂岩
		路乐河	1 310		以棕褐色、紫灰色砾岩、砾状砂岩、含砂砾岩为主，夹棕褐色、棕红色砂岩、泥岩、砂质泥岩及泥质粉砂岩
中生	白垩 下	犬牙沟	305		棕色泥岩、粉砂岩与灰白色中、细砂岩互层
	侏罗 上	红水沟	315		棕红色砂质泥岩、粉砂岩与砂岩
		采石岭	120		紫红色、灰绿色砂岩（粉砂岩）-砂质泥岩-泥岩韵律层
	中	大煤沟	1 030		灰黑、黑色泥页岩、炭质泥岩粉砂岩、砂岩，产可采煤层，中部夹砾岩
	下	小煤沟	90		灰黄色细砾岩、粉细砂岩，深灰色黑色炭质页岩、煤层
		湖西山	1 730		黑色、深灰色、灰色页岩夹泥质粉砂岩、粉砂岩、泥晶灰岩
古生	石炭 上	扎布萨秀	420		灰、灰黑色砂质页岩与灰岩，局部夹煤线或煤层
		克鲁克	410		下部为黑色、灰色粉砂岩、炭质页岩、煤层、煤线、灰岩组成的韵律，上部为灰白色砂岩、灰岩组成的韵律页岩
	下	怀头他拉	620		下部位灰绿色砂岩、页岩夹灰岩含煤线；上部为燧石灰岩，生物碎屑灰岩
		城墙沟	190		灰色中厚层状砂质灰岩及灰岩
		穿山沟	330		中厚层、厚层生物灰岩及鲕状灰岩

图4-14 柴达木盆地地层综合柱状图

砂质页岩、棕褐色油页岩与煤层,厚度为1 000 m。

上侏罗统采石岭组:以杂色砂砾岩及紫红色泥岩为主,厚度约为700 m。

上侏罗统红水沟组:以浅棕色泥岩和灰色砂岩、粉砂岩为主,偶夹黄绿色泥岩,厚度可达600 m。

(3)白垩系

犬牙沟组:岩性以棕灰色、浅紫红色砂砾岩为主,夹棕色泥岩,厚度逾千米。

(4)古近系

新生界在整个盆地中均有分布,但主体分布在西部坳陷区。

路乐河组:以棕褐色砾岩、砂砾岩、砂岩为主,夹棕红色砂岩、粉砂岩及泥岩。可见深灰色页岩,厚度可达1 300 m。

下干柴沟组:以棕红色砂砾岩和灰绿色页岩为主,夹粉砂岩,下粗上细,在盆地西部可见钙质页岩和碳酸盐岩,厚度超过800 m,可超过2 000 m。

(5)新近系

上干柴沟组:黄绿色砂岩和棕红色泥岩不等厚互层,盆地西部以页岩为主。地层厚度变化于200~1 000 m。

下油砂山组:主要为棕灰色砾岩、砂岩和深灰色页岩,厚度为300~1 500 m。

上油砂山组:灰色厚层状砾岩、黄绿色砂岩及棕红色泥岩,厚度为300~1 400 m。

狮子沟组:厚层状砂岩、砾岩及棕红色泥岩,夹膏盐层。

(6)第四系

七个泉组:主要为杂色泥岩和砂质泥岩,夹粉砂岩及炭质页岩,地层最大厚度为3 400 m。

2. 沉积特征

柴达木盆地主要经历了三叠纪之前的海相、海陆过渡相沉积和侏罗纪以后的陆相沉积。其中,在石炭纪、侏罗纪、古近纪时期沉积了厚层状富有机质页岩。石炭纪时期,经历了早石炭世和晚石炭世两次海侵,沉积相由滨海相向浅海相过渡,包括滨岸相、碳酸盐岩台地相、浅海陆棚相等,在古陆周缘发育了潮坪、沼泽和扇三角洲等海陆过渡相。

侏罗纪时期主要发育了冲积平原、河流、沼泽、浅湖及半深湖相,部分地区还发育有辫状河三角洲相。其中,早中侏罗世的湖西山组为陆相湖泊沉积,小大煤沟组以河流、沼泽为主。晚侏罗世及白垩纪主要为冲积平原和滨浅湖相沉积。

古近纪的路乐河组和下、上干柴沟组沉积期为洪泛、河流相、小型湖盆相沉积,局部可形成浅湖-深湖环境。

新近纪时期,主要为冲积、河流、三角洲、扇三角洲、滨浅湖相,其中在盆地中西部发育了干旱湖相,可至半深湖-深湖相。

3. 构造特征

盆地发育主要经历了震旦纪-中泥盆世的克拉通、晚泥盆世-三叠纪的裂陷和前陆、古近纪以来的拗陷等三大演化阶段。晚泥盆世开始,盆地发生裂陷,至三叠纪形成前陆盆地。三叠纪晚期的印支运动结束了长期地抬升和剥蚀历史,盆地开始广泛接受陆相沉积。

在侏罗纪以来的中新生代时期,盆地主要经历了断陷和拗陷 2 大过程和 4 个演化阶段。早中侏罗世,近东西走向的断裂活动形成了一系列分隔断陷。晚侏罗世-白垩纪,燕山运动造成了盆地的挤压和抬升,以冷湖为代表的地区发生地层剥蚀。古近纪时期,盆地在区域挤压应力背景下发生走滑拗陷。新近纪以来,盆地边缘发生推覆并形成一系列褶皱,盆地发生拗陷沉降。

盆地可分为一里坪、德令哈、三湖等坳陷及周缘其他构造带(图 4 - 15)。

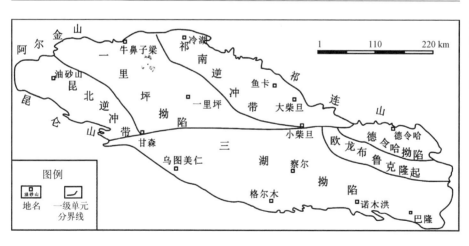

图 4 - 15
柴达木盆地
构造分区
(杨超等,
2012)

4. 页岩分布

柴达木盆地富有机质页岩主要发育在上石炭统克鲁克组、中下侏罗统大煤沟组和小煤沟组、渐新统下干柴沟组以及中新统上干柴沟组。

克鲁克组页岩厚度在50～150 m,主要分布在柴东和柴北地区,凹陷内的页岩厚度普遍超过100 m。

湖西山组、小煤沟组及大煤沟组主要为河湖相含煤建造。其中,小煤沟组页岩主要分布在盆地北部,厚度在30～200 m;大煤沟组页岩主要分布在盆地北部和东部,沿柴北缘至德令哈一线分布,厚度在30～100 m。

下、上干柴沟组页岩主要沿南部山前一带分布,最大厚度可达800 m,柴西地区埋深一般小于3 500 m。

4.4.2　　　页岩气形成地质条件

1. 页岩有机地球化学

克鲁克组页岩有机质主要为 III 型,少部分 II$_2$型。在柴北缘地区,页岩 TOC 分布范围跨度较大,为1.0%～10.0%,大部分超过1.5%,R_o主要分布于1.0%～1.3%,处于成熟阶段。

湖西山、小煤沟及大煤沟组页岩有机质以 II 型为主,向上部层位逐渐转变为 III 型。TOC 变化于0.3%～6.0%,一般为2.0%,R_o主要分布在1.3%～3%,处于高-过成熟阶段。

下干柴沟组页岩有机质以 II 型为主,上干柴沟组页岩有机质偏 III 型。两套页岩层系 TOC 均相对较低,一般不超过2.5%。下干柴沟组页岩成熟度较高,R_o大于1.0%,处于成熟-高成熟演化阶段;上干柴沟组页岩成熟度较低,多处于成熟阶段。

2. 储层特征

克鲁克组页岩黏土矿物含量平均为50%,石英和长石含量为40%。黏土矿物中,伊/蒙混层占总黏土矿物含量的60%;大小煤沟组页岩脆性矿物含量超过40%,黏土矿物含量平均为40%,以高岭石和伊/蒙混层为主,平均含量可至60%;下、上干柴沟组页岩黏土矿物含量普遍大于60%,其中伊利石含量超过50%。

三套页岩储集空间类型多样,均主要为粒间孔、晶间孔、有机质孔及溶蚀孔及微裂缝等,渗透率普遍低于 $0.05 \times 10^{-3} \mu m^2$。其中,克鲁克组页岩孔隙度一般为 5%~7%,大小煤沟组页岩储层孔隙度为 0.5%~5%,下、上干柴沟组页岩孔隙度主要为 0.5%~3.5%。

3. 页岩含气性

柴达木盆地页岩层段普遍见气测异常,显示页岩气发育的广泛可能性。通过对鱼卡凹陷柴页 1 井进行的页岩气现场解析,得出大煤沟组页岩总含气量介于 0.1~3.2 m^3/g,平均值为 1 m^3/g,有随深度增大而增加的趋势。

4.4.3 页岩气发育有利方向

纵向上,盆地发育了多套页岩层系,但中下侏罗统的湖西山、小煤沟及大煤沟组页岩气资源地质条件相对最好,在坳陷边缘、构造斜坡及盆地内部抬升区,埋藏深度相对适中,地质条件更加有利。

古近系的下干柴沟组和新近系的上干柴沟组,在湖相页岩发育的沉积中心处页岩气地质条件良好,在坳陷中心区域较为有利,可发育页岩油气。

石炭系的克鲁克组页岩气地质条件变化较快,主要沿盆缘、凸起或低断陷发育,具有一定的页岩气资源地质条件。

除此之外,坳陷中新近系的上、下油砂山组也有一定的页岩油气资源潜力,特别是第四系地层中可能的生物成因页岩气,也值得引起重视。

4.5 其他中小型盆地上古生界-中生界

4.5.1 贺西地区中小型盆地

贺西地区位于贺兰山以西、祁连山南麓以北、中蒙边界以南的甘、宁、青、蒙区域,包括了酒泉、六盘山、花海、敦煌等数十个中新生代中小型盆地。盆地总面积约为 37×10^4 km²，页岩气勘探程度整体较低。

1. 页岩发育地质基础

（1）地层特征

受构造和沉积演化影响，贺西地区中小型盆地地层发育差异较大。虽然古生界、中生界、新生界地层均有不同程度发育，但古生界地层分布受限且部分变质，新生界地层厚度较小、面积有限，主要发育中生界侏罗系-下白垩统地层，富有机质页岩分布其中。

石炭系主要为粉砂岩、页岩、泥灰岩及碳酸盐岩，中上石炭统发育含煤建造，可见油页岩，地层分布广泛，厚度可达 3 800 m。

二叠系以紫红色砂岩、粉砂岩、泥岩等为主，夹生屑灰岩，厚度可达 1 300 m。

下侏罗统（炭洞沟组、大山口组等）主要为褐黄色砾岩、砂岩、粉砂岩及灰黑、深灰色页岩，夹煤线，在酒泉、民和、花海、六盘山及敦煌等盆地皆有分布；中侏罗统（窑街与红沟组、中间沟与新河组）以灰黑色页岩、粉砂岩、砂岩为主，向上渐变为黄绿色至红色，下部发育的煤层向上消失；上侏罗统主要为河流相红色及杂色砾岩、砂岩及泥岩，局部发育灰黑色泥灰岩及页岩。各盆地中下侏罗统页岩厚度变化较大，其中潮水盆地页岩厚度可达 600 m，定西和民和盆地最大厚度在 100 m 左右，巴彦浩特盆地不足 60 m。

下白垩统主要为暗色页岩夹灰绿色砂岩、砾岩等，以贺西地区西部为中心，暗色页岩厚度可达 1 800 m，在酒泉、花海、六盘山、民乐等盆地发育最好，向东至武威、潮水、巴音浩特等盆地消失。

上白垩统及其以新地层以杂色砂岩、粉砂岩、页岩等为主，沉积地层厚度大，横向连续性强。

（2）构造特征

贺西地区为复杂的板块交汇处，晚古生代末期，各主要板块完成拼合，开始了板块内活动阶段，主体上形成了以早中侏罗世为主的坳陷型中新生代山间盆地。

受区域板块演化格局控制，贺西地区在早侏罗世时期主体形成了 2 个大致东西向交织延伸的区域性沉降带，南北分别为华北西缘沉降带和塔里木东缘沉降带，向南进一步衍生为具有块断升降特点的中祁连沉降区。在两个沉降带内，分别形成了 2 个不规则的沉降中心区,后续中新生代盆地在此基础上发展演化,逐渐形成了现今众多中小型盆地分隔沉降、分区沉积,但基本属性特点大致相同的盆地分布格局。

早白垩纪,贺西地区产生一系列北东走向断裂并形成断陷。晚白垩世开始,贺西地区发生整体拗陷作用。古近纪末发生喜山运动,地层褶皱变形,盆地格局逐渐定型。

（3）沉积特征

早石炭世开始,贺西地区持续发生海侵,沉积范围不断扩大,形成了以海陆过渡相、海相为主的沉积。其中,早石炭世主要为海湾相,中石炭世以潮坪、潟湖等环境为特点,晚石炭世主要为滨海平原和滨海沼泽相。

二叠纪,全面发生海退,形成干旱的河流相为主沉积,间歇性出现封闭性半深湖。

早中侏罗世,该地区发育为一系列分隔性断陷深湖、半深湖、沼泽相,晚侏罗世时期主要为河流、滨浅湖相所取代。

早白垩世时期,大部分地区发育为深湖、半深湖相。晚白垩世以来,主要发育为河流、湖泊相。

2. 页岩气形成地质条件

（1）石炭系

石炭系页岩有机质主要为 Ⅱ 型和 Ⅲ 型,有机质丰度变化较大,TOC 为 1.0%~11.0%,其中,中上石炭统页岩 TOC 较大,R_o 为 0.4%~1.3%,现今主要处于生凝析油、形成页岩油气阶段。

（2）二叠系

二叠系页岩有机质主要为 Ⅲ 型,TOC 变化于 0.1%~6.5%,一般约为 1.6%。R_o 一般不超过 1.3%,现今主要处于形成页岩气阶段。

（3）中下侏罗统

中下侏罗统页岩有机质以 $Ⅱ_2$ 型和 Ⅲ 型为主,TOC 变化于 1.4%~15.0%。平面上,民和、酒东、敦煌等盆地 TOC 较高,而巴彦浩特、定西、潮水等盆地 TOC 较低。R_o 为 0.3%~1.4%,一般处于未成熟-成熟阶段。

（4）下白垩统

下白垩统页岩有机质类型主体上为 Ⅱ 型,部分为 Ⅰ 型或 Ⅲ 型。TOC 变化于

0.6%~3.6%,且从下向上有不断增加的趋势。R_o变化于 0.4%~1.8%,平均值为 1.0%,主体处于成熟到高成熟阶段。赤金堡组和下沟组 R_o 相对较高,处于成熟-高成熟阶段,而中沟组页岩 R_o 一般均在 0.8% 以下,处于未成熟-低成熟阶段。

3. 页岩气发育有利方向

尽管盆地面积较小,但许多证据已经表明了页岩油气的发育和存在,在定西、潮水、民和、银额等盆地中,目前已经发现了油砂、工业油气流或油藏,表明中下侏罗统和下白垩统以页岩油气发育为主,石炭系和二叠系主要是页岩油气资源有利层系。

从平面来看,酒泉、敦煌、民和、花海、潮水等盆地页岩油气地质资源条件相对较好,其中页岩厚度稳定、TOC 和 R_o 较高的凹陷中心或沉积中心,可作为页岩气发育有利区。

4.5.2　　　新疆地区中小型盆地

新疆地区中小型盆地发育较多,主要包括三塘湖、伊犁、精河、大小尤尔都斯、焉耆、吉木乃、塔城、吐云、库木库里及塔什库勒等。

1. 页岩发育地质基础

（1）地层特征

尽管存在一定差异,如焉耆盆地缺失上古生界,但大部分盆地均缺失下古生界而分布有上古生界、中生界和新生界地层。富有机质页岩主要发育在上二叠统的芦草沟组（铁木里克组）和中下侏罗统的八道湾组、三工河组、西山窑组。此外,石炭系和泥盆系也不同程度发育富有机质页岩。

泥盆系地层主要发育在和丰、布尔津、马莲泉等盆地中,页岩主要为暗色页岩和炭质页岩。

石炭系分布较广,底部为火山岩及凝灰岩,中上部主要为灰岩、泥灰岩夹砂岩及砾岩。暗色页岩和炭质页岩主要发育在三塘湖、吉木乃和塔城等盆地中。

二叠系下部主要为黑灰色白云岩与凝灰质页岩互层,上部为深灰色页岩、炭质页岩与灰色安山岩及玄武岩互层。其中,上二叠统页岩主要见于三塘湖（芦草沟组）、伊犁(铁木里克组)等盆地中,为暗色页岩、炭质页岩夹砂岩或砂砾岩。

三叠系主要为页岩与粉砂岩、细砂岩不等厚互层,其中三叠系小泉沟组页岩分布较为局限。

侏罗系分布较为广泛,下侏罗统的八道湾组、三工河组及中侏罗统的西山窑组(大小尤尔都斯盆地称为那拉提组及煤窑沟组)主要为灰黑色页岩和粉砂岩,夹煤层。

白垩系、古近系及新近系岩性相似,主要为棕褐色、褐红色泥岩、砂质页岩及粉砂岩等。

(2)构造和沉积特征

新疆地区主要经历了三大沉积旋回,即石炭-二叠纪火山碎屑、浅海-半深海相旋回,中生代海陆交互、河流、湖沼及山麓洪积相旋回,新生代冲积扇、山麓洪积相旋回。

石炭纪-早二叠世时期构造活动较弱,形成了广海相陆棚环境,晚二叠世芦草沟组(铁木里克组)为浅海-深海相沉积。

中生代发生了三叠纪、早侏罗世(八道湾组)及中侏罗世(西山窑组)等3次湖侵,分别出现了三次聚煤期,形成了三套含煤炭质页岩。

(3)页岩分布

泥盆系页岩分布以和丰盆地为代表,石炭系页岩主要发育在三塘湖、塔城和吉木乃等盆地中,页岩厚度一般为40~80 m,埋深一般为1 500~4 000 m。

上二叠统页岩主要发育在芦草沟或铁木里克组,在三塘湖、柴窝堡、伊犁、精河等盆地中均有分布,厚度一般为15~70 m,埋深为1 500~4 000 m。

中下侏罗统八道湾组、三工河组及西山窑组页岩在三塘湖、伊犁、精河、大小尤尔都斯及焉耆等盆地中均有分布,八道湾组和三工河组页岩总厚度一般为50~250 m。西山窑组分布较少,沉积厚度较小。

2. 页岩气形成地质条件

泥盆系页岩有机质主要为Ⅲ型,TOC主要为4.0%~10.0%,R_o为1.3%~2.0%,处于高成熟阶段。

石炭系页岩有机质主要为Ⅲ型,TOC主要分布在1.0%~5.0%,R_o主要介于1.0%~1.6%,处于成熟-高成熟阶段。

上二叠统芦草沟组页岩有机质主要为Ⅲ型,少部分为Ⅱ₂型。TOC分布在

$1.0\% \sim 7.0\%$，R_o 介于 $0.6\% \sim 2.8\%$，多处于成熟-高过成熟阶段。页岩孔隙度一般小于 7%。

上三叠统小泉沟群页岩有机质主要为Ⅲ型，TOC 大于 1.0%，R_o 为 $0.6\% \sim 0.7\%$，处于低成熟阶段。

中下侏罗统八道湾组、三工河组及西山窑组页岩有机质类型主要为Ⅲ型。八道湾组和西山窑组页岩有机质丰度较高，TOC 一般为 $1.0\% \sim 13.0\%$，R_o 小于 1.0%，处于低熟-成熟阶段。三工河组页岩 TOC 平均值 1.8%，热演化程度偏低，属于未熟-低熟阶段。

3. 页岩气发育有利方向

尽管中小型盆地面积较小，但页岩气资源条件并不完全受盆地面积大小所限制，盆小沉积深的盆地页岩气地质条件优于盆大沉积浅的盆地，故各盆地均具有不同程度的页岩气资源条件。除部分盆地外，该区中小型盆地普遍具有良好的页岩发育和分布，但页岩地层较薄、平面相变较快、有机质热演化成熟度与埋藏深度匹配等因素，限定了页岩气的资源前景开发。发育上二叠统、石炭及泥盆系页岩、页岩体积较大、埋藏深度适中的盆地，页岩气资源条件较好；发育中下侏罗统八道湾组、三工河组及西山窑组页岩、页岩厚度较大、成熟度较高的盆地，页岩油资源条件较好。

第 5 章

其他地区页岩气
资源条件

除了扬子、华北、塔里木等板块及其周缘中的页岩气分布以外，西藏及中国近海也分布着众多含油气盆地，它们面积大、数量多、勘探认识程度低，其中的潜质页岩分布广、厚度大，已经发现的大量油气显示证明了其中页岩油气的资源潜力。

5.1 西藏及其北缘地区页岩气资源条件与展望

西藏地区位于特提斯含油气构造域东段，平均海拔在 4 000 m 以上。其中发育有一系列规模较大的中、新生代含油气盆地，总面积约为 50×10^4 km^2。根据盆地时代以及沉积环境，西藏及其北缘地区盆地可划分为以中生代海相和以中新生代陆相沉积为主的两类盆地群（赵政章等，2000），这两类盆地群具备了页岩气形成的基础地质条件。

5.1.1 羌塘盆地中生界

羌塘盆地位于西藏自治区北部（图 5-1），目前已在中生界地层中发现了近 200 处油气显示（谭富文等，2002），在盆地的南部和北部地区均发现有上侏罗统油页岩（汪正江等，2007），这一点直接印证了富有机质页岩的发育和存在。

1. 页岩发育地质基础

1）地层特征

在前泥盆系变质基底上，羌塘盆地主要发育了晚古生代以来的地层沉积。其中，石炭-二叠系海相沉积地层目前被认为是褶皱基底，对其油气地质意义不加讨论。三叠系以新地层是盆地油气勘探的主要层系，可分为海相（T-K）和陆相（Kz）沉积两部分。其中，以三叠系和侏罗系为主的海相地层在羌塘盆地最为发育，碎屑岩和碳酸盐岩地层广泛分布，厚度可逾万米，岩相稳定，化石丰富，肖茶卡组、曲色组、布曲组及索瓦组等地层是主要的含页岩层系（图 5-2）。

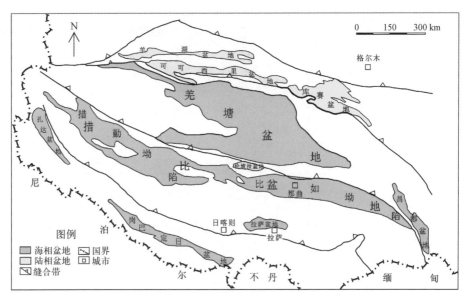

图 5 - 1
西藏主要含
油气盆地

　　肖茶卡组岩性主要为砂岩、粉砂岩、灰岩、页岩及煤线夹层,地层厚度大,在盆地北部可达 1 500 m,与下覆地层不整合接触。曲色组以页岩、泥晶灰岩夹粉砂岩为主,最大厚度可达 400 ~ 800 m。布曲组以页岩和碳酸盐岩沉积为主,厚度跨度较大,主要集中在 10 ~ 300 m,最大厚度可达 800 m。索瓦组主要为页岩、粉砂岩、泥质灰岩及生屑泥晶灰岩等。

　　2) 沉积特征

　　自泥盆纪以来,羌塘盆地经历了复杂的沉积过程。其中,在三叠纪-侏罗纪期间,盆地整体发生了三次海侵和海退。晚三叠世时期,盆地南北两侧出现深水沉积。到了晚三叠世末期,盆地北部开始抬起,发生了由北向南的大规模海退。早侏罗世末期至中侏罗世中期,盆地内开始再次发生海侵,广泛发育了台地相碳酸盐岩及碎屑岩沉积。至中侏罗世晚期,海水退出。进入晚侏罗世,盆地发生第三次海侵,台地相沉积发育,随后海水由北东向南西方向退出,盆地海相沉积结束。

　　肖茶卡组沉积受盆地内中央隆起带控制作用明显,在北部地区为半深海相,在南部地区则以碳酸盐岩台地相为主。从晚三叠世末期至早侏罗世,盆地北部地区整体隆

地　层				最大厚度/m	岩性剖面	岩性描述
界	系	统	组			
中　生	白垩	下	尕查鄂日	1 000		海相碳酸盐岩泥晶灰岩
						紫红色砂砾岩为主夹页岩
	侏罗	上	雪山	600		紫红色砂砾岩夹泥晶灰岩
						砂岩、粉砂岩与页岩互层
			索瓦	1 000		深灰色页岩、钙质页岩、泥灰岩夹灰岩、及砂岩
		中	夏里	800		紫红、灰绿、黄灰色长石砂岩、石英砂岩、岩屑石英砂岩、粉砂岩及泥质粉砂岩
			布曲	1 000		以生物灰岩、灰岩为主,灰-深灰色页岩夹泥晶灰岩
			雀错莫	800		岩屑(长石)砂岩、细砂岩、粉砂质页岩中夹有一层灰岩
		下	曲色	1 000		灰色页岩与泥晶灰岩夹粉砂岩,并见少量火山岩
	三叠	上	肖茶卡	1 500		灰黑色页岩、粉砂岩、砂岩夹灰岩
						浅灰色生物碎屑灰岩亮晶灰岩、钙质页岩
						灰绿色钙质页岩泥灰岩夹砂岩

图 5-2 羌塘盆地中生界地层综合柱状图

起抬升,海水由北向南退出,并形成剥蚀区。此时,在盆地中部靠近中央隆起的地区则主要发育河流-湖泊三角洲相,水体深度由北向南逐渐加深。布曲组和索瓦组为盆地最大海侵时期的沉积产物,沉积相主要为碳酸盐岩台地相。布曲组地层沉积时期,沉积水体东深西浅,地层东西分区特点明显;索瓦组地层沉积时期,沉积主要分布在中央隆起带的南北两侧。

3）构造特征

从早石炭世至新近纪，羌塘盆地随着羌塘地块的北移而不断向北漂移（赵政章等，2001），在这一过程中，冈瓦纳大陆裂解、古特提斯洋开合及后期的造山运动，对不断向北漂移的羌塘盆地产生了强烈的影响（王成善等，2006），盆地内构造活动频繁，后期改造强烈，早期地层发生区域变质而形成基底；在三叠纪-早白垩世期间，古特提斯洋板块沿着班公-怒江缝合带向北碰撞，晚白垩世后，新特提斯洋板块沿着雅鲁藏布江缝合带向北碰撞（李亚林等，2006），羌塘盆地内部形成多条逆冲推覆构造带，导致部分中生代海相地层发生推覆运动，部分中生界地层油气地质条件遭受破坏。现今的羌塘盆地可以划分为北羌塘坳陷、南羌塘坳陷、中央隆起带等 3 个二级构造单元。

4）页岩分布

受中央隆起带控制，肖茶卡组页岩厚度介于 20～500 m，主要分布在盆地的东部和东南部地区，具有南北分带、东西分区的特点，在盆地东南部附近厚度达到最大；曲色组页岩厚度为 400～800 m，主要分布在南羌塘地区，呈东西向长条形分布；布曲组页岩厚度为 20～300 m，主要分布在盆地东南部和西北部地区。相较而言，索瓦组页岩分布范围不及布曲组，但页岩最大厚度明显大于布曲组（超过 400 m），主要分布在盆地的东部。

2. 页岩气资源条件

1）页岩有机地球化学

（1）肖茶卡组

肖茶卡组页岩干酪根显微组分中的腐泥组含量平均为 65%，惰质组含量平均为 33%，有机质类型以 II_2 型为主，其次为 II_1 型。有机质丰度普遍较高，TOC 为 1.0%～8.0%。R_o 主要介于 2.1%～3.0%，多处于过成熟生干气阶段。

（2）曲色组

曲色组页岩干酪根显微组分以腐泥组和壳质组为主，有机质主要为 II 型。页岩有机质丰度整体较高，TOC 为 2.0%～2.7%。R_o 约为 2%，多处于过成熟生干气阶段。

（3）布曲组

布曲组页岩有机质以 II 型为主，但受沉积环境影响，整体呈现为"南偏油北偏气"的趋势，即北羌塘地区以 II_2 型为主，南羌塘地区则以 II_1 型为主。TOC 整体偏低，平均值为 0.4%。有机质成熟度整体较高,R_o 主要介于 1.6%~2.1%,处于高成熟-过成熟阶段。

（4）索瓦组

索瓦组页岩有机质显微组分中的腐泥组占绝对优势,其次为镜质组和惰质组,有机质类型以偏生油的 I-II₁ 型为主。有机质丰度整体较高,TOC 为 2.0%~10%,具有良好的生烃潜力。R_o 为 0.5%~2.0%,处于低成熟-高成熟阶段。索瓦组页岩整体具有良好的页岩气形成条件,但部分地区成熟度较低,目前处于生油阶段。

2）储层特征

（1）岩石矿物

中生界页岩中,石英、长石及黄铁矿等矿物含量较高,多在 50% 以上,曲色组页岩中以上矿物含量超过 65%;碳酸盐矿物以白云石为主,含量为 5%~20%。黏土矿物含量普遍较低,一般为 30%~35%,以伊利石、伊/蒙混层、高岭石以及绿泥石为主。

（2）物性特征

中生界页岩储层中,孔隙和裂缝均较发育。其中,孔隙类型主要为晶间孔和溶蚀孔,而裂缝主要为低角度的层间缝和成岩收缩缝。页岩孔隙度相对较低,约为 2%,渗透率极低,最大不超过 $0.02 \times 10^{-3} \mu m^2$。

3）页岩含气性

受到青藏地区复杂地表条件的限制,该区尚未展开页岩含气量测试等工作,从而难以对页岩含气性进行合理评价。但是,从羌塘盆地页岩有机地化条件来看,该区四套富有机质页岩层系普遍具有高有机质丰度、热演化程度适中等特点,这为页岩气的富集奠定了良好的物质基础,从而具备了页岩气形成的基础地质条件。此外,通过等温吸附实验（30℃、20 MPa）可知,该区页岩吸附含气能力整体介于 1.9~2.8 m^3/t,具有较好的页岩气勘探潜力。

5.1.2　　措比盆地中生界

措比盆地（原措勤盆地和比如盆地合称）是一个近东西向长条状展布的中、新生代盆地,可分为措勤和比如两个坳陷。其中,措勤坳陷南北宽约为130 km,东西长约为700 km,沉积面积仅次于羌塘盆地。比如坳陷则位于措勤坳陷向东自然延伸的方向上,与措勤坳陷具有大致相同的构造历史和地层沉积特点,具有相似的页岩气发育地质条件。到目前为止,已在措比盆地不同层系中发现了多处油气苗,昭示了盆地良好的页岩气前景。

1. 页岩发育地质基础

措比盆地的区域构造线以北西西或近东西向为主,褶皱和断裂发育,表现为近东西向狭长带状展布的凸凹相间排列结构。在晚古生代,现今的措比盆地为大陆边缘沉积,海西晚期运动导致泥盆-二叠系地层成为皱褶基底。印支早期运动使盆地开始接受上三叠统以新地层,主要包括中上侏罗统、白垩系和古近系等。其中,富有机质页岩层系主要为中上侏罗统的接奴群(措勤坳陷)、拉贡塘组(比如坳陷)和下白垩统的多尼组(图5-3)。

在措勤坳陷,接奴群沉积期可沿裂谷带划分为三个沉积区。裂谷带以南主要为滨岸相、浅海相及缓坡相,对应分别形成了石英砂岩与粉砂岩、粉砂质页岩夹砂砾岩、灰岩与泥灰岩等;裂谷带主要发育了深海相沉积,形成了深水复理石、放射虫硅质岩等;裂谷带以北主要为滨浅海相沉积,形成了石英砂岩、粉砂质页岩、泥灰岩以及灰岩等沉积。盆地中的地层岩性多为灰黑色、绿色粉砂质页岩夹灰岩,厚度一般在250~300 m。多尼组主要发育河流-冲积平原、滨岸-三角洲和浅海等沉积相,形成了下部以炭质页岩夹煤线和灰绿色粉砂质页岩为主、中上部以泥晶灰岩为主的沉积,平面上主要分布在盆地西部,与下覆的接奴群整合接触。

坳陷由于受到南北向挤压而发生东西向褶皱,形成了以拉贡塘组为代表的陆棚沉积体系和多尼组为代表的三角洲沉积体系。局部地区在后期继续沉降,形成了陆相沉积地层。

2. 页岩气资源条件

1) 接奴群/拉贡塘组

接奴群和拉贡塘组页岩为措比盆地中不同坳陷在同一时代的沉积产物,岩性主要为深灰色、灰黑色页岩、粉砂质板岩、石英砂岩、灰岩等,具有相似的地层岩性和页岩气形成条件。其中,接奴群页岩主要分布于措勤坳陷西部和北部,厚度在120~660 m,具

地层				最大厚度/m	岩性剖面	岩性描述
界	系	统	组			
中生	白垩	上	多尼	1000		灰白色石英砂岩
						中薄层状石英砂岩
		下				灰色页岩与薄层状石英砂岩互层
						灰褐色页岩,底部发育薄层板岩
						中薄层状石英砂岩夹薄层页岩
	侏罗	中上	接奴群/拉贡塘	2000		灰黑色页岩
						中厚层状石英砂岩、粉砂岩
						灰黑色页岩夹泥晶灰岩、生物灰岩
						灰黑色页岩
						中厚层状石英砂岩、粉砂岩
						灰黑色粉砂质页岩
						中厚层状石英砂岩
						灰黑色粉砂质页岩
						中厚层状石英砂岩
						灰褐色粉砂质板岩
						中厚层状石英砂岩
						灰褐色板岩、粉砂质板岩

图5-3 措比盆地中生界综合柱状图

有北厚南薄的分布特点。拉贡塘组页岩在比如坳陷的南北两侧均有分布,厚度最大可达1000 m。页岩有机质均以Ⅱ型为主,TOC 为0.2%～1.6%,平均值约为0.4%,有机质丰度条件总体较差。R_o变化范围较大,但总体处于较高成熟阶段,局部发生浅变质作用将页岩转变成了板岩。在有机质丰度较高、热演化作用较低的页岩展布区,页岩气可具有一定的资源前景。

2）多尼组

多尼组地层岩性以灰色、灰黑色砂岩、粉砂质页岩、泥灰岩、页岩、炭质页岩与煤线互层为主。措勤坳陷多尼组页岩主要分布在其北部一带,厚度多在150~500 m。比如坳陷多尼组页岩在其南、北两侧均有分布,页岩沉积厚度可逾1 000 m。页岩有机质以II_2-III型为主,TOC一般为1.0%,R_o与接奴群/拉贡塘组页岩大致相当,具有良好的生气潜力。

整体来说,措比盆地接奴群/拉贡塘组和多尼组富有机质页岩从白垩世中期开始进入生油气阶段,在古近纪晚期进入裂解生干气阶段,这为页岩气的发育提供了良好基础。但由于有机质丰度整体偏低,页岩气资源前景受到一定程度的限制,在局部高TOC的地区,有望获得较好的页岩气资源潜力。

5.1.3 页岩气资源展望

西藏及其北缘地区面积超过1 000 km²以上的盆地有20多个,它们以中生代残留海相盆地为主,较大型盆地主要分布于藏中北地区,南北缘地区则以小型盆地为主,譬如北缘的可可西里、羊湖及库赛等新生代陆相盆地和南缘的扎达、拉萨、岗巴定日等中生代海相盆地等。更进一步说,较大型盆地和藏南地区盆地均以侏罗-白垩系地层为主,其中的海相页岩厚度大、有机质成熟度高、构造变形作用强,页岩气资源前景较好但资源潜力受到一定影响;而藏北其他小型盆地则以古近系地层作为主要页岩层系,为三角洲前缘相和湖相,岩性以页岩和泥灰岩为主,有机质主要为II型,目前埋藏深度有限,热演化程度较低,从而导致页岩气资源潜力受限。

由于多方面原因,西藏及北缘地区油气勘探程度非常有限,大多数盆地几乎未进行油气勘探,整体认识水平较低。但富有机质页岩厚度大、有机质丰度较高、部分地区有机质热演化程度相对适中,这为页岩气资源奠定了良好基础。此外,西藏及北缘地区还发育了不受现今盆地边界限制的泥盆、石炭及二叠系地层,目前均主要作为中新生代盆地的褶皱基底进行处理,尚未对其中的页岩气成藏地质条件开展调查与研究。有证据表明,这些上古生界地层沉积厚度大、页岩地层占比高、有机质丰度高、局部地区的有机质热演化成熟度目前仍处于有效范围内,具有一定的页岩气资源潜力。

5.2 中国近海海域页岩气资源条件与展望

在不同的基底之上,中国近海分布着十余个中新生代含油气盆地,它们分布面积大、勘探程度低、页岩油气资源条件良好,是油气资源储备和未来油气勘探开发的重要领域。

5.2.1 页岩发育地质基础

中国近海均主要发育为北东-南西向特点的中新生代含油气盆地,大致以中国台湾为界,可分为以雁行状为特点的北部和以平行状为特点的南部两个盆地分布区(图 5-4、

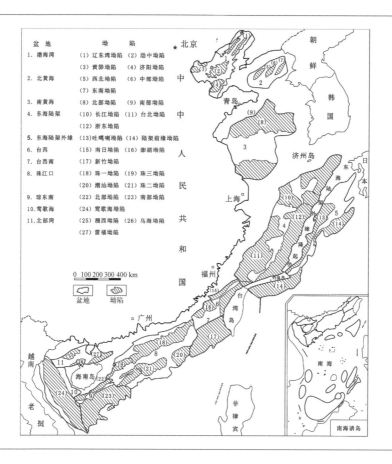

图 5-4 中国近海海域主要盆地分布

表 5 - 1），总体形成了对大陆的连续环绕。到目前为止，已先后在各海域盆地中获得了良好的油气发现，进一步证明了中国近海海域盆地具备形成页岩油气的良好地质条件。

表 5 - 1
中国近海主要盆地特点比较

盆地名称	地壳属性	地壳厚度/km	主要断陷时期	主要拗陷时期	盆地面积 ×10⁻⁴/km²	最大沉积厚度/m	沉积速率/(m/Ma)	页岩时代	有机质主要类型	海水深度/m
渤海	陆壳	28～35	E_2、E_3	N_1-N_2	5.7	10 000	161	E_2、E_3	Ⅱ	≤30
北黄海	陆壳	30～35	J_3-E_3	N_1-N_2	5	5 000	27	J、K、E	Ⅱ	平均38
南黄海	陆壳	30～35	K_2-E_1	N	5.3	8 200	86	K、E_1	Ⅱ	平均46
东海陆架	过渡壳	25～35	E_1、E_2	N_1-Q	23.2	12 000	58	E_2、E_3	Ⅱ、Ⅲ	60～200
东海陆架外缘	过渡壳	14～20	N_1	N_2-Q	15	12 000	189	N	Ⅱ	600～1 000
台西	过渡壳	18～30	K_2-E_2	E_3、N_1	3.5	12 000	83	K、E	Ⅱ、Ⅲ	0～1 400,平均80
台西南	过渡壳	12～26	$K-E_3$	N_1、N_2	5.6	10 000	70	K、E	Ⅱ、Ⅲ	0～3 000
珠江口	过渡壳	22～30	E	N	20.3	10 000	161	E_2、E_3	Ⅰ、Ⅱ、Ⅲ	平均200
琼东南	过渡壳	20～24	E_2、E_3	N_1、N_2	4.1	15 500	249	E_2、E_3	Ⅱ、Ⅲ	≤200
莺歌海	过渡壳	20～24	E_1、E_3	N_1、N_2	9.9	10 000	161	E_3、N	Ⅱ、Ⅲ	≤100
北部湾	过渡壳	22～30	E	N	3.6	9 000	145	E_2、E_3	Ⅰ、Ⅱ	≤55

1. 盆地形成与演化

断陷盆地形成演化的阶段性，决定了各盆地新生界沉积的旋回性，大致相似的区域构造应力背景导致近海各盆地的古近系和新近系构造层序具有良好的横向可对比性（图 5-5）。各幕构造运动强度的不均衡性，在垂向上造成了各层序沉积厚度和特征的差异性，在横向上造成了同一构造层序界面在不同盆地甚至同一盆地不同坳陷中的不完全等时性。

近海新生代断陷盆地一般均经历了断陷和拗陷两个主要演化阶段。在断陷阶段，构造运动以差异升降为特征，形成了受区域性构造格架所控制的箕状凹陷。在拗陷阶段，构造运动以区域性整体升降为特点，不均等的沉积地层以披覆或被覆方式整体叠置在分割性较强的箕状断陷和隆起之上。在两者之间，通常发育区域性的不整合接触

图5-5 中国近海主要盆地地层对比柱状图

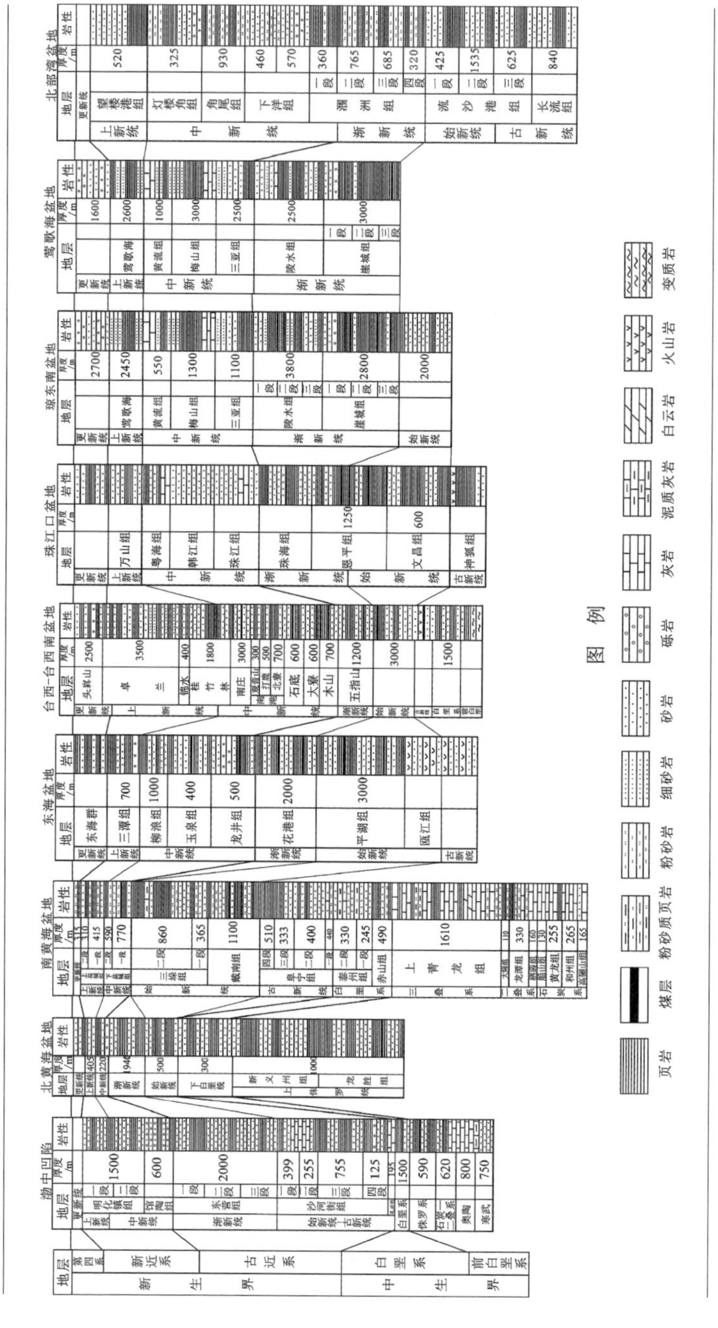
地层
渤中凹陷
北黄海盆地
南黄海盆地
东海盆地
台西-台西南盆地
珠江口盆地
琼东南盆地
莺歌海盆地
北部湾盆地
图例
页岩
煤层
粉砂质页岩
粉砂岩
细砂岩
砂岩
砾岩
灰岩
泥质灰岩
白云岩
火山岩
变质岩

界面,该界面一般出现在古近系和新近系之间,但在各盆地中的出现时间并不完全相同。在中国东部近海盆地,该不整合界面出现的时间相对较早,而在南部近海盆地,这一不整合面出现的时间相对较晚。

2. 区域沉积演化

在古近纪早中期,大部分近海盆地为河-湖沉积环境,来自南东方向的海水仅波及了台西南、台西盆地和东海陆架盆地南部;晚始新世末的构造抬升,导致近海区域整体转变为陆相环境;在渐新世早中期,海水侵入范围仍局限于台西南至东海盆地范围;直到晚渐新世的南海第二次扩张,海侵范围迅速扩大到南海北部的莺歌海、琼东南和珠江口盆地;从中新世开始,海侵范围进一步扩大,在南海北部陆架诸盆地、台西盆地和东海盆地形成了以海相沉积为主的格局,南、北黄海和渤海湾盆地直到第四纪转变为海域。因此,在从古近纪到新近纪的时间范围内,中国近海海域的绝大部分盆地都完成了由陆到海的变迁过程,进入第四纪以后全部开始接受海相沉积(表5-2)。

在以陆相为主的近海沉积盆地中,普遍出现了以冲积扇、河流、湖泊等为主的沉积相类型。其中的湖泊相除按水体深度分为滨湖、浅湖、半深湖以及深湖亚相以外,还可进一步划分为与其配套出现的三角洲、扇三角洲、湖底扇、滩坝、冲积扇以及河流相等环境。在以海陆过渡相为主的沉积盆地中,多发育了半咸水的潟湖、海(湖)湾、三角洲及滨岸-浅海陆棚、台地(坪)滩以及礁等相沉积,沉积相带多垂直于物源方向且呈半弧状或带状外延展布。

近海盆地古近纪以断陷沉积为主,特别是始新世至渐新世为断陷沉积发育的鼎盛期,主要发育了河流-湖泊沉积体系、滨湖相沼泽沉积体系以及海陆过渡相和海相沉积体系,其中发育了大型的三角洲、台地及海湾体系;在新近纪,地层沉积以坳陷披覆为主,发育了河流平原沉积体系、滨海河-湖-沼沉积体系、滨岸-浅海陆棚沉积体系、三角洲-浅海-碳酸盐岩台地沉积体系。

3. 页岩地层发育

近海海域各盆地页岩主要分布在古近系,新近系页岩分布较为局限,主要出现在莺歌海和琼东南等盆地。此外,中国近海各盆地中不同程度地存在着中生界和古生界页岩,但目前的研究程度还较低。

近海盆地主力页岩主要发育在断陷期欠平衡补偿的半深湖、深湖相中,在断陷发

表5-2 中国近海各盆地地层沉积环境对比

地层时代			渤海湾	北黄海	南黄海	东海陆架盆地西部凹陷	东海陆架盆地东部凹陷	台西	台西南	珠江口	琼东南	莺歌海	北部湾
第四系			浅海	浅海	浅海	浅海	浅海	浅海	浅海	广海	深海	浅海	浅海、滨海
新近系	上新统	上	洪积、冲积相	洪积相	河流、冲积相	河-沼	河-沼	滨浅海	滨浅海	浅海	深海-浅海	浅海	滨浅海
	中新统	上	河-湖										河流-海湾
		中	湖相	沼-湖相-河			滨湖-沼-河			河湖交替	滨岸相	滨浅海	
		下	湖相									沼泽	滨浅湖
古近系	渐新统	上	河-湖	河流	湖-沼	湖沼、沼泽	湖-沼	滨海	湖沼、河流	湖相	湖相		中深湖
		下	河流、闭塞湖盆相	湖相	湖-河	沼泽							滨浅湖
	始新统	上	洪积、冲积相	湖相	河流	浅海		湖沼、滨浅海	海相	浅湖冲积喝			洪积相
		中				沼泽							
		下				浅海相							
	古新统	上	湖相										
		下			湖相								
前新生界	白垩系		河湖相、滨海相		浅海相								
	侏罗系		潟湖相										
	三叠系		浅海相										
	二叠系												
	石炭系												
	奥陶系												
	寒武系												

育晚期,湖盆变小、水深变浅,主要形成了浅湖和沼泽相的页岩,至坳陷期,页岩的发育状况与盆地类型密切相关。

　　大体来看,中国近海主要盆地的新生界页岩可系统划分为古新统、始新统-下渐新统、上渐新统和中新统等四套(表5-3)。从宏观角度看,中国近海古新统页岩的分布相对局限。由于构造沉降运动普遍进入活跃阶段,在区域上形成了广泛的半深湖-深湖相沉积,始新世-早渐新世所沉积的页岩在中国近海主要盆地中普遍发育。由于遭受了不同程度的抬升剥蚀作用,局部地区并不出现始新统-下渐新统页岩。向上至上渐新统,整个海域的页岩分布仍十分广泛,在渤海海域主要出现了浅湖至沼泽相页岩、炭质页岩或煤层(如东营组)。而在南海北部陆架诸盆地,则以浅海、海湾相页岩和炭质页岩为主。中新世时期,主要在莺歌海和琼东南盆地形成了海相和海陆过渡相泥质沉积,产生了莺歌海和琼东南盆地的黄流-梅山组和珠江口盆地白云凹陷的珠江组页岩。

5.2.2　　　页岩气资源条件与展望

1. 渤海湾盆地海域

　　渤海湾盆地海域(主要为渤中坳陷)是渤海湾盆地的一部分,它北与辽河坳陷相接,西与黄骅坳陷相通,南与济阳坳陷相连。

　　与渤海湾盆地陆域坳陷相似,渤中坳陷经历了三个构造演化阶段,即古新世至渐新世早期的裂陷阶段、渐新世中晚期至中新世的裂陷-拗陷阶段以及上新世以来的拗陷阶段。渤中坳陷是渤海湾盆地陆域坳陷在海域的自然延伸,主要发育了古近系孔店组、沙河街组、东营组和新近系馆陶组、明化镇组以及第四系地层。

　　沙河街组和东营组是渤中坳陷潜质页岩发育的主要层系。其中,沙三和沙四段地层主要为深湖-半深湖相沉积,分别在坳陷东、西部形成了两个主要的沉降-沉积中心,发育了深灰色、灰黑色、黑色页岩、油页岩,它们与灰白色、浅灰色的砂砾岩、砂岩、粉砂岩呈不等厚互层,仅沙三段地层厚度超过500 m,其中页岩累计厚度在100~250 m;沙一、沙二段地层以滨浅湖、半深湖相沉积为主,水下扇、扇三角洲较为发育,局部水下低

表5-3 中国近海主要盆地地层岩系及其沉积相相对比

地层		渤海海域	北黄海	南黄海	东海陆架盆地西部坳陷	东海陆架盆地东部坳陷	台西、台西南	珠江口	琼东南	莺歌海	北部湾
第四系		平原组	第四系	东台组	东海群	东海群	第四系	第四系	第四系	乐东组	第四系
上新统	上	明化镇组	新近系	盐城组	三潭组	三潭组	卓兰组	万山组	莺歌海组	莺歌海组	望楼港组
中新统	上	明化镇组			柳浪组	柳浪组	桂竹林组	粤海组	黄流组	黄流组	灯楼角组
	中	明化镇组		缺失	玉泉组	玉泉组	南庄组	韩江组	梅山组	梅山组	角尾组
	下	馆陶组				龙井组	南港组	珠江组	三亚组	三亚组	下洋组
渐新统	上	东营组	古近系	三垛组	温州组	花港组	五指山组	珠海组	陵水组	渐新统	涠州组
	下	沙河街组 一		戴南组	瓯江组		缺失	恩平组	崖城组	始新统	流沙港组
始新统	上	沙河街组 二		阜宁组	明月峰组	平湖组	始新统	文昌组	始新统	古新统	长流组
	中	沙河街组 三			灵峰组						
	下	沙河街组 四			石门潭组		古新统	神狐组	古新统	上白垩统	
古新统	上	孔店组	白垩系	泰州组			白垩系				
	中	孔店组	侏罗系	赤山组							
	下	孔店组			中生界						
前古近系		中生界						前古近系	前古近系		前古近系

煤系地层和暗色泥岩层 ▮ 深湖、半深湖相页岩

砂岩夹煤层 ▥ 浅湖、湖沼相页岩

▨ 滨、浅海相泥岩或海湾相页岩

▩ 滨、浅海相泥岩或海湾相页岩

隆起可形成碳酸盐岩台地,主要形成了深灰色页岩夹油页岩、砂岩、灰岩以及白云岩等,页岩累计厚度为 100～200 m。

与渤海湾盆地陆域坳陷非常相似,沙河街组页岩沉积于深湖、半深湖至浅湖环境,形成有机质类型以 II_1 型为主,兼有 II_2 和 I 型。沙一、二段页岩 TOC 整体较低,平均值约为 1.5%,有机质热演化程度有限,页岩气资源潜力较差;而沙三段页岩 TOC 为 0.5%~9.0%,平均值超过 2.5%,页岩 T_{max} 分布于 435～455℃,R_o 多位于 0.5%～1.2%,处于大量生油和少量生气的成熟阶段,有利于页岩油的形成。在坳陷中心处,沙三段页岩 R_o 可达到 2.5%,有利于页岩气的大量生成,故坳陷中心区域是页岩气资源分布的潜力区域。

2. 北黄海盆地

北黄海盆地位于辽东半岛、山东半岛和朝鲜半岛之间,朝鲜已在盆地东半部至少实施了 15 口石油钻井,在侏罗系地层中发现了油气流,已获得最高日产 60 t 原油水平,中国目前尚未在该盆地进行石油钻井。

晚侏罗世时期,北黄海地区在二叠系碳酸盐岩基础上开始进入区域沉降阶段,形成了一系列近东西向和北东-南西向断裂,奠定了陆相断陷盆地形成和发育的主体基础。新生代时期,盆地先后经历了断拗和拗陷沉降阶段,形成了现今以中生界地层为主、以北东-南西向断陷结构为特点、凹陷分割性较为明显的中新生代陆相盆地。

与沉降过程相对应,中新生代盆地沉积先后经历了冲积-河流(晚侏罗世早期)、深湖-半深湖(晚侏罗世中晚期-早白垩世)、三角洲-河流(古近纪-新近纪)等沉积环境,对应发育了底砾-煤系、页岩-粉砂岩、砂岩-砂泥岩等岩石组合。由于断陷的分割性较为明显,早期的沉积地层分布较为局限。至第四纪发生海侵,盆地为海水所覆盖。

盆地可分为东南、中部和西北三个凹陷,不同凹陷中生界最大厚度均超过 4 000 m。其中,东南凹陷连续沉积面积和地层厚度均较大。根据朝鲜钻井资料(Massoud 等,1991),北黄海盆地主要发育有上侏罗统(龙城亚群)地层,主要由下部的龙胜组和上部的新义州组所组成,该地层是盆地页岩发育的主要层系,其中暗色页岩厚度可达 1 300 m。古近系主要为厚砂岩与薄页岩互层,可见薄煤层。新近系为砂页岩互层夹薄煤层。盆地主要发育了上侏罗统、下白垩统及古近系三套暗色页岩。

上侏罗统黑色页岩厚度为 800～1 000 m,有机质以 II_1 型为主,兼有 I 型和 II_2 型。

页岩中 TOC 为 0.1% ~ 6.1%，多见于 0.9% ~ 3.5%，平均值为 1.5% ~ 2.0%，R_o 介于 0.7% ~ 2.4%，处于大量生油气阶段，有利于形成页岩油气，其中，R_o 大于 1.3% 的页岩是页岩气形成和分布的主要目标。下白垩统暗色页岩厚度相对较小，一般为 200 ~ 300 m，页岩中的 TOC 一般为 1.0% ~ 1.6%，主要为 II-III 型，R_o 为 0.5% ~ 0.8%，有利于页岩油气的形成。古近系暗色页岩地层厚度超过 300 m，以 II_2-III 型为主的有机质成熟度一般只有 0.5% 左右（0.4% ~ 0.6%），页岩气也具有一定的资源潜力。

3. 南黄海盆地

南黄海盆地是陆上下扬子板块和苏北盆地向海域方向的自然延伸（参考陆域苏北盆地部分），可分为南北两个坳陷或盆地。其中，北部坳陷向东延伸为韩国所称的群山盆地（凹陷或坳陷）。

南黄海盆地经历了古、中生代海相克拉通演化和中、新生代陆相断拗两大主要演化阶段。中生代以来，盆地沉积先后经历了浅海（T、J）、湖泊（K）、河流（E_1）、湖泊-河流-沼泽（E_2）、河流与冲积相（N）和浅海相（Q）等环境。位于千里岩断裂以南的南黄海盆地，现今可划分为北部坳陷、中部隆起、南部坳陷和勿南沙隆起等 4 个次级构造单元，主要发育了下寒武统（幕府山组）、上二叠统（大隆组、龙潭组与栖霞组）、上白垩统（泰州组上段）、古近系（阜宁组二段和四段）等多套页岩。龙潭组地层厚度为 270 m，大隆组地层厚度为 115 m，其中均发育有暗色页岩夹煤层。泰州组上部为灰色页岩、粉砂质页岩互层，凹陷内最大厚度在 1 200 m 以上。阜宁组二段、四段主要发育黑色页岩夹油页岩，页岩厚度可达 277 m。

泰州组有机质以 II_1 型为主，TOC 为 0.2% ~ 2.1%，均值为 0.7%，R_o 为 0.5% ~ 1.02%。阜宁组有机质主要为 II-III 型，TOC 为 0.4% ~ 1.3%，均值为 0.7%，R_o 为 0.4% ~ 1.2%。由于有机质丰度或有机质成熟度较低，形成页岩气的资源条件较差，TOC 较高部分可作为页岩油目的层段。此外，盆地隆起中的古生界地层，如二叠系的栖霞、龙潭及大隆组，III 型有机质的 TOC 为 0.6% ~ 5.4%，R_o 为 1.8% ~ 2.4%，页岩气资源潜力较大。下寒武统幕府山组和下志留统高家边组页岩为陆棚相深海沉积，I 型的富有机质页岩厚度大，TOC 和 R_o 均较高，值得通过跟踪陆上页岩气勘探进展而定。

4. 东海陆架盆地

东海陆架盆地属于新生代弧后盆地，也是中国近海最大的含油气盆地，盆地以产出凝析油和天然气为主。

盆地主要经历了古新世-中始新世的断陷、晚始新世-渐新世的拗陷、中新世及上新世以来的区域沉降等构造演化期。纵向上,东海陆架盆地可分为西部坳陷、中部低隆起和东部坳陷。受沉降-沉积中心向南东方向迁移的区域规律所控制,西部坳陷在中生代末期就开始发生断陷活动,在古新世时期形成了大套的浅海、海湾相页岩。尽管东部坳陷从始新世晚期才开始规模性活动,但连续沉积了规模较大的页岩,导致以西湖凹陷为代表的东部坳陷成为页岩油气资源发育及分布的重要区域。

始新世晚期,西湖凹陷进入了较稳定的沉降阶段,先后形成了上始新统以滨岸沼泽、潮坪、海湾潟湖、潮控三角洲及河口湾为特点的平湖组和渐新统以滨海湖泊、淡化海湾为背景特点的深湖、半深湖、三角洲、沼泽及河流相的花港组。平湖组地层由深灰色页岩、部分含砾砂岩及煤层所组成,厚度为 2 000 ~ 3 000 m。花港组由杂色和深灰色页岩、灰白色砂砾岩及少量薄煤层所组成,厚度为 1 000 ~ 2 000 m。平湖组和花港组地层中的暗色页岩是盆地最主要的页岩油气层段。中新世和上新世时期,盆地主要形成了河流-湖泊和浅海相沉积,形成了灰绿色页岩、砂质页岩、粉砂岩、砾岩等为主的碎屑岩系,地层中普遍夹薄煤层,累计厚度在 1 000 ~ 2 000 m。

特殊的沉积环境造就盆地各主要页岩层段有机质均以II_2型和III型为主,为较低热演化成熟度条件下易于生成天然气的有机母质类型。盆地有机质丰度总体呈现为从下向上、由老至新,TOC 和 R_o 均呈逐渐变小的趋势特征。在古新统,页岩 TOC 平均值均大于 1.2% ,尤其是下古新统页岩 TOC 平均值为 1.8% ,中上古新统 TOC 平均值分别为 1% 和 1.3% ,R_o 均超过生气门限并处于生气高峰状态。始新统下部页岩 TOC 平均值为 0.7% ,上部(平湖组)TOC 平均值为 1.7% ,$R_o \geq 0.7\%$,处于大量生气阶段,凹陷中心达到生凝析气和干气状态。花港组下部页岩 TOC 平均值为 1.6% ,而上部则减小为 0.6% ,R_o 处于生气门限之上。中新统下、中、上段页岩 TOC 平均值分别为 0.5% 、0.9% 和 0.4% ,R_o 也相对较低,页岩气形成条件相对较差。

主要分布于西部坳陷中的古新统页岩和主要分布于东部坳陷的始新统和渐新统页岩是盆地页岩气资源条件最好的层系,而全盆性分布的中新统页岩由于 TOC 和 R_o 均较低,其页岩气资源潜力受限。

5. 东海陆架外缘盆地

东海陆架外缘盆地位于东海大陆架和琉球岛弧之间,为发育不完全的北东向弧后盆地。它向北东方向可与西南日本海岸相接,向西南方向可与台湾的宜南平原相连,目前的油气勘探和认识水平较低。

东海陆架外缘盆地是晚喜马拉雅期太平洋板块向大陆板块之下俯冲所产生的弧后盆地。由西向东,盆地可在平面上划分为西部的陆架前缘坳陷、中部的龙王隆起以及东部的吐噶喇坳陷与海槽坳陷等。盆地内坳陷的形成和发育具有沉降-沉积中心由北西向南东方向不断迁移的明显特点。位于盆地西部的陆架前缘坳陷主要形成于新近纪,而位于盆地东部的吐噶喇和海槽坳陷则主要形成于第四纪。再向北西方向至东海陆架盆地,同样具有东西部坳陷之间沉降-沉积中心由北西向南东方向迁移的规律,并且其发生时间在整体上早于陆架外缘盆地。根据这一趋势和特点分析,有理由认为中新世和上新世时期的沉降-沉积中心已经开始向陆架外缘盆地迁移,在盆地底部形成 TOC 相对较高的页岩。

在陆架盆地区,中新统主要为浅海、海陆过渡相沉积,上新统为河流-三角洲的砂岩和页岩沉积,其中页岩的有机质以Ⅲ型为主,有机质丰度低,TOC 仅为 0.4% ~ 0.9%。根据沉积相控原理,当向东至陆架外缘盆地时,有机质类型将可能转变为 II_2 或 II_1 型,有机质丰度也将有可能获得较大幅度提高,盆地中的中、上新统页岩有机地球化学条件将优于陆架盆地中的同时代地层。陆架前缘盆地主体部位的上新统页岩目前已进入生油气门限,甚至其中的一部分已处于过成熟演化阶段,具备一定的页岩油气资源潜力。只是该处的海水深度明显偏大,是页岩油气资源勘探的不利条件。

6. 台西盆地

台西盆地位于台湾海峡及台湾岛西部地区,跨越海陆两部分,其海域属于东海的一部分。1972—1973 年间实施的台西盆地海域第一口钻井(董 1 井,Tung-1),拉开了台西盆地海域油气勘探开发的序幕。

台西盆地开始形成于侏罗纪,为区域拉张背景条件下所形成的陆缘裂谷盆地。从台湾西部地区出露的岩性地层看,普遍缺失古新统下部、始新统上部-渐新统下部地层。台西盆地主要发育了白垩系和渐新统-中新统两套页岩。其中,白垩系浅海、海岸平原相页岩或海陆过渡相含煤页岩主要分布于盆地西部的澎湖坳陷、南日坳陷以及盆地东部部分地区,地层总厚度可达1 000 m,其中的深灰色-黑色海相页岩厚度约为500 m。渐新-中新统页岩主要发育在盆地东部的新竹坳陷,浅海相页岩和三角洲平原-近海沼泽相含煤页岩层系在台湾岛西北部厚可达1 200 m。自晚渐新世开始,盆地沉降-沉积中心向东迁移,在剖面上形成东厚西薄的楔形特点,盆地东部的新生界地层厚度可达到8 000 m。

台西盆地具有从西向东页岩分布逐渐由老变新特点。西部发育的白垩系深灰色-黑色海相页岩厚度大约为500 m,有机质类型为Ⅱ型和Ⅲ型,TOC为0.6%~1.6%,R_o为0.6%~1.7%。古新统-始新统地层厚度可达1 100 m,埋藏深度在1 900~3 660 m,TOC一般为0.7%~3.5%,有机质类型以Ⅱ型为主,R_o一般在0.6%~0.7%以上。渐新统页岩为一套含煤地层,有机质丰度较高,埋藏深度较大,一般达到过成熟阶段。中新统地层为滨浅海环境下以砂岩、页岩沉积为主的含煤碎屑地层,主要发育在盆地的东部坳陷区,煤和页岩所生成的烃类以天然气为主,亦可生成少量原油,已发现油气田所产出的油气大多来自该套地层。由此看来,台西盆地西部页岩气地质条件较好,海水深度较浅,海底地形也较为平坦,是页岩气资源条件和背景均较为适宜的海域。

7. 台西南盆地

台西南盆地主体位于台湾海峡以南的南海东北角,属于南海盆地体系的一部分,它跨覆在东海陆架与南海陆架的过渡转折之上,与东海陆架盆地西南端的台西盆地隔澎湖-北港隆起相望,而在西南方向上,台西南盆地与珠江口盆地中的潮汕坳陷为邻。1972—1973年间,台湾中油公司与美国石油公司合作,在台西南盆地海域钻探第一口野猫井——A-1井,随后获得了一系列油气发现。

台西南盆地隔澎湖-北港隆起与台西盆地相望,但在形成时间上,台西南新生代盆地的形成时代晚于北部的台西盆地,属于大陆边缘盆地类型。由于盆地内的新生界与中生界地层均有发育,表现为特征明显的双层结构。台西南新生代盆地属于断陷盆地类型,受多次板块运动影响,盆地内部发育了大量北东-南西走向或以近东-西走向为主的正断层,使盆地结构进一步复杂化。

与台西盆地地质特点相似,台西南盆地的地层分布同样具有西老东新的特点。台西南盆地中生代早、中期为海相沉积,晚期向陆相过渡,并由西向东迁移。在中生代至渐新世时期,盆地表现为西低东高的湖泊-沼泽、浅海、海陆过渡-浅海沉积格局,形成了西厚东薄的沉积特点。白垩系砾岩、砂岩、灰岩、页岩地层总厚度为 1 000 ~ 5 000 m。渐新统的海陆过渡相或浅海相页岩、砂岩及薄层石灰岩在坳陷深部位的厚度可达 2 250 m,而在隆起处仅为 55 m。中新统浅海相页岩和粉砂岩在盆地西部厚度一般为 2 500 m。而在上新世以后,则出现跷跷板式的相反变化,在东低西高构造背景条件下,形成了东厚西薄的浅-半深海沉积格局。台西南盆地主要发育了渐新统-中新统页岩和白垩系页岩。

台西南盆地白垩系和渐新统-下中新统页岩有机质类型均主要为 Ⅲ 型,少数为 Ⅱ型。其中,白垩系页岩 TOC 为 0.4% ~ 1.6%,多数介于 0.4% ~ 1.1%,R_o 为 0.6% ~ 2.0%。渐新统-下中新统页岩 TOC 为 0.4% ~ 0.6%,有机质丰度较低,R_o 为 0.3% ~ 1.6%。由此可见,盆地页岩气成藏条件相对较差,加之盆地现今的海底地形陡变,海水深度向盆地方向急剧增加,页岩气工程条件较差。

8. 珠江口盆地

珠江口盆地位于南海北部,海底地形北浅南深。自 1974 年开始油气勘探以来,珠江口盆地已成为中国近海重要的油气产区之一。

在晚白垩世开裂基础上,珠江口盆地先后经历了古新世-始新世早期陆相断陷湖相盆地、晚始新世-渐新世过渡相断拗盆地、中新世-第四纪浅海相拗陷盆地等演化阶段。对应三个阶段,盆地在古新世接受了一套冲积-洪积相沉积,形成了页岩和砂岩夹火山碎屑岩,在始新世早期形成了以半深湖、深湖相沉积为主的页岩;在晚始新世-渐新世期间,盆地主要沉积了滨浅湖或沼泽相的恩平组砂岩夹页岩并含煤层;在中新世以后,海侵加剧,形成了一套从海陆过渡相到海相,从三角洲、滨海到浅海陆架相的砂岩为主夹礁灰岩等沉积。

盆地中,古新统岩性主要杂色页岩、砂岩夹火山碎屑岩沉积,始新统(文昌组)发育页岩夹部分砂岩。始新统-下渐新统(恩平组)发育含砂页岩夹煤层,上渐新统主要分布在盆地东部,以砂岩为主,上部发育薄层页岩。上中新统岩性主要为灰岩和页岩,夹中厚层状砂岩,上新统发育厚层砂岩夹薄层浅灰色页岩。其中,文昌组地层沉积厚度为 1 400 ~ 2 000 m,地层中富有机质页岩占 60%;恩平组地层沉积厚度为 600 ~ 2 000 m,但其中富有机质页岩只占 15% 左右。

始新世-渐新世盆地内广泛发育了以深湖、半深湖为主的文昌组页岩和以滨浅湖、沼泽相沉积为主的恩平组页岩,两者累计厚度平均为 500 m,最厚逾 1 000 m。从西向东,文昌组埋深从 3 000 m 逐渐抬升为 2 400 m,恩平组页岩埋深从 2 400 m 逐渐抬升为 1 200 m。

盆地北部浅水区的坳陷带是两套页岩及其中页岩油气分布的重要地区。文昌组富有机质页岩以 I、II_1 型有机质为主,恩平组页岩以 II_2 型和 III 型为主。两套页岩普遍进入成熟-高成熟热演化阶段,部分达到过成熟,R_o 为 0.5%~2.8%。其中,文昌组页岩 TOC 高达 4.9%,平均值为 2.3%。恩平组页岩 TOC 为 0.5%~1.9%,不同地区的平均值变化于 1.0%~1.5%。在有利的构造单元区,页岩油气资源条件良好。

9. 琼东南盆地

琼东南盆地位于海南岛东南部的大陆架上,仍然为北东走向的新生代断陷含油气盆地,该盆地目前已发现了大型天然气田。

琼东南盆地经历了古近纪断陷和新近纪坳陷演化阶段。始新世时期,琼东南盆地发育了深湖-半深湖相,形成了以页岩为主、砂岩与页岩互层的地层沉积。始新世晚期-渐新世,海水入侵并形成了半封闭浅海、浅水台地相、滨浅海、海岸平原沼泽等环境,沉积了砂岩、页岩互层夹煤层地层。晚渐新世,海侵扩大,南部坳陷开始出现半深海,沉积了砂岩、粉砂岩、页岩等地层。在海侵早期,盆地边缘发育扇三角洲-滨海相沉积,盆地内部的局部隆起区发育滨海-沉积。随着南海运动的发生,琼东南盆地在新近系开始了大规模的海侵,发育了深海-半深海相的沉积。盆地内主要发育了始新统的湖相页岩、下渐新统的崖城组半封闭海相页岩和中下中新统的梅山-三亚组浅海-半深海相页岩。

尽管页岩累计厚度较大,有机质热演化程度较为适中,但琼东南盆地已钻遇的各套页岩均以 II_2-III 型有机质为主。除高碳页岩 TOC 较高以外,各套页岩地层中普通暗色页岩的 TOC 最大值不足 1%,平均值约为 0.5%,总体制约了页岩气的资源丰度。

10. 莺歌海盆地

盆地位于海南省与越南之间的莺歌海海域,呈北北西走向延伸,盆地内目前已发现了一批气田及含气构造。

莺歌海盆地经过了早始新世之前的开裂、始新世–渐新世早期的断陷、渐新世中后期的断拗以及中新世的拗陷等 4 个演化阶段,形成了与琼东南盆地相似的沉积地层。在断陷开始形成阶段,主要沉积了一套山麓–河流相红色碎屑岩,并伴有火山岩。渐新统发育了海陆过渡相沉积,形成了滨浅海、沼泽、扇三角洲及河流等页岩、砂岩及砾岩地层。新近系主要在半深海、浅海及滨海相条件下形成了灰色页岩、粉沙质页岩和砂岩等地层。渐新统和中新统两套页岩是盆地的主要生油气层。其中,渐新统主要发育了滨岸平原沼泽相页岩,局部存在半封闭海湾或浅海相页岩,中新统主要发育了半深海、浅海、滨海、三角洲相页岩。

渐新统页岩有机质类型为 II 型和 III 型,有机质丰度高,TOC 为 0.6%~3.5%,已进入过成熟阶段,但目前埋藏深度普遍较大。中新统页岩 TOC 为 0.3%~1.5%,多数不足 1.0%。尽管中新统页岩处于成熟–高成熟阶段,是浅部气藏天然气来源的主要供给者,但页岩气资源潜力仍然受到较大影响。

11. 北部湾盆地

北部湾盆地主体位于涠洲岛和海南岛之间,横跨雷州半岛东西两侧,北东东向展布的盆地由多个凹陷所组成。

北部湾盆地的发展演化先后经历了古新世及其以前的断陷开始、始新世–渐新世时期的断陷、早中新世以来的断拗和拗陷等阶段。对应形成了古新统以洪积、冲积相为特点的底砾、砂砾及页岩等,始新统以半深湖、浅湖、滨浅湖为特点的大套页岩、砂岩、油页岩等,渐新统以半深湖、浅湖、滨浅湖、三角洲为特点的页岩、砂岩等,以及新近系以滨浅海为基本特点的砂砾岩、砂岩、页岩等沉积。

盆地内多套地层均发育页岩,但古新统、始新统和渐新统页岩可具有页岩油气资源潜力。其中,始新统深湖相页岩累计厚度超过 1 200 m,TOC 介于 0.5%~2.3%,局部地区平均都在 1.5% 以上,有机质类型主要为 I 型和 II 型,R_o 为 1.2%~2.0%,页岩油气成藏条件优越,离岸较近,水深较浅,是近海最好的页岩油气层位之一。渐新统页岩有机质主要为 II 和 III 型,TOC 介于 0.4%~1.7%,虽埋藏较浅,但页岩气资源条件略逊。

第6章

中国页岩气
地质评价

6.1　页岩气地质评价基础

6.1.1　页岩分布规律

中国页岩气分布区域可划分为扬子与东南区(包括上扬子及滇黔桂区和中下扬子及东南区)、华北与东北区、西北区、青藏区、海域区(图6-1、表6-1)。虽然各区页岩及页岩气形成地质条件差异明显,但页岩分布仍有规律可循。

1. 南方地区

1) 上扬子及滇黔桂区

上震旦统页岩主要分布于黔北、黔东以及四川盆地东南缘地区,页岩厚度为20～

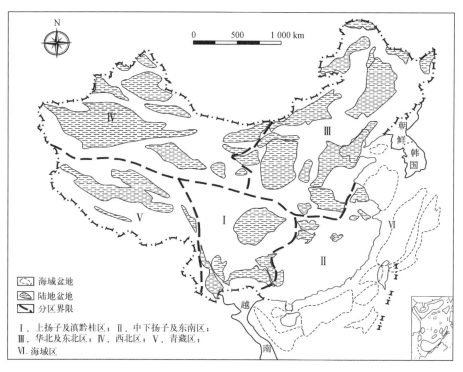

图6-1
中国页岩气
资源分区

表6-1
中国页岩和
页岩油气分
区发育特点

分区	南 方 地 区		华北及东北区	西北区	青藏及中国近海	
	上扬子及滇黔桂区	中下扬子及东南区			青藏区	中国近海
页岩发育区	四川、十万大山、百色-南宁、六盘水、楚雄等盆地；南盘江、黔南、桂中等坳陷	江汉、苏北、三水等盆地；湘鄂西、湘中、苏南-皖南、浙西北等地区	松辽、渤海湾、鄂尔多斯、沁水、南华北、南襄等盆地及其外围地区	塔里木、柴达木、准噶尔、吐哈、酒泉等盆地	羌塘、措比等盆地	渤海、东海、珠江口及北部湾等盆地
页岩发育层系	上震旦统、下寒武统、上奥陶统、下志留统、中下泥盆统、下石炭统、上二叠统、三叠统及中下侏罗统	上震旦统、下寒武统、上奥陶统、下志留统、泥盆系、石炭系、上二叠统、三叠系、侏罗系、白垩系及古近系	中上元古界、奥陶系、石炭系、二叠系、三叠系、侏罗系、白垩系及古近系	寒武系、奥陶系、石炭系、二叠系、三叠系、侏罗系、白垩系及古近系	三叠系、侏罗系及白垩系	上白垩统、古近系、新近系
地质特点	下古生界海相页岩厚度大、分布稳定、后期构造作用强；上古生界围绕下古生界出露区环形分布，单层厚度和分布范围较小，煤系地层发育；中生界分布于四川等盆地内，页岩累计厚度大，夹层发育	中下扬子古生界构造变动复杂，后期改造强烈；上古生界页岩分布范围较小，东南地块岩浆活动频繁，保存条件较差	上古生界页岩广泛发育，主要分布在鄂尔多斯、沁水和南华北等盆地，单层厚度较薄，累计厚度大，常与砂岩、灰岩、煤互层；中生界陆相页岩主要分布在东北区，厚度稳定；新生界页岩主要位于渤海湾盆地，累计厚度大	下古生界页岩主要分布在塔里木盆地，总体埋深较大，仅盆地边缘埋深较浅的区域可成为勘探开发有利区；上古生界页岩分布较广，但单层厚度较小；中生界页岩累计厚度大，常夹有煤层	发育众多中新生代海相及陆相盆地。其中，中生代海相盆地主要发育三叠系、侏罗系富有机质页岩，累计厚度较大；新生代陆相以小型盆地为主，页岩分布局限，厚度较小	富有机质页岩主要发育在陆相断陷湖泊-河流体系中，具有"北陆南海、沉降-迁移"的相变特点
		由北西向南东，地层逐渐抬升，岩浆活动不断加强，保存条件逐渐变差				
页岩油气特点	有机质类型以Ⅰ、Ⅱ型为主，有机质丰度高，热演化程度高，生气潜力大；以页岩气为主，含气性好，其上扬子地区以下寒武统、上奥陶统-下志留统为中国海相页岩气典型代表	古生界有机质丰度较高、热演化成熟度高，以页岩气为主；中下扬子地区发育古近系页岩，有机质类型主要为Ⅰ和Ⅱ₁型，热演化成熟低，以页岩油为主	上古生界有机质类型主要为Ⅱ₂和Ⅲ型，炭质页岩有机质丰度高，热演化程度高，以页岩气为主；中新生界有机质类型多样，热演化程度较高，以页岩油为主；该区是中国陆相页岩油气的代表地区	塔里木盆地下古生界有机质类型主要为Ⅰ型，有机质丰度高，热演化程度高，以页岩气为主；上古生界有机质类型多样，热演化程度适中，页岩油气共生；中新生界页岩有机质丰度高，成熟度较低，以页岩油为主	中生界有机质丰度较高且成熟度适中；新生代有机质丰度较低，生烃潜力较差；有机质类型以Ⅱ、Ⅲ型为主，推测中生界以页岩气为主，新生界以页岩油为主	中生界有机质类型多样，TOC变化较大，但热演化程度普遍较低。北部盆地以生油为主，南部盆地以生气为主

70 m。下寒武统页岩主要分布于四川盆地及渝东鄂西、滇黔北地区，分布最为广泛，且分布较为稳定，厚度一般为20～200 m；上奥陶统-下志留统页岩主要分布在四川盆地及渝东鄂西、滇黔北地区，发育广泛且连续稳定，主体呈北东向带状分布，厚度一般为

15～150 m；泥盆系页岩主要分布在黔湘桂地区的南盘江、黔南及桂中等坳陷，厚度一般为 50～1 000 m；下石炭统页岩主要分布在南盘江局部地区及桂中、黔南、黔西南等坳陷中，页岩厚度介于 50～600 m；上二叠统页岩主要分布在四川盆地、南盘江坳陷、黔南-桂中坳陷部分地区；上三叠统页岩主要分布在四川、楚雄、兰坪-思茅等盆地，厚度一般为 10～600 m；中下侏罗统页岩主要分布在四川盆地东北部、东南部地区，厚度一般为 60～160 m。

2）中下扬子及东南区

上震旦统页岩主要见于中上扬子地区，厚度一般为 10～170 m；下寒武统页岩分布较为广泛，厚度一般为 20～500 m；上奥陶统-下志留统页岩主要分布在湘鄂西、下扬子西北部等地区，由中扬子向东至下扬子地区，页岩厚度逐渐由 5～80 m 增大至 100～400 m；泥盆系-下石炭统页岩出露较少，主要分布在湘中地区；上二叠统页岩在该区广泛分布，是下扬子与东南区的重点目标层系，厚度一般为 50～200 m；三叠系页岩主要分布在湘南地区及下扬子地区；侏罗系页岩主要分布在三水盆地；白垩系页岩主要分布在苏北盆地东部、洞庭湖盆地；古近系页岩主要分布在江汉、苏北及三水等盆地。

2. 华北及东北区

中上元古界页岩主要分布于河北省北部和辽宁省西部的燕山地区，在天津蓟县最为典型(荆铁亚等,2015)；奥陶系页岩分布较少，主要分布在鄂尔多斯、南华北等盆地；石炭-二叠系页岩广泛分布在鄂尔多斯、渤海湾、沁水、南华北、太原、六盘山等盆地以及二连盆地中北部、松辽盆地中部等。在鄂尔多斯盆地，石炭-二叠系富有机质页岩总体上呈现东西厚、南北和中部薄的特征，页岩累计厚度介于 30～200 m；三叠系页岩主要分布在鄂尔多斯、洛阳-伊川盆地以及南华北盆地北部。其中，三叠系延长组页岩在鄂尔多斯盆地内具有中间厚、两边薄的特点，平均厚度在 100 m 左右；侏罗系页岩主要分布在鄂尔多斯盆地、二连盆地西南部；白垩系页岩主要分布在松辽盆地中北部、南襄盆地中北部、二连盆地以及海拉尔盆地西部；古近系页岩则主要发育在渤海湾盆地，页岩累计厚度在 50～200 m。

3. 西北区

下古生界海相页岩主要分布在塔里木盆地，埋藏较深，其中，中下寒武统页岩主要分布在塔东和塔西地区，厚度为 5～200 m；奥陶系页岩主要分布在塔北、塔中地区，厚度为50～150 m;石炭系页岩主要分布在柴达木盆地东部、北部以及三塘湖盆地;二叠系页岩主要分布在准噶尔、吐哈、三塘湖、柴窝堡、伊犁、精河等盆地以及塔里木盆地西部;三叠系页岩主要分布在准噶尔盆地、库车坳陷、塔北、塔中地区以及吐哈盆地西部;侏罗系页岩分布较广,主要分布在塔西南、塔北地区、准噶尔盆地、吐哈盆地西北部、柴达木盆地北缘以及一些中小型盆地(酒泉、民和、花海–金塔、六盘山、敦煌、三塘湖、伊犁、精河、大小尤尔都斯以及焉耆等盆地);白垩系页岩主要分布在准噶尔、酒泉、花海及六盘山等盆地;古近系页岩主要分布在柴达木盆地。

4. 青藏区

青藏区主要发育三叠、侏罗及白垩系页岩。其中,三叠系页岩主要分布在羌塘盆地,页岩厚度一般为20～500 m;侏罗系页岩主要分布在羌塘盆地东南部、措比盆地,其中在羌塘盆地页岩厚度最大可达1 500 m,而在措比盆地中页岩厚度相对较薄,一般不超过1 000 m;下白垩统页岩主要分布在措比盆地,厚度一般在150～1 000 m。而拉萨、日喀则–昂仁、札达–波林等中小型盆地以中生界侏罗–白垩系海相页岩分布为主。

5. 近海海域

近海海域主要发育晚白垩世以来的中新生代页岩地层,从北部海域盆地到南部海域盆地,页岩层时代逐渐变新,沉积相也逐渐由陆相演变为过渡相和海相。其中,上白垩统页岩主要分布在北黄海盆地,古近系页岩主要分布在渤海、黄海及东海陆架盆地,新近系页岩主要见于南部近海盆地。通常情况下,页岩分布受断陷格局所控制,厚度一般变化于100～400 m。

6.1.2　页岩气发现

中国地质大学(北京)是国内最早进行页岩气理论研究的单位,2004年与国土资源部油气资源战略研究中心开始跟踪调研国外页岩气研究和勘探开发进展,2009年启动"中国重点地区页岩气资源潜力及有利区优选"项目,同年11月在重庆市彭水县实施了中国第一口页岩气资源战略调查井——渝页1井,首次发现页岩气存在的直接证据。中石化、中石油、中国地质调查局油气资源调查中心、延长石油、中海油以及其他多家单位都先后开展了大量的页岩气理论研究和勘探工作,获得了许多页岩气重大发现和突破。截至2016年底,中国重要页岩气探井见图6-2,主要集中于上扬子及滇黔桂区、中下扬子及东南区、华北和西北区。

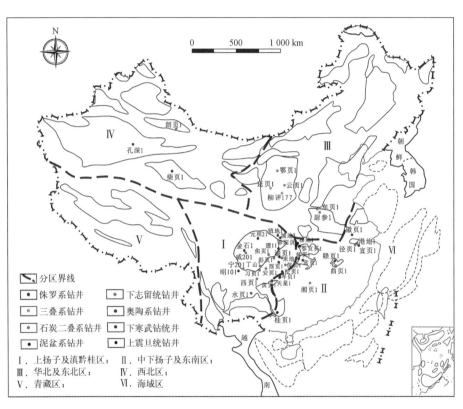

图6-2
截至 2016
年底中国重
要页岩气探
井

1. 南方地区

1)上扬子及滇黔桂区

上扬子及滇黔桂区是中国开展页岩气勘探、获得页岩气发现、取得页岩气成果最早最多的地区。其中在2009—2012年,国土资源部油气资源战略研究中心与中国地质大学(北京)合作,先后针对下志留统龙马溪组、下寒武统牛蹄塘组、上震旦统陡山沱组等地层完成了一系列页岩气地质调查井,获得了一系列页岩气发现(表

6-2)。其中,渝页 1 井完钻井深 324.8 m,累计揭示下志留统龙马溪组页岩厚度为 225.78 m(未穿),现场测试含气量可达 1.5 m³/t。随后,中石油在四川盆地威远地区钻探的威 201 井,在龙马溪组压裂测试中获得峰值产量 2.1×10^4 m³/d,稳定产量 5 000 ~ 6 000 m³/d。中石化涪陵地区焦页 1HF 井(渝页 1 井正西 35 km)同样在龙马溪组压裂测试获高产工业气流,测试稳定产量在 11×10^4 m³/d,最高 20.3×10^4 m³/d。截至 2015 年底,重庆涪陵页岩气田探明含气面积 383.54 km²,提交页岩气探明地质储量 $3\,805.98 \times 10^8$ m³。此外,位于川南、川东南地区的阳深 2、阳 9、阳 63、太 15、丁山 1、林 1、隆 32 以及位于黔北的安页 1 等井,均在龙马溪组发现了气测异常,其中阳 63 井在 3 505.0 ~ 3 518.5 m 黑色页岩段酸化后,产气 3 500 m³/d,隆 32 井在 3 164.2 ~ 3 175.2 m 黑色炭质页岩段初产气 1 948 m³/d。

表6-2 中国页岩气早期探井

钻井名称	开钻时间	地 区	目的层位	现场解析页岩含气量/(m³/t)
渝页 1	2009.11	重庆彭水县	五峰组-龙马溪组	1.0 ~ 3.0
松浅 1	2010.11	贵州松桃县	牛蹄塘组	低
岑页 1	2011.4	贵州岑巩县	牛蹄塘组	0.5 ~ 2.5,平均 1.16
渝科 1	2011.6	重庆酉阳县	陆山沱组	低
酉科 1	2011.9	重庆酉阳县	牛蹄塘组	1.5 ~ 4.56
常页 1	2012.9	湖南常德市	牛蹄塘组	0.5 ~ 2.1
仁页 1	2012.12	贵州仁怀市	牛蹄塘组	低
习页 1	2012.12	贵州习水县	五峰组-龙马溪组	0.05 ~ 3.06,平均 1.88
永页 1	2014.11	湖南永顺县	龙马溪组	低
西页 1	2013.1	贵州省黔西县	龙潭组	1.24 ~ 9.42,平均 6.65

除龙马溪组以外,下寒武统牛蹄塘组页岩同样获得大量页岩气发现。其中,岑页 1、酉科 1 等页岩气调查井现场解吸和测井解释均揭示下寒武统页岩层段含气,且含气量达 1.5 ~ 4.5 m³/t。中石化在贵州黄平区块钻探的黄页 1 井于下寒武统九门冲组钻遇厚约 150 m 的暗色页岩,见到了较好的气测显示。此外,天星 1、秀页 1、保页 2、镇地 1、高科 1、方深 1 等井均不同程度地见到了气流或气测显示。中石油在威远地

区的威 5、威 9、威 18、威 22 和威 28 等井在下寒武统页岩还见到了不同程度的气浸、井涌和井喷等现象,其中威 5 井在 2 795～2 798 m 页岩段发生气浸与井喷,测试日产气 2.46×10⁴ m³,酸化后日产气 1.35×10⁴ m³。此外,中石化在川西南地区钻探的金页 1 井目前已在下寒武统页岩中获高产页岩气流,压裂后日产气 8×10⁴ m³,并且该井在震旦系页岩层系中也获得天然气发现,气测全烃可达 55% 以上。

除了志留系及寒武系页岩之外,该区还在震旦系、泥盆系、石炭系、二叠系以及侏罗系的页岩层系中获得了页岩气发现。其中,丹页 2 井在泥盆系页岩段见良好页岩气显示,常规油气井也见到了含气显示;而位于黔西地区的西页 1 井、方页 1 井在二叠系海陆过渡相页岩中见到良好的页岩气显示,其中西页 1 井含气量主体在 1.24～9.42 m³/t,平均值为 6.65 m³/t。此外,四川盆地建南构造建 111 井下侏罗统自流井组东岳庙段页岩经测试获日产近 4 000 m³ 工业气流;元坝地区自流井组大安寨段和东岳庙段页岩测试压裂获分别日产(13.97～23.78)×10⁴ m³ 的工业气流和 1.15×10⁴ m³ 的低产气流;涪陵大安寨地区涪页 HF－1 井针对下侏罗统自流井组大安寨段页岩气层段完成十段压裂,水平段长 1 136.75 m,水平段油气显示良好,求产 1 107 m³/d。

2) 中下扬子及东南区

目前,该区页岩气钻井比上扬子及滇黔桂区少,主要钻探目的层位为震旦系、寒武系、志留系以及二叠系页岩地层。其中,位于鄂西北地区的秭地 1 井揭示中震旦统陡山沱组和下寒武统牛蹄塘组两套含气页岩层段,其中陡山沱组和牛蹄塘组页岩厚度均超过 100 m,含气量可达 1.4 m³/t,现场点火试验获得成功。此外,位于鄂西南地区的宜地 2 井在钻遇下寒武统页岩地层后发生井喷,喷出气体可燃,经现场测试获得页岩含气量为 1.5 m³/t。湘西北地区常页 1 井测得牛蹄塘组含气量为 2.1 m³/t,慈页 1 井页岩岩心现场解吸气中甲烷成分较高,点火试验成功。

除上震旦统和下寒武统页岩层系外,保靖区块保参 1 井在龙马溪组获得良好的气测显示,在井深 949.2～961.7 m 取心时,钻遇的黑色页岩具有明显气泡;在井深 1100.2～1 117.9 m 取心时,连续 17.7 m 的黑色页岩见了良好气显。此外,保靖区块保页 1 井以及来凤-咸丰区块的来地 1 井均见到了下志留统龙马溪组页岩良好的含气显示,其中来地 1 井现场解析含气量最高可达 2 m³/t。此外,位于湘中坳陷的湘页 1 井和位于安徽省宁国市港口镇的港地 1 井在二叠系海陆过渡相页岩层段中均获得了重大突破,其中湘页1井在进行压裂改造后,试气点火成功。

2. 华北及东北区

与南方以下古生界海相页岩发育为主不同的是,华北及东北区主要发育上古生界海陆过渡相和中新生界陆相页岩,部分区域还可见震旦系页岩,如位于辽西地区的韩1井在下马岭组、洪水庄组页岩层系中见到良好的含气显示。

在石炭-二叠系页岩层段中,位于沁水盆地的沁1、沁2、沁4、畅1、老1、阳2等6口井的12个井段气测显示异常,并且老1、畅1井气测异常明显。而位于南华北盆地北部地区的尉参1井获得石炭-二叠系太原-山西组页岩含气量为 $0.2 \sim 2.86$ m³/t,牟页1井太原-山西组页岩含气量为 $0.4 \sim 4.3$ m³/t,郑西页1井太原-山西组页岩含气量为 $0.5 \sim 3.83$ m³/t。

此外,鄂尔多斯盆地三叠系延长组页岩在钻井过程中气测异常活跃,柳评171、柳评177、柳评179、新57、新59、延页1井等日产量均在 2 000 m³/d 以上,而富18、庄167、庄171井等在长7段、长8段页岩段出现明显的气测异常。

在白垩系页岩层系中,松辽盆地徐深1井、河山1井在下白垩统沙河子组气测显示良好,梨3、梨5、十屋37、十屋202井在营城组获得气显,苏2井营城组含气量最高达 4.64 m³/t。而在古近系页岩层系中,渤海湾盆地的辽河坳陷(曙古165井)、济阳坳陷(渤页平1井)、东濮坳陷、南襄盆地的泌阳凹陷、江汉、苏北盆地中均见到了较好的页岩油气显示。

3. 西北区

相较于中国其他地区而言,西北地区页岩气发现及突破较少。2015年,中石化为摸清孔雀河地区页岩气资源潜力,部署实施了塔里木盆地的第一口以下古生界页岩为目的层系的页岩气探井——孔深1井。此外,位于吐哈盆地北缘的朗页1井以中二叠统塔尔郎组为勘探目的层,以揭示吐哈盆地北缘二叠系页岩发育特征,填补区域勘探空白。

在侏罗系地层中,位于柴达木盆地的柴页1井在侏罗系大煤沟组发现3套含气页岩层段,而位于准噶尔盆地的伦6井在下侏罗统八道湾组页岩中获得较高的气测值,总烃含量在 $0.2\% \sim 1.0\%$。

6.2　页岩气地质参数统计分析

6.2.1　规模参数

1. 面积

1）获取方法

沉积和构造都会对页岩的有效性产生重要影响,页岩分布面积受页岩有效厚度、埋藏深度、有机质丰度、有机质成熟度等许多因素影响,评价目的不同决定了面积确定和计算方法有所区别,页岩尖灭或剥蚀变薄、埋深超大或面积过小等均应视情况予以扣除。对页岩气评价区域面积的合理确定,一般采用最大面积原则,即各主要影响因素或参数最小有效值的包络线方法来确定。对于页岩气远景区、有利区、核心区等不同级别有利区域面积的确定,通常采用各主要影响参数下限共同满足区域的方法来确定,即面积叠加法。而对于实际作业过程中的页岩气面积,则主要采用最弱因素法来确定。根据 2011 年全国页岩气资源评价,中国页岩气勘探评价最小有效面积一般规定为 50 km²(张金川等,2012;张大伟等,2012)。

2）面积基础

在中国,页岩具有层系多、类型多、分布广、面积大等特点(表 6 - 3)(邹才能等;张金川等,2012)。2011 年全国页岩气资源评价计算的中国各区十套页岩层系叠合累加有利区面积为 111.5 × 10⁴ km²。其中,上扬子及滇黔桂区页岩气有利区累计面积为 62.42 × 10⁴ km²,占总量的 56%;华北及东北区为 27.01 × 10⁴ km²,占 24%;中下扬子及东南区为 17.44 × 10⁴ km²,占 16%;西北区为 4.62 × 10⁴ km²,占 4%。

层　系	寒武	奥陶	志留	泥盆	石炭	二叠	三叠	侏罗	白垩	古近
叠合面积 ×10⁻⁴/km²	17.15	0.38	11.17	2.73	2.83	23.56	36.22	5.61	11.41	0.42
占比/%	15.39	0.34	10.02	2.45	2.54	21.14	32.49	5.03	10.23	0.37

表 6 - 3　不同层系页岩气有利区叠合面积分布

2. 厚度

（1）获取方法

页岩厚度主要受控于构造-沉积演化，其中受沉积相控作用尤为明显。海相页岩垂向连续性好、单层厚度大，因此一般将厚度大于 10 m 的页岩作为有效页岩；海陆过渡相和陆相页岩层系岩性变化较快，砂岩、页岩、煤岩甚至灰岩交互发育，单层页岩厚度较薄，一般将页地比（页岩厚度与地层厚度比值）大于 60%、最小单层页岩厚度大于 6 m、连续厚度大于 30 m 的页岩作为有效页岩。总之，有效页岩厚度是决定页岩气资源规模的重要参数，有效页岩段标准为 TOC 大于 1.0%、成熟度大于有效值、脆性矿物含量大于 40%、黏土矿物含量小于 30%、孔隙度大于 1.0%、渗透率大于 $0.000\ 1 \times 10^{-3}\ \mu m^2$、含气量大于 $0.5\ m^3/t$。

（2）厚度基础

通过统计下古生界页岩有效厚度，四川盆地下寒武统页岩在 10～140 m 均有分布。分布直方图显示，峰值明显，峰型前倾，稍有拖尾现象[图 6-3（a）]；四川盆地周缘主体分布在 60～120 m，亦统计到不同频率出现的 120～200 m 的数据，峰值明显，峰型略呈前倾的趋势[图 6-3（b）]；中扬子地区主体分布在 60～160 m，亦统计到不同频率出现的 160～200 m 的数据，峰值较明显，峰型略后倾[图 6-3（c）]；下扬子地区页岩有效段厚度分布比较分散，在 10～200 m 均有分布，根据统计到的数据，在 180～200 m 的频率达 42%，无峰值，峰型后倾[图 6-3（d）]。

下志留统在扬子地区和塔里木北部地区均为陆表海条件下的沉积产物，也是下志留统页岩的主要分布区域，有利区主要分布在中上扬子的四川盆地及其周缘地区，累计面积为 $11.17 \times 10^4\ km^2$，沉积中心位于利川、涪陵一带，有效页岩厚度为 30～40 m，其他地区有效页岩厚度较小，一般在 10～20 m，局部地区则在 10 m 以下。

3. 密度

（1）获取方法

页岩的密度是反映页岩物质组成以及压实程度的一项参数，对于页岩气资源评价有着重要的影响。页岩密度一般可通过实测或类比获得。

（2）密度基础

通过统计页岩密度，四川盆地牛蹄塘组页岩密度为 2.4～2.8 t/m^3，平均为

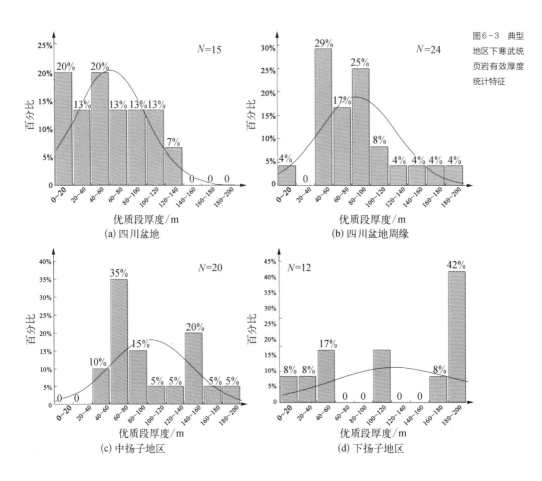

图6-3 典型
地区下寒武统
页岩有效厚度
统计特征

2.53 t/m³,贵州省牛蹄塘组页岩密度为2.49~2.84 t/m³,平均为2.62 t/m³;贵州省龙马溪组页岩密度为2.45~2.67 t/m³,平均为2.54 t/m³,鄂尔多斯盆地山西组页岩密度为2.38~2.87 t/m³,平均为2.56 t/m³;南华北盆地山西组页岩密度为2.47~2.92 t/m³,平均为2.62 t/m³;辽河东部凸起山西组页岩密度为2.27~2.83 t/m³,平均为2.58 t/m³;鄂尔多斯盆地延长组页岩密度为2.35~2.63 t/m³,平均为2.5 t/m³。

6.2.2　地化参数

1. 有机质类型

南方地区页岩有机质类型主要为Ⅰ-Ⅱ型,以腐泥型、偏腐泥混合型为主;在北方地区则主要为Ⅱ-Ⅲ型,以偏腐殖混合型、腐殖型为主,总体表现为"南泥北殖"的特点。从沉积相来看,海相富有机质页岩以腐泥型、偏腐泥混合型为主,陆相富有机质页岩以混合型为主,而海陆过渡相页岩则以偏腐殖混合型、腐殖型为主,这与区域的变化规律一致。从时代上看,下古生界页岩有机质类型以腐泥型(Ⅰ型)为主,上古生界变化较大,混合型、腐殖型(Ⅱ₂-Ⅲ型)均有发育,只是在不同地区有所不同,而中-新生界则以混合型(Ⅱ型)为主(图6-4)。

图6-4
中国主要盆地(区)页岩有机质类型分布

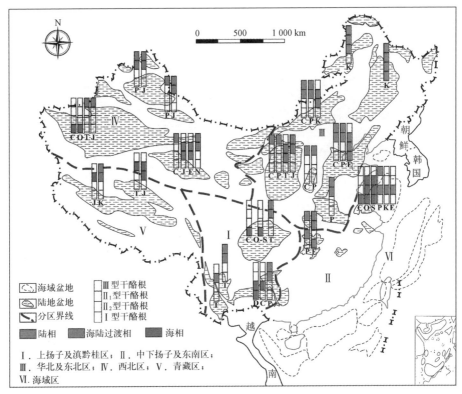

Ⅰ.上扬子及滇黔桂区; Ⅱ.中下扬子及东南区;
Ⅲ.华北及东北区; Ⅳ.西北区; Ⅴ.青藏区;
Ⅵ.海域区

2. 有机质丰度

（1）获取方法

页岩有机质丰度主要用 TOC 来表示,它是生烃强度的主要影响因素,不仅决定着生烃的多少,而且对于页岩的吸附能力有着决定性的影响。因此,有机质丰度对页岩气成藏具有重要的控制作用。在页岩气资源评价中,一般将计算单元内的 TOC 下限设定为2.0%。TOC 可通过分析测试、测井解释等方法获得。

（2）TOC 基础

从海相、海陆过渡相以及陆相页岩 TOC 概率分布曲线(图6-5)可见,辽河西部凹陷沙河街组、鄂尔多斯盆地延长组的陆相页岩 TOC 分布最为集中,主体在1%~5%;黔北龙马溪组、牛蹄塘组海相页岩 TOC 分布较陆相稍宽泛,一般不超过10%;而三套二叠系海陆过渡相页岩的 TOC 则分布范围较大,最高可达16%以上。这是由于海相及陆相湖盆中的页岩沉积环境、物源供给相对稳定,因此页岩有机质丰度分布范围比较相似;而海陆过渡相页岩沉积环境变化较快,导致有机质的沉积环境差异也较大。在潟湖、沼泽及前三角洲沉积环境下发育的页岩有机质丰度高,而在河流、三角洲平原、潮坪相沉积环境下发育的页岩夹层有机质丰度偏低。

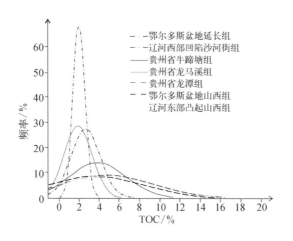

图6-5　海相、陆相、海陆过渡相页岩 TOC 正态分布曲线

3. 有机质成熟度

（1）获取方法

在页岩气资源评价中,不同类型有机质页岩生成油气的总量和大量生气的时间各不相同,有效的成熟度条件也有差异。R_o 的一般生气条件为: $0.5\% < R_o < 3.5\%$,且要求 I 型干酪根 $R_o > 1.2\%$;II_1 型干酪根 $R_o > 0.9\%$;II_2 型干酪根 $R_o > 0.7\%$;III 型干酪根 $R_o > 0.5\%$。R_o 值可通过分析测试、其他成熟度参数转化获得。

（2）R_o 基础

从典型地区的 R_o 分布曲线(图 6-6)来看,R_o 与地层年代关系密切,地层年代越老,埋藏时间越久,有机质成熟度越高,R_o 越大。辽河西部凹陷沙河街组陆相页岩 R_o 最低,集中在 $0.3\% \sim 1.0\%$,有机质处于未成熟-成熟阶段,以生油为主;鄂尔多斯盆地延长组陆相页岩 R_o 较沙河街组稍高,集中在 $0.5\% \sim 1.5\%$,页岩油气共存,两者均具有较好的勘探潜力。而二叠系海陆过渡相页岩的 R_o 相差不大,集中在 $1.5\% \sim 3.0\%$,有机质处于高成熟-过成熟演化阶段,以生气为主。黔北龙马溪组、牛蹄塘组海相页岩 R_o 更高,有机质基本处于过成熟演化阶段,勘探方向应以页岩气为主。此外,通过对比发现,黔北构造复杂区各层系 R_o 变化范围较大,而构造较稳定的鄂尔多斯盆地及辽河坳陷各页岩层系 R_o 分布较为集中,这说明构造对于热演化成熟度影响较大。

图6-6　海相、陆相、海陆过渡相页岩 R_o 分布曲线

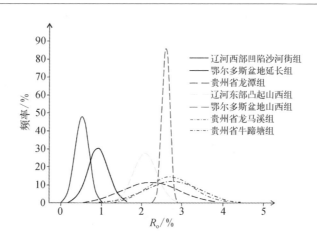

6.2.3 储层参数

1. 矿物含量

一般认为,具备页岩气工业开采价值的页岩储层中脆性矿物(石英、长石、方解石、白云石和黄铁矿等)含量应大于40%,而黏土矿物含量一般不超过30%。

1)脆性矿物含量

(1)海相富有机质页岩

中国海相富有机质页岩主要为硅质页岩、炭质页岩、碳质-钙质页岩、粉砂质页岩等,脆性矿物含量较高,一般都超过40%。如上扬子地区古生界海相页岩,石英含量介于24.3%~52.0%,长石含量介于4.3%~32.3%,方解石含量介于8.5%~16.9%,总脆性矿物含量介于53.3%~78.2%。

(2)海陆过渡相富有机质页岩

海陆过渡相富有机质页岩主要为炭质页岩、页岩、粉砂质页岩等,矿物成分含量变化较大,脆性矿物含量整体偏低。四川盆地上三叠统须家河组页岩石英含量介于33.2%~52.9%,长石含量介于3.0%~20.0%,鄂尔多斯盆地石炭-二叠系页岩石英含量介于32%~54%。

(3)陆相富有机质页岩

陆相富有机质页岩主要为厚层状页岩、粉砂质页岩等,石英、长石、碳酸盐等脆性矿物含量相对于海相页岩偏低,鄂尔多斯盆地中生界陆相延长组页岩石英含量在18.0%~43.0%,平均值为30.4%,总脆性矿物含量在45%~65%。

2)黏土矿物含量

(1)海相富有机质页岩

中国海相富有机质页岩中黏土矿物含量一般小于40%,通常为25%~39%,最高可达56.4%。黏土矿物以伊利石为主,伊/蒙混层含量较少,不含蒙脱石,另含少量绿泥石。这表明高-过成熟海相页岩中黏土矿物大部分已转化为稳定性矿物,水敏性不强,有利于大型水力压裂。

(2)海陆过渡相富有机质页岩

与海相富有机质页岩相比,海陆过渡相富有机质页岩黏土矿物含量较高,在矿物构成上也存在较大差异,最为明显的是黏土矿物构成除以伊利石为主外,伊/蒙混层和高岭石含量比例较高。在南华北盆地的太原组和山西组页岩地层中,黏土矿物含量分别为39%和43%,其中伊利石含量介于58%~60%,伊/蒙混层含量介于17%~20%,高岭石含量多在10%以上,较高的黏土矿物含量不利于后期的水力压裂。

（3）陆相富有机质页岩

陆源碎屑含量较高,其中的黏土矿物含量相对海相页岩要高。通过对鄂尔多斯、渤海湾和四川等盆地的陆相页岩气有利区优选研究表明,陆相富有机质页岩中黏土矿物含量变化较大。鄂尔多斯盆地中生界陆相延长组页岩黏土矿物含量平均值为44%,以伊利石和伊/蒙混层矿物为主,其中,伊利石含量平均值为11%,伊/蒙混层矿物含量平均值为22%,绿泥石含量平均值为9.5%。

2. 孔隙度和渗透率

由于页岩渗透率变化较大,从中较难看出规律变化,本文主要从孔隙度角度分析储层物性。中国海相页岩孔隙度大多分布在0.03%~25.6%,与北美地区相比（孔隙度集中分布在4%~8%）,中国海相页岩孔隙度值变化范围较大。海陆过渡相页岩孔隙度介于0.05%~13.6%,陆相页岩孔隙度主要在0.08%~12.0%。相对来说,海相页岩孔隙度较大,海陆过渡相次之、陆相页岩孔隙度较低,且南方地区孔隙度变化范围较大,北方地区较为集中（图6-7）。

图6-7
中国主要盆地（区）
页岩孔隙度分布

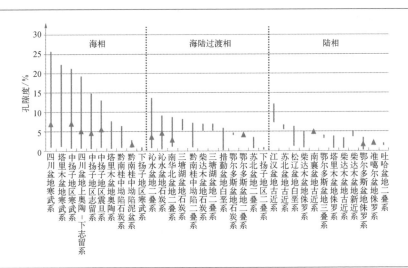

6.2.4　含气性参数

含气性是评价页岩气前景的重要参数,页岩含气多少是决定页岩气是否具有商业开采价值的重要指标。含气量低于 $0.5\ \mathrm{m^3/t}$ 的不具有工业开发基础条件的页岩层段,原则上不参与资源量评价。

1. 海相富有机质页岩

实测四川盆地涪陵、长宁、威远页岩气田五峰组-龙马溪组页岩层段含气量均在 $2.0\ \mathrm{m^3/t}$ 以上,下寒武统牛蹄塘组黑色页岩含气量为 $1.17\sim6.02\ \mathrm{m^3/t}$,平均为 $2.82\ \mathrm{m^3/t}$。均超过了北美已商业开发的页岩气区含气量最低下限,具备商业性开发价值。

2. 海陆过渡相富有机质页岩

近年来,中国加大了对海陆过渡相富有机质页岩中的页岩气勘探和研究力度,先后实施了一批探井和评价井,并对部分井进行了现场解析或者压裂试气,显示出良好的效果和开发潜力。南华北盆地牟页 1 井太原组、山西组页岩的现场解吸含气量为 $0.55\sim4.30\ \mathrm{m^3/t}$,平均为 $1.8\ \mathrm{m^3/t}$。尉参 1 井在本溪组、太原组、山西组和石盒子组钻遇累计厚度达 465 m 的富有机质页岩,见 69 层气测显示,解吸气含量最高达 $4.5\ \mathrm{m^3/t}$,甲烷含量达 99.09%。中扬子地区鄂页 1 井经压裂改造后,在太原组获得 $1.95\times10^4\ \mathrm{m^3/d}$ 的稳定气量。鄂尔多斯盆地云页平 1 井经分段压裂试气,在山西组获得 $2\times10^4\ \mathrm{m^3/d}$ 的工业气流。

3. 陆相富有机质页岩

中国陆相页岩储层含气量的测试数据相对偏少,前期的评价结果显示中国陆相富有机质页岩含气性较好,页岩气开发潜力大。延长石油在鄂尔多斯盆地延长探区实施的柳评 177 井在长 7 段页岩层段获得突破,日产气 2 350 $\mathrm{m^3}$,成为中国乃至世界第一口陆相页岩气井(姜呈馥等,2013)。辽河油田双兴 1 井、雷 84 井古近系沙三段陆相页岩总含气量一般在 $2.74\sim5.58\ \mathrm{m^3/t}$,平均为 $4.37\ \mathrm{m^3/t}$,显示出沙三段陆相页岩良好的含气性。

6.3   页岩气分布有利方向

6.3.1   有利方向优选原则

页岩气有利方向优选原则如下。

（1）页岩气有利方向优选主要遵循"先选层再选方向"的原则，在某个评价单元内先确定页岩发育有利层系，再在层系的基础上确定页岩气发育有利区。

（2）页岩气发育的有利层段主要是依据页岩垂向分布情况、沉积环境、地球化学指标、储集物性参数及含气性等参数优选出来的，且经过进一步压裂能够或可能获得页岩气工业气流的页岩层段。

（3）页岩气分布有利方向是在页岩有利层段的基础上，以沉积条件、页岩厚度、地化特征、储层特征等为基础，通过多因素叠合法，将各影响因素等值线进行叠合而选出页岩气分布有利方向。

6.3.2   有利方向

古生界页岩气有利方向分布比较广，上扬子及滇黔桂、中下扬子及东南、华北及东北、西北区均有分布。其中，中下寒武统海相页岩气有利方向主要分布在上扬子地区的川东、川南、黔北-湘西和渝东北地区，中扬子地区西南部地区，苏北盆地西南部，塔里木盆地孔雀河斜坡带、塔东低凸起带和西部地区（图6-8）。

奥陶系页岩气分布有利方向主要分布在稳定的地台区。其中，奥陶系地层在华北地台以碳酸盐岩为主，普遍发育有大量的夹层状页岩。与中下寒武统的分布相似，塔里木盆地奥陶系暗色页岩主要分布在塔里木盆地东部，主要是北部坳陷和中央隆起带的东部，在塔西北也有一部分发育；而奥陶系在扬子地台是典型的台地相沉积，其中页岩层系主要发育在上奥陶统五峰组。下奥陶统地层则由于相变剧烈，导致其中的页岩分布也较为复杂。

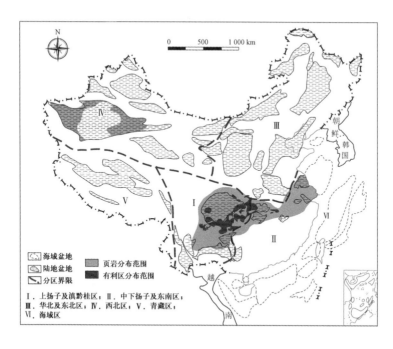

图6-8 寒武系页岩
气分布有利方向

志留系地层主要分布在中国南方扬子地区,页岩气有利方向主要分布在川南、渝东北、中扬子东北部及苏北盆地中部及南部地区。此外,在东北吉西也存在未变质的志留系页岩,为页岩气潜在的有利方向(图6-9)。

中泥盆统页岩气有利方向主要分布在黔南南部至桂中坳陷西北部、东部及南部地区(图6-10)。而以海陆过渡相页岩为特点的石炭系页岩层系则主要分布在中国的北部地区以及黔桂地区。其中,下石炭统页岩气有利方位主要分布于柴达木盆地、黔西南坳陷的六盘水一带,黔南坳陷中南部至桂中坳陷西北部等地区。上石炭统页岩气有利方向主要分布在华北地台的沁水、鄂尔多斯、渤海湾、南华北等盆地。

以陆表海为沉积背景发育的二叠系页岩在全国大部分地区均有发育。其中,南方地区二叠系页岩气有利方向主要分布在四川盆地、滇黔桂地区中部、湘西南及下扬子及东南部分地区。北方地区二叠系页岩气有利区则主要分布在鄂尔多

图6-9 志留系页岩
气分布有利方向

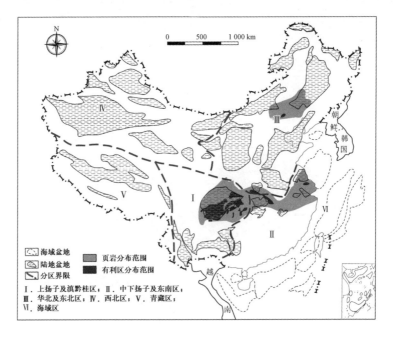

图6-10 泥盆系页
岩气分布有利方向

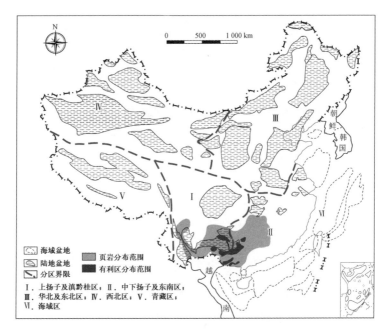

斯盆地东部、沁水盆地、南华北盆地中北部、准噶尔盆地以及东北地区中南部等
（图6-11）。

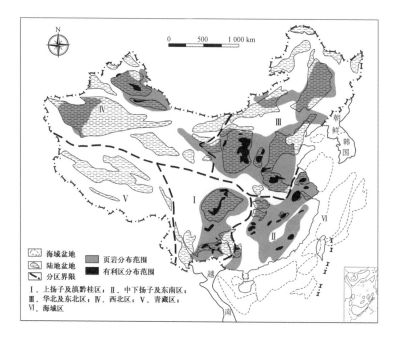

图6-11　二叠系页
岩气分布有利方向

中生界页岩气有利方向主要分布在华北及东北区、西北区和上扬子部分地区。其中，三叠系页岩气有利方向主要分布在四川盆地西部、楚雄盆地北部、鄂尔多斯盆地中南部以及准噶尔盆地西北部（图6-12）；侏罗系页岩气有利方向主要分布于四川盆地北部、塔里木盆地的库车坳陷、塔北隆起及塔西南地区、准噶尔盆地西南部、吐哈盆地北部、柴达木盆地北缘等区域（图6-13）；白垩系页岩气有利区主要分布于西北地区及东北地区的松辽盆地。

新生界页岩气有利方向主要分布在渤海湾、江汉、苏北、南襄等盆地。虽然新生代页岩有机质的热演化程度普遍较低，但仍有大量油气生成，且在平面上的分布连续。渤海湾盆地古近系沙河街组暗色页岩分布范围广泛，几乎遍布渤海湾盆地的所有凹陷。

图 6 - 12 三叠系页
岩气分布有利方向

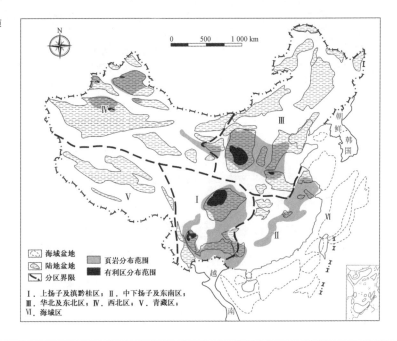

图 6 - 13 侏罗系页
岩气分布有利方向

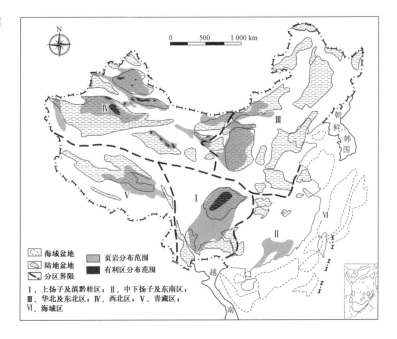

6.4   页岩气资源评价

2011 年和 2015 年,国土资源部组织实施了全国页岩气资源评价和页岩气动态资源评价,结果表明,中国页岩气地质资源量为 121.86×10^{12} m³,可采资源量为 21.82×10^{12} m³。

从页岩分布区域(图 6 - 14)来看,上扬子及滇黔桂区页岩气地质资源量为 71.8×10^{12} m³,可采资源量为 12.83×10^{12} m³,中下扬子及东南区页岩气地质资源量为 23.59×10^{12} m³,可采资源量为 4.72×10^{12} m³。华北及东北区以陆相及海陆过渡相为特色,页岩气地质资源量为 18.18×10^{12} m³,可采资源量为 3.03×10^{12} m³。西北区页岩气主要发育在大中型盆地,层系多,有机质丰度高,有机质成熟度跨度大,总体埋深偏大,4 500 m 以浅的有利区分布局限,所以页岩气资源潜力相对较低,页岩气地质资源量为 8.30×10^{12} m³,可采资源量为 1.23×10^{12} m³。

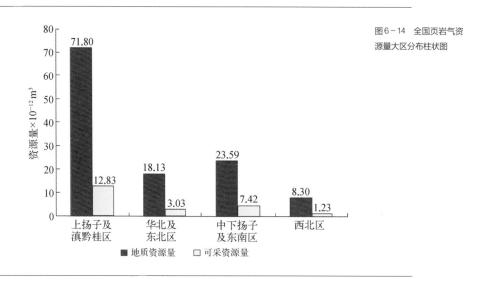

图 6 - 14 全国页岩气资源量大区分布柱状图

从页岩分布层系来看,页岩气资源主要分布在元古界的震旦系、下古生界的寒武、奥陶及志留系,上古生界的泥盆、石炭及二叠系,中生界的三叠、侏罗及白垩系,还有新生界的古近系。其中,元古界地质资源量为 2.97×10^{12} m³,可采资源量为 0.59×10^{12} m³;下古生界地质资源量为 62.28×10^{12} m³,可采资源量为 12.22×10^{12} m³;上古

生界地质资源量为 33.29×10^{12} m³，可采资源量为 5.31×10^{12} m³；中生界地质资源量为 22.37×10^{12} m³，可采资源量为 3.52×10^{12} m³；新生界地质资源量为 0.95×10^{12} m³，可采资源量为 0.17×10^{12} m³。

从页岩埋深来看，埋深在 500 ~ 1 500 m 的页岩气地质资源量为 22.25×10^{12} m³，可采资源量为 4.42×10^{12} m³；埋深在 1 500 ~ 3 000 m 的页岩气地质资源量为 42.05×10^{12} m³，可采资源量为 6.90×10^{12} m³；埋深在 3 000 ~ 4 500 m 的页岩气地质资源量为 57.56×10^{12} m³，可采资源量为 10.50×10^{12} m³。

从页岩气分布地表条件来看，页岩气资源主要分布在丘陵、低山、中山以及平原地区。其中，丘陵地区地质资源量为 55.42×10^{12} m³，可采资源量为 9.93×10^{12} m³；平原地区地质资源量为 24.28×10^{12} m³，可采资源量为 4.3×10^{12} m³；中山地区地质资源量为 15.51×10^{12} m³，可采资源量为 3.01×10^{12} m³；低山地区地质资源量为 10.56×10^{12} m³，可采资源量为 1.94×10^{12} m³。后面依次为黄土塬、高原、高山、戈壁和沙漠。

从页岩气分布省份来看，页岩气资源主要分布在四川省、重庆市、湖北省、贵州省、河南省、新疆维吾尔自治区和湖南等多个省（区、市），它们的页岩气地质资源量分别为 44.32×10^{12} m³、15.05×10^{12} m³、9.77×10^{12} m³、8.67×10^{12} m³、6.59×10^{12} m³、6.51×10^{12} m³ 和 4.58×10^{12} m³；可采资源量分别为 7.58×10^{12} m³、2.86×10^{12} m³、1.87×10^{12} m³、1.70×10^{12} m³、1.30×10^{12} m³、1.00×10^{12} m³ 和 0.89×10^{12} m³。这七个省、区、市页岩气地质资源量和可采资源量分别占全国页岩气总资源量的 78.37% 和 82.20%。其他省份页岩气地质资源量从多到少依次为安徽省、陕西省、广西壮族自治区、浙江省、内蒙古自治区、江苏省、福建省、甘肃省、云南省、吉林省、山东省、黑龙江省、青海省、江西省、宁夏回族自治区、广东省、河北省、辽宁省、山西省；可采资源量依次为安徽省、广西壮族自治区、浙江省、陕西省、内蒙古自治区、江苏省、福建省、甘肃省、云南省、吉林省、山东省、江西省、黑龙江省、青海省、广东省、宁夏回族自治区、河北省、辽宁省、山西省。

自 2009 年以来，中国已开展了大量的页岩气资源勘探和评价工作，随着研究程度的深入和理论基础水平的提高，中国在页岩气勘探开发上已取得了相当丰富的成果和经验。但是，中国页岩气勘探开发仍处于早期阶段，很多空白区尚未开展研究，对此，仍需加强力度、深入探索,在获得更合理的页岩气资源量的同时,也不断开拓中国页岩气发展的新方向。

6.5 页岩气展望

6.5.1 技术展望

尽管不同机构对于中国页岩气资源量评价结果有所差异,但中国页岩气资源丰富、勘探开发前景广阔已经成为地质学者的一个共识(张金川等,2008b;潘仁芳等,2009;张大伟等,2012;贾承造等,2012;张抗,2012;董大忠等,2012、2016;邹才能等,2016a、b;康玉柱和周磊,2016),并且中国在南方海相页岩气方面获得的重大突破更是昭示了未来中国页岩气勘探开发的巨大前景。但同时,中国页岩气发展仍然面临着勘探程度低、勘探开发关键技术尚未完全突破、投入成本高等问题,而这些问题也必将是未来技术突破的重点。

(1)形成一套具有中国特色的页岩气地质资源评价理论技术。从 2008 年开始,中国就已经开始对页岩气基础地质理论及资源评价技术理论、方法开始展开研究,并取得了一系列的重要成果,从而指导了中国页岩气在过去几年里的勘探开发工作。但是,中国目前仍有众多页岩发育地区尚未勘探或获得突破。因此,不断提高、创新中国页岩气地质资源评价技术理论仍将是未来技术发展的重点之一。在未来数年,中国将继续以南方海相富有机质页岩为本,结合海陆过渡相及陆相页岩气资源评价及勘探开发过程中获得的经验和认识,不断强化理论认识和技术创新,形成一套覆盖面广、针对性强、适合中国的页岩气地质资源评价技术理论。

(2)攻克页岩气开发关键技术,向装备国产化、流程标准化、开发高效化、成本降低化迈进需要进一步攻克页岩气开发关键技术,特别是在水平井分段压裂、大型非水力压裂等新型压裂技术和压裂工具上实现突破,实现技术装备国产化,并进一步完善配套技术,全面实现开发技术流程的标准化,这对于提高页岩气开发效率、降低页岩气开发成本具有重要意义。

6.5.2　　勘探开发展望

受中国页岩气复杂地质条件影响,不同地区、不同层系页岩气成藏机理和富集规律差异明显,存在诸多特殊类型页岩气:厚层型(海相),薄层型(海陆过渡相、陆相单层厚度小),超深型(西北区页岩气主要发育在大中型盆地,层系多、有机质丰度高,但总体埋深偏大,4 500 m 以浅的有利区分布局限)以及互层型(海陆过渡相页岩常与砂岩、煤系及灰岩频繁互层)。但同时,不同地区、不同类型页岩气藏的发育也反映了中国页岩气未来勘探的巨大潜力和前景。

目前,页岩气的勘探突破仍然集中在以往页岩气有利区的有利目标层位,对新区、新层位的研究、勘探还有待突破。如南华北陆块下寒武统马店组富有机质页岩有机质类型为Ⅰ-Ⅱ型,R_o为 2.0%~5.0%,TOC 高,页岩厚度大,具有良好的生气潜力(陶士振等,2014);松辽盆地外围上二叠统林西组暗色页岩分布范围广、沉积厚度大、有机质丰富、热演化程度高,具有较好的页岩气资源前景。此外,南方的中震旦统、下寒武统,华北的中上元古界、石炭-二叠系,华北-东北的中新生界,西北区的古生界-中生界,青藏区的中生界,中新生代盆地基底非变质页岩地层,甚至海域盆地页岩层等,均有待页岩气的勘探突破。随着技术的进步,深层(大于 4 500 m)页岩气勘探也有可能提上日程。因此应早日加强新区、新层系、深层的研究和勘探,以实现页岩气突破和接替。

除此之外,中国还有一些中小型盆地、油气低丰度区和盆地外的隆升剥蚀区等易被忽略的区域,其中不乏勘探潜力良好的地区,如松辽盆地周缘、贺西、准噶尔盆地周缘等存在的多个中小型盆地群,其页岩气资源潜力值得重视;南方盆地外的隆起剥蚀区已进行了大量页岩气研究和勘探,但是华北地区存在广阔的隆起剥蚀区,存在较大面积的未变质的中上元古界、石炭-二叠系页岩层,页岩气资源潜力有待深入研究和认识。随着页岩气地质理论的不断完善、地质认识的不断深入、勘探力度的不断加强,这些地区都将有望实现页岩气突破。

　　自 2010 年中国产出第一立方米页岩气起,中国的页岩气开发就已经驶入了快车道。从 2012 年的 1.0×10^8 m^3,到 2014 年的 12.47×10^8 m^3,再到 2015 年超过 40.0×10^8 m^3,而在进入 2016 年以后,中国在前 8 个月的页岩气产量就已经达到了 50.1×10^8 m^3,整体来说,中国的页岩气产量已经在过去短短几年中实现了量和质的飞跃。据此,我们有理由相信,中国页岩气勘探开发在"十三五"期间将进入快速发展阶段,页岩气储量、产量将实现新的跨越,到 2020 年前后,中国页岩气产量有望超过 100×10^8 m^3,这将为 2020—2030 年实现页岩气更快更好发展奠定坚实基础。

　　总体上,虽然中国页岩气基础地质条件复杂,页岩气勘探开发面临诸多困难和挑战,但是在页岩分布广、层系多、页岩气资源量大等有利基础条件下,中国的地质工作者一定能够抓住新的发展机遇,克服困难与挑战,实现中国页岩气发展的广阔前景。

参考文献

[1] Ambrose R J, Hartman R C, Diaz-Campos M, et al. Shale Gas-in-Place Calculations Part I: New Pore-Scale Considerations. SPE Journal, 2012, 17(1): 219 – 229.

[2] Curtis J B. Fractured shale-gas systems. AAPG Bulletin, 2002, 86(11): 1921 – 1938.

[3] Ding W, Zhu D, Cai J, et al. Analysis of the developmental characteristics and major regulating factors of fractures in marine-continental transitional shale-gas reservoirs: A case study of the Carboniferous-Permian strata in the southeastern Ordos Basin, central China. Marine & Petroleum Geology, 2013, 45(4): 121 – 133.

[4] Fang H, Zou H, Lu Y. Mechanisms of shale gas storage: Implications for shale gas exploration in China. AAPG Bulletin, 2013, 97(8): 1325 – 1346.

[5] Gale J F W, Laubach S E, Olson J E, et al. Natural fractures in shale: a review and new observations. AAPG Bulletin, 2014, 98(11): 2165 – 2216.

[6] Jarvie D M, Hill R J, Ruble T E, et al. Unconventional shale-gas systems: The Mississippian Barnett Shale of north-central Texas as one model for thermogenic

shale-gas assessment. AAPG Bulletin, 2007, 91(4): 475 - 499.

[7] Jarvie D M. Shale Resource Systems for Oil and Gas: Part 1 — Shale-gas Resource Systems. AAPG Memoir, 2012, 97: 89 - 119.

[8] Loucks R G, Ruppel S C. Mississippian Barnett Shale: Lithofacies and depositional setting of a deep-water shale-gas succession in the Fort Worth Basin, Texas. AAPG Bulletin, 2007, 91(4): 579 - 601.

[9] Massoud M S, Killop S D, Scott A C, et al. Oil source rock potential of the lacustrine Jurassic Sim UnjuFormation, West Korea Bay basin Part I: oil-source rock correlation and environment of deposition. Journal Petroleum Geology, 1991, 14(4): 365 - 385.

[10] Ross D J K, Bustin R M. Impact of mass balance calculations on adsorption capacities in microporous shale gas reservoirs. Fuel, 2007, 86(17): 2696 - 2706.

[11] Ross D J K, Bustin R M. Characterizing the shale gas resource potential of Devonian-Mississippian strata in the Western Canada sedimentary basin: application of an integrated formation evaluation. AAPG Bulletin, 92, 87 - 125. AAPG Bulletin, 2008, 92(1): 87 - 125.

[12] Ross D J K, Bustin R M. The importance of shale composition and pore structure upon gas storage potential of shale gas reservoirs. Marine & Petroleum Geology, 2009, 26(6): 916 - 927.

[13] Slatt R M, O'Brien N R. Pore types in the Barnett and Woodford gas shales: Contribution to understanding gas storage and migration pathways in fine-grained rocks. AAPG Bulletin, 2011, 95(12): 2017 - 2030.

[14] 包书景,林拓,聂海宽,等. 海陆过渡相页岩气成藏特征初探:以湘中坳陷二叠系为例. 地学前缘,2016,23(1): 44 - 53.

[15] 毕赫,姜振学,李鹏,等. 渝东南地区黔江凹陷五峰组——龙马溪组页岩储层特征及其对含气量的影响. 天然气地球科学,2014,25(8): 1275 - 1283.

[16] 蔡乾忠. 中国海域油气地质学. 青岛: 海洋出版社,2005.

[17] 陈冬霞,刘雨晨,庞雄奇,等. 川西坳陷须五段陆相页岩层系储层特征及对含气

性的控制作用. 地学前缘,2016,23(1):174-184.

[18] 陈尚斌,朱炎铭,王红岩,等. 中国页岩气研究现状与发展趋势. 石油学报,2010, 31(4):689-694.

[19] 陈树旺,丁秋红,邓月娟,等. 松辽盆地外围新区、新层系——油气基础地质调查 进展与认识. 地质通报,2013,32(8):1147-1158.

[20] 陈祥,王敏,严永新,等. 泌阳凹陷陆相页岩油气成藏条件. 石油与天然气地质, 2011,32(4):568-576.

[21] 陈燕萍,黄文辉,陆小霞,等. 沁水盆地海陆交互相页岩气成藏条件分析. 资源与 产业,2013,15(3):68-72.

[22] 党玉琪. 柴达木盆地北缘石油地质. 北京:地质出版社,2003.

[23] 党伟,张金川,黄潇,等. 陆相页岩含气性主控地质因素——以辽河西部凹陷沙 河街组三段为例. 石油学报,2015,36(12):1516-1530.

[24] 丁文龙,李超,李春燕,等. 页岩裂缝发育主控因素及其对含气性的影响. 地学前 缘,2012,19(2):212-220.

[25] 董大忠,王玉满,李新景,等. 中国页岩气勘探开发新突破及发展前景思考. 地质 勘探,2016,36(1):19-32.

[26] 董大忠,邹才能,杨桦,等. 中国页岩气勘探开发进展与发展前景. 石油学报, 2012,33(S1):107-113.

[27] 杜佰伟,彭清华,谢尚克,等. 羌塘盆地南部下侏罗统曲色组页岩气资源潜力分 析. 新疆石油地质,2014,22(2):144-148.

[28] 杜佰伟,彭清华,谢尚克,等. 西藏岗巴—定日盆地下白垩统页岩气资源潜力. 油 气地质与采收率,2015,35(2):51-54.

[29] 耳闯,赵靖舟,白玉彬,等. 鄂尔多斯盆地三叠系延长组富有机质泥页岩储层特 征. 石油与天然气地质,2013,34(5):708-716.

[30] 冯岩,杨才,崔来旺,等. 内蒙古东部地区富有机质泥页岩发育特征与页岩气资 源潜力初探. 西部资源,2013,5:148-150,172.

[31] 高小跃,刘洛夫,尚晓庆,等. 塔里木盆地侏罗系泥页岩储层特征与页岩气成藏 地质背景. 石油学报,2013,34(4):647-659.

［32］葛明娜,张金川,李晓光,等.辽河东部凸起上古生界页岩含气性分析.断块油气田,2012,19(6):722-726.

［33］国土资源部油气资源战略研究中心,等.全国页岩气资源潜力调查评价与有利区优选.北京:科学出版社,2016.

［34］国土资源部油气资源战略研究中心,等.西北区页岩气(油)资源调查评价与选区.北京:科学出版社,2016.

［35］国土资源部油气资源战略研究中心,等.中下扬子及东南地区页岩气资源调查评价与选区.北京:科学出版社,2016.

［36］国建英,李志明.准噶尔盆地石炭系烃源岩特征及气源分析.石油实验地质,2009,31(3):275-281.

［37］郭彤楼.涪陵页岩气田发现的启示与思考.地学前缘,2016,36(1):29-43.

［38］郭彤楼.中国式页岩气关键地质问题与成藏富集主控因素.石油勘探与开发,2016,43(3):317-326.

［39］郭少斌,赵可英.鄂尔多斯盆地上古生界泥页岩储层含气性影响因素及储层评价.石油实验地质,2014,36(6):678-683,691.

［40］郭少斌,付娟娟,高丹,等.中国海陆交互相页岩气研究现状与展望.石油实验地质,2015,37(5):535-538.

［41］郭小波,黄志龙,柳波,等.马朗凹陷芦草沟组泥页岩储层微观孔隙特征及地质意义.西北大学学报(自然科学版),2014,44(1):88-95.

［42］郭旭升,郭彤楼,魏志红,等.中国南方页岩气勘探评价的几点思考.中国工程科学,2012,14(6):101-105,112.

［43］郭旭升.南方海相页岩气"二元富集"规律——四川盆地及周缘龙马溪组页岩气勘探实践认识.地质学报,2014,88(7):1209-1217.

［44］郭旭升,郭彤楼,魏志红,等.中国南方页岩气勘探评价的几点思考.中国工程科学,2012,14(6):101-105.

［45］郭战峰,盛贤才,胡晓凤,等.中扬子区海相层系石油地质特征与勘探方向选择.石油天然气学报,2013,35(6):1-10.

［46］韩辉,钟宁宁,陈聪,等.西北地区中小型盆地侏罗系陆相泥页岩的含气性.科学

通报,2014,59(9):809-815.

[47] 韩双彪,张金川,Horsfield B,等.页岩气储层孔隙类型及特征研究:以渝东南下古生界为例.地学前缘,2013,20(3):247-253.

[48] 何家雄,陈胜红,马文宏,等.南海东北部珠江口盆地成生演化与油气运聚成藏规律.中国地质,2012,39(1):106-118.

[49] 何江林,王剑,付修根,等.羌塘盆地胜利河油页岩有机地球化学特征及意义.沉积学报,2010,28(3):626-634.

[50] 何钰,陈安清,楼章华,等.浙西北下寒武统荷塘组页岩气勘探潜力.成都理工大学学报(自然科学版),2016,43(3):300-307.

[51] 何治亮,聂海宽,张钰莹.四川盆地及其周缘奥陶系五峰组-志留系龙马溪组页岩气富集主控因素分析.地学前缘,2016,23(2):8-17.

[52] 侯读杰,包书景,毛小平,等.页岩气资源潜力评价的几个关键问题讨论.地球科学与环境学报,2012,34(3):7-16.

[53] 胡明毅,邓庆杰,胡忠贵.上扬子地区下寒武统牛蹄塘组页岩气成藏条件.石油与天然气地质,2014,35(2):272-279.

[54] 胡明毅,胡忠贵,邱小松,等.中上扬子地区震旦系-志留系富有机质页岩岩相古地理及页岩气.北京:科学出版社,2016.

[55] 胡宗全,杜伟,彭勇民,等.页岩微观孔隙特征及源-储关系——以川东南地区五峰组-龙马溪组为例.石油与天然气地质,2015,36(6):1001-1008.

[56] 黄保家,黄合庭,吴国瑄,等.北部湾盆地始新统湖相富有机质页岩特征及成因机制.石油学报,2012,33(1):25-31.

[57] 黄汲清.中国主要地质构造单位.北京:地质出版社,1954.

[58] 黄汲清,任纪舜,姜春发,等.中国大地构造基本轮廓.地质学报,1977(2):117-135.

[59] 黄志龙,郭小波,柳波,等.马朗凹陷芦草沟组源岩油储集空间特征及其成因.沉积学报,2012,30(6):1115-1122.

[60] 贾承造,李本亮,张兴阳,等.中国海相盆地的形成与演化.科学通报,2007,52(S1):1-8.

［61］贾承造,郑民,张永峰.中国非常规油气资源与勘探开发前景.石油勘探与开发,2012,39(2):129-136.

［62］蒋天国,陈尚斌,郭秀钦,等.云南省页岩气资源潜力调查评价.北京:科学出版社,2016.

［63］蒋裕强,董大忠,漆麟,等.页岩气储层的基本特征及其评价.天然气工业,2010,30(10):7-124.

［64］姜呈馥,王香增,张丽霞,等.鄂尔多斯盆地东南部延长组长7段陆相页岩气地质特征及勘探潜力评价.中国地质,2013,40(6):1880-1886.

［65］姜福杰,庞雄奇,欧阳学成,等.世界页岩气研究概况及中国页岩气资源潜力分析.地学前缘,2012,19(2):198-211.

［66］姜文利.华北及东北地区页岩气资源潜力.北京:中国地质大学(北京),2012.

［67］姜振学,唐相路,李卓,等.川东南地区龙马溪组页岩孔隙结构全孔径表征及其对含气性的控制.地学前缘,2016,23(2):126-134.

［68］金之钧,胡宗全,高波,等.川东南地区五峰组-龙马溪组页岩气富集与高产控制因素.地学前缘,2016,23(1):1-10.

［69］荆铁亚,张金川,孙睿,等.内蒙古东南部林西组页岩气聚集地质条件.天然气地球科学,2014,25(8):1290-1298.

［70］荆铁亚,杨光,林拓,等.中国中上元古界页岩气地质特征及有利区预测.特种油气藏,2015,22(6):5-9,141.

［71］康玉柱.中国非常规泥页岩油气藏特征及勘探前景展望.天然气工业,2012,32(4):1-5,117.

［72］康玉柱,周磊.中国非常规油气的战略思考.地学前缘,2016,23(2):1-7.

［73］李昌伟,陶士振,董大忠.国内外页岩气形成条件对比与有利区优选.天然气地球科学,2015,26(5):986-997.

［74］李春昱,王荃,张之孟,等.中国板块构造的轮廓.中国地质科学院院报,1980,2(1):11-19.

［75］李建忠,李登华,董大忠,等.中美页岩气成藏条件、分布特征差异研究与启示.中国工程科学,2012,14(6):56-63.

［76］李江海,王洪浩,李维波,等.显生宙全球古板块再造及构造演化.石油学报,2014,35(2):207-218.

［77］李锯源.渤海湾盆地东营凹陷古近系泥页岩孔隙特征及孔隙演化规律.石油实验地质,2015,37(5):566-574.

［78］李延钧,冯媛媛,刘欢,等.四川盆地湖相页岩气地质特征与资源潜力.石油勘探与开发,2013,40(4):423-428.

［79］李新景,胡素云,程克明.北美裂缝性页岩气勘探开发的启示.石油勘探与开发,2007,34(4):392-400.

［80］李新景,吕宗刚,董大忠,等.北美页岩气资源形成的地质条件.天然气工业,2009,29(5):27-32.

［81］李玉喜,聂海宽,龙鹏宇.我国富含有机质泥页岩发育特点与页岩气战略选区.天然气工业,2009,29(12):115-118.

［82］李玉喜,乔德武,姜文利,等.页岩气含气量和页岩气地质评价综述.地质通报,2011,30(2-3):308-317.

［83］梁峰,朱炎铭,马超,等.湘西北地区牛蹄塘组页岩气储层沉积展布及储集特征.煤炭学报,2015,40(12):2884-2892.

［84］梁世友,李凤丽,付洁,等.北黄海盆地中生界烃源岩评价.石油实验地质,2009,31(3):249-252.

［85］梁兴,张廷山,杨洋,等.滇黔北地区筇竹寺组高演化页岩气储层微观孔隙特征及其控制因素.天然气工业,2014,34(2):18-26.

［86］林腊梅,张金川,唐玄,等.中国陆相页岩气的形成条件.地质勘探,2013,33(1):35-40.

［87］林拓,张金川,李博,等.湘西北常页1井下寒武统牛蹄塘组页岩气聚集条件及含气特征.石油学报,2014,35(5):839-846.

［88］林小云,刘建,陈志良,等.中下扬子区海相烃源岩分布与生烃潜力评价.石油天然气学报,2007,29(3):15-19.

［89］柳波,吕延防,冉清昌,等.松辽盆地北部青山口组页岩油形成地质条件及勘探潜力.石油与天然气地质,2014,35(2):281-285.

［90］刘树根,王世玉,孙玮,等.四川盆地及其周缘五峰组-龙马溪组黑色页岩特征.
成都理工大学学报(自然科学版),2013,40(6):621－639.

［91］刘树根,邓宾,钟勇,等.四川盆地及周缘下古生界页岩气深埋藏-强改造独特地
质作用.地学前缘,2016,23(1):11－28.

［92］刘小平,潘继平,刘东鹰,等.苏北地区下寒武统幕府山组页岩气勘探前景.成都
理工大学学报(自然科学版),2012,39(2):198－205.

［93］刘小平,潘继平,董清源,等.苏北地区古生界页岩气形成地质条件.天然气地球
科学,2011,22(6):1100－1108.

［94］刘训,李廷栋,耿树方,等.中国大地构造区划及若干问题.地质通报,2012,
31(7):1024－1034.

［95］刘训,游国庆.中国的板块构造区划.中国地质,2015,42(1):1－17.

［96］龙鹏宇,张金川,唐玄,等.泥页岩裂缝发育特征及其对页岩气勘探和开发的影
响.天然气地球科学,2011,22(3):525－532.

［97］卢双舫,黄文彪,陈方文,等.页岩油气资源分级评价标准探讨.石油勘探与开
发,2012,39(2):249－256.

［98］卢双舫,陈国辉,王民,等.辽河坳陷大民屯凹陷沙河街组四段页岩油富集资源
潜力评价.石油与天然气地质,2016,37(1):8－14.

［99］罗鹏,吉利明.陆相页岩气储层特征与潜力评价.天然气地球科学,2013,24(5):
1060－1068.

［100］罗情勇,钟宁宁,王延年,等.华北北部中元古界洪水庄组页岩地球化学特征:
物源及其风化作用.地质学报,2013,87(12):1913－1921.

［101］吕艳南,张金川,张鹏,等.东濮凹陷北部沙三段页岩油气形成及分布预测.特种
油气藏,2014,21(4):48－52,153.

［102］马旭杰,周文,陈洪德,等.川西-川北地区千佛崖组页岩气勘探潜力与方向.成
都理工大学学报(自然科学版),2013,40(5):562－568.

［103］毛俊莉,李晓光,单衍胜,等.辽河东部地区页岩气成藏地质条件.地学前缘,
2012,19(5):348－355.

［104］毛俊莉,荆铁亚,韩霞,等.辽河西部凹陷优质页岩层段岩石学类型及其有机地

球化学特征. 地学前缘,2016,23(1):185-194.

[105] 孟江辉,潘仁芳,陈浩,等. 滇黔桂盆地泥盆系页岩气成藏条件及资源潜力分析. 现代地质,2016,30(1):181-191.

[106] 孟召平,刘翠丽,纪懿明. 煤层气/页岩气开发地质条件及其对比分析. 煤炭学报,2013,38(5):728-735.

[107] 聂海宽,何发岐,包书景. 中国页岩气地质特殊性及其勘探对策. 天然气工业,2011,31(11):111-116.

[108] 聂海宽,唐玄,边瑞康. 页岩气成藏控制因素及中国南方页岩气发育有利区预测. 石油学报,2009,30(4):484-491.

[109] 聂海宽,张金川,包书景,等. 四川盆地及其周缘上奥陶统-下志留统页岩气聚集条件. 石油与天然气地质,2012,33(3):335-345.

[110] 聂海宽,张金川,李玉喜. 四川盆地及其周缘下寒武统页岩气聚集条件. 石油学报,2011,32(6):959-967.

[111] 聂海宽,张培先,边瑞康,等. 中国陆相页岩油富集特征. 地学前缘,2016,23(2):55-62.

[112] 潘桂棠,肖庆辉,陆松年,等. 中国大地构造单元划分. 中国地质,2009,36(1):1-29.

[113] 潘仁芳,黄晓松. 页岩气及国内勘探前景展望. 中国石油勘探,2009,14(3):1-6.

[114] 彭清华,杜佰伟. 羌塘盆地页岩气成藏地质条件初探. 西南石油大学学报(自然科学版),2013,35(4):9-17.

[115] 彭己君,张金川,唐玄,等. 东海西湖凹陷非常规天然气分布序列与勘探潜力. 中国海上油气,2014,26(6):21-27.

[116] 乔锦琪,刘洛夫,申宝剑,等. 塔里木盆地奥陶系页岩气形成条件及有利区带预测. 新疆石油地质,2016,37(4):409-416.

[117] 邱小松,胡明毅,胡忠贵. 中扬子地区下寒武统岩相古地理及页岩气成藏条件分析. 中南大学学报(自然科学版),2014,45(9):3174-3185.

[118] 邱中建,赵文智,邓松涛. 我国致密砂岩气和页岩气的发展前景和战略意义. 中

国工程科学,2012,14(6):4-8,113.

[119] 任纪舜,王作勋,陈炳蔚,等.新一代中国大地构造图.中国区域地质,1997,
16(3):225-230.

[120] 任纪舜.新一代中国大地构造图——中国及邻区大地构造图(1:5000000)附简
要说明:从全球看中国大地构造.地球学报,2003,24(1):1-2.

[121] 单衍胜,张金川,李晓光,等.渤海湾盆地辽河西部凹陷陆相页岩油气富集条件
与分布模式.石油实验地质,2016,38(4):496-501.

[122] 邵龙义,李猛,李永红,等.柴达木盆地北缘侏罗系页岩气地质特征及控制因素.
地学前缘,2014,21(4):311-322.

[123] 申宝剑,仰云峰,腾格尔,等.四川盆地焦石坝构造区页岩有机质特征及其成烃
能力探讨——以焦页1井五峰-龙马溪组为例.石油实验地质,2016,38(4):
480-488,495.

[124] 苏育飞,张庆辉,魏子聪.沁水盆地石炭系-二叠系页岩气资源潜力评价.中国煤
炭地质,2016,28(4):27-34.

[125] 孙军,郑求根,温珍河,等.南华北盆地二叠系山西组页岩气成藏地质条件及勘
探前景.海洋地质前沿,2014,30(4):20-27.

[126] 孙玉凯,李新宁,何仁忠,等.吐哈盆地页岩气有利勘探方向.新疆石油地质,
2011,32(1):4-6.

[127] 谭富文,王剑,李永铁,等.羌塘盆地侏罗纪末-早白垩世沉积特征与地层问题.
中国地质,2004,31(4):400-405.

[128] 唐相路,姜振学,李卓,等.渝东南地区龙马溪组高演化页岩微纳米孔隙非均质
性及主控因素.现代地质,2016,30(1):163-171.

[129] 唐玄,张金川,丁文龙,等.鄂尔多斯盆地东南部上古生界海陆过渡相页岩储集
性与含气性.地学前缘,2016,23(2):147-157.

[130] 陶士振,刘德良,李昌伟,等.华北陆块新区新层页岩气潜在勘探新领域-南华北
下寒武统马店组烃源岩及其含气系统.天然气地球科学,2014,25(11):
1767-1780.

[131] 万天丰.中国大地构造纲要.北京:地质出版社,2003.

[132] 汪正江,王剑,陈文西,等.青藏高原北羌塘盆地胜利河上侏罗统海相油页岩的发现.地质通报,2007,26(6):764-768.

[133] 王成善.西藏高原油气资源发展战略.科学新闻,2001(34):2-3.

[134] 王红岩,郭伟,梁峰,等.四川盆地威远页岩气田五峰组和龙马溪组黑色页岩生物地层特征与意义.地层学杂志,2015,39(3):289-293.

[135] 王鸿祯.从活动论观点论中国大地构造分区.地球科学,1981(1):42-66.

[136] 王鸿祯.中国古地理图集.北京:地质出版社,1985.

[137] 王社教,李登华,李建忠,等.鄂尔多斯盆地页岩气勘探潜力分析.天然气工业,2011,31(12):40-46,125-126.

[138] 王淑芳,董大忠,王玉满,等.中美海相页岩气地质特征对比研究.天然气地球科学,2015,26(9):1666-1678.

[139] 王世谦.中国页岩气勘探评价若干问题评述.天然气工业,2013,33(12):13-29.

[140] 王香增,高胜利,高潮.鄂尔多斯盆地南部中生界陆相页岩气地质特征.石油勘探与开发,2014,41(3):294-304.

[141] 王香增,刘国恒,黄志龙,等.鄂尔多斯盆地东南部延长组长7段泥页岩储层特征.天然气地球科学,2015,26(7):1385-1394.

[142] 王志刚.涪陵页岩气勘探开发重大突破与启示.石油与天然气地质,2015,36(1):1-6.

[143] 王志宏,李剑,夏利.松辽盆地深层断陷沙河子组烃源岩分布预测与生气潜力.世界地质,2014,33(3):630-639.

[144] 王志宏,罗霞,李景坤,等.松辽盆地北部深层有效烃源岩分布预测.天然气地球科学,2008,19(2):204-209.

[145] 王中鹏,张金川,孙睿,等.西页1井龙潭组海陆过渡相页岩含气性分析.地学前缘,2015,22(2):243-250.

[146] 魏晓亮,张金川,党伟,等.牟页1井海陆过渡相页岩发育特征及其含气性.科学技术与工程,2016,16(26):42-50.

[147] 武守诚.中国板块演化与油气盆地.石油实验地质,1988,10(4):325-333.

［148］夏东领,杨道庆,林社卿,等.南襄盆地中、新生代构造演化与油气成藏.油气地
质与采收率,2007,14(6):32－34.

［149］肖贤明,宋之光,朱炎铭,等.北美页岩气研究及对我国下古生界页岩气开发的
启示.煤炭学报,2013,28(5):721－727.

［150］肖正辉,牛现强,杨荣丰,等.湘中涟源-邵阳凹陷上二叠统大隆组页岩气储层特
征.岩性油气藏.2015,27(4):17－24.

［151］谢康珍.胶莱盆地页岩气成藏条件研究.徐州:中国矿业大学,2015.

［152］徐浩,解启来,陈孔全,等.彰武断陷九佛堂组页岩油气潜力分析.东北石油大学
学报,2015,39(3):94－103.

［153］徐良伟,刘洛夫,刘祖发,等.扬子地区二叠系页岩气赋存地质条件研究.现代地
质,2016,30(6):1376－1389.

［154］薛冰,张金川,杨超,等.页岩含气量理论图版.石油与天然气地质,2015,36(2):
339－346.

［155］薛冰,张金川,唐玄,等.黔西北龙马溪组页岩微观孔隙结构及储气特征.石油学
报,2015,36(2):138－149,173.

［156］杨超,张金川,唐玄.鄂尔多斯盆地陆相页岩微观孔隙类型及对页岩气储渗的影
响.地学前缘,2013,20(4):240－250.

［157］杨海波,陈磊,孔玉华.准噶尔盆地构造单元划分新方案.新疆石油地质,2004,
25(6):686－688.

［158］杨振恒,腾格尔,李志明.页岩气勘探选区模型——以中上扬子下寒武统海相地
层页岩气勘探评价为例.天然气地球科学,2011,22(1):8－14.

［159］仰云峰,饶丹,付小东,等.柴达木盆地北缘石炭系克鲁克组页岩气形成条件分
析.石油实验地质,2014,36(6):692－697.

［160］于炳松.页岩气储层孔隙分类与表征.地学前缘,2013,20(4):211－220.

［161］于炳松.页岩气储层的特殊性及其评价思路和内容.地学前缘,2012,19(3):
252－258.

［162］原园,姜振学,喻宸,等.高丰度低演化程度湖相页岩储层特征——以柴达木盆
地北缘中侏罗统为例.地质学报,2016,90(3):541－552.

[163] 曾维特,丁文龙,张金川,等.中国西北地区页岩气形成地质条件分析.地质科技情报,2013,32(4):139-150.

[164] 翟慎德.胶莱盆地形成演化与油气形成条件.广州:中国科学院广州地球化学研究所,2003.

[165] 张大伟.加快中国页岩气勘探开发和利用的主要路径.天然气工业,2011,31(5):1-5,111.

[166] 张大伟,李玉喜,张金川,等.全国页岩气资源潜力调查评价.北京:地质出版社,2012.

[167] 张帆.海拉尔盆地构造特征与构造演化.长春:吉林大学,2007.

[168] 张抗.中国油气产区战略接替形势与展望.石油勘探与开发,2012,39(5):513-523.

[169] 张吉振,李贤庆,王元,等.海陆过渡相煤系页岩气成藏条件及储层特征.煤炭学报,2015,40(8):1871-1878.

[170] 张金川,薛会,张德明,等.页岩气及其成藏机理.现代地质,2003,4:466.

[171] 张金川,金之钧,袁明生.页岩气成藏机理和分布.天然气工业,2004,24(7):15-18.

[172] 张金川,聂海宽,徐波,等.四川盆地页岩气成藏地质条件.天然气工业,2008a,28(2):151-156.

[173] 张金川,徐波,聂海宽,等.中国页岩气资源勘探潜力.天然气工业,2008b,28(16):136-140.

[174] 张金川,汪宗余,聂海宽,等.页岩气及其勘探研究意义.现代地质,2008c,22(4):640-646.

[175] 张金川,姜生玲,唐玄,等.我国页岩气富集类型及资源特点.天然气工业,2009,29(12):109-114.

[176] 张金川,李玉喜,聂海宽,等.渝页1井地质背景及钻探效果.天然气工业,2010,30(12):114-118,134.

[177] 张金川,林腊梅,李玉喜,等.页岩气资源评价方法与技术:概率体积法.地学前缘,2012,19(2):184-191.

[178] 张金川,杨超,陈前,等. 中国潜质页岩形成和分布. 地学前缘,2016,23(1): 74-86.

[179] 张林晔,李政,朱日房. 页岩气的形成与开发. 天然气工业,2009,29(1): 124-128,148.

[180] 张林晔,李钜源,李政,等. 湖相页岩有机储集空间发育特点与成因机制. 地球科学(中国地质大学学报),2015,40(11): 1824-1833.

[181] 张鹏,张金川,黄宇琪. 东濮凹陷北部沙三段泥页岩岩相特征. 科学技术与工程,2015,15(21): 1-6.

[182] 张善文,张林晔,李政,等. 济阳坳陷古近系页岩油气形成条件. 油气地质与采收率,2012,19(6): 1-5,111.

[183] 张廷山,杨洋,龚其森,等. 四川盆地南部早古生代海相页岩微观孔隙特征及发育控制因素. 地质学报,2014,88(9): 1728-1740.

[184] 赵可英,郭少斌. 海陆过渡相页岩气储层孔隙特征及主控因素分析——以鄂尔多斯盆地上古生界为例. 石油实验地质,2015,37(2): 141-149.

[185] 赵文智,邹才能,冯志强,等. 松辽盆地深层火山岩气藏地质特征及评价技术. 石油勘探与开发,2008,35(2): 129-142.

[186] 赵文智,李建忠,杨涛,等. 中国南方海相页岩气成藏差异性比较与意义. 石油勘探与开发,2016,43(4): 499-510.

[187] 赵应成,王新民,袁剑英,等. 贺西地区盆地构造特征与油气分布. 石油学报,1999,20(5): 13-19.

[188] 赵悦,金宠,楼章华,等. 浙西北页岩气勘探有利层系初探. 石油天然气学报,2012,34(11): 15-19,25,166.

[189] 赵政璋,李永铁,郭祖军,等. 青藏高原油气勘探前景. 勘探家,1997,2(3): 14-16.

[190] 赵政璋,李永铁. 青藏高原羌塘盆地石油地质条件. 中国地质学会、中华人民共和国国土资源部. 第31届国际地质大会中国代表团学术论文集. 中国地质学会、中华人民共和国国土资源部,2000.

[191] 周东升,许林峰,潘继平,等. 扬子地块上二叠统龙潭组页岩气勘探前景. 天然气

工业,2012,32(12):6-10,123-124.

[192] 周文,苏瑗,王付斌,等.鄂尔多斯盆地富县区块中生界页岩气成藏条件与勘探方向.天然气工业,2011,31(2):29-33,122-123.

[193] 周文,王浩,谢润成,等.中上扬子地区下古生界海相页岩气储层特征及勘探潜力.成都理工大学学报(自然科学版),2013,40(5):569-576.

[194] 朱定伟,丁文龙,邓礼华,等.中扬子地区泥页岩发育特征与页岩气形成条件分析.特种油气藏,2012,19(1):34-37.

[195] 朱炎铭,陈尚斌,方俊华,等.四川地区志留系页岩气成藏的地质背景.煤炭学报,2010,35(7):1160-1164.

[196] 朱炎铭,张庆辉,屈晓荣,等.沁水盆地深部页岩气资源调查与开发潜力评价.北京:科学出版社,2015.

[197] 邹才能,董大忠,王社教,等.中国页岩气形成机理、地质特征及资源潜力.石油勘探与开发,2010,37(6):641-653.

[198] 邹才能,董大忠,王玉满,等.中国页岩气特征、挑战及前景(一).石油勘探与开发,2015,42(6):689-701.

[199] 邹才能,董大忠,王玉满,等.中国页岩气特征、挑战及前景(二).石油勘探与开发,2016,43(2):166-178.